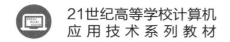

21世纪高等学校计算机
应用技术系列教材

C语言程序设计

第5版

◎ 赵　骥　王彩霞　主　编
　张续亮　高起跃　张诗尧　副主编

U0284188

清华大学出版社
北京

内 容 简 介

本书翔实地讲解了 C 语言的基本概念、原理和使用方法,力求给读者打下一个扎实的程序设计基础,培养读者程序设计的能力,还介绍了面向对象与 C++程序设计的基本概念和主要思想。本书的主要内容包括 C 语言概述、数据描述与基本操作、C 语言的控制结构、函数、数组、指针、结构体与共用体、编译预处理、文件、面向对象与 C++程序设计等。本书采用循序渐进、深入浅出、通俗易懂的讲解方法,本着理论与实际相结合的原则,通过大量经典实例对 C 语言知识进行了重点讲解,使程序设计语言的初学者能够掌握利用 C 语言进行结构化程序设计的技术和方法,同时为读者进一步学习新的程序设计语言打下基础。

本书以 C 语言编程基本技能训练为主线,突出基本技能的培养,内容完整,阐述准确,层次清楚。本书的内容能让学生牢固掌握程序设计的基本技能,以适应信息时代对大学生科学素质的要求。

本书适用于高等学校各专业程序设计基础教学,特别适合作为应用型本科、高职院校的计算机及非计算机专业的教材,同时也是计算机等级考试备考的一本实用辅导书。

图书在版编目(CIP)数据

C 语言程序设计/赵骥,王彩霞主编. —5 版. —北京:清华大学出版社,2023.6(2024.7重印)
21 世纪高等学校计算机应用技术系列教材
ISBN 978-7-302-63849-0

Ⅰ. ①C… Ⅱ. ①赵… ②王… Ⅲ. ①C 语言－程序设计－高等学校－教材 Ⅳ. ①TP312.8

中国国家版本馆 CIP 数据核字(2023)第 107706 号

责任编辑:贾 斌
封面设计:刘 建
责任校对:胡伟民
责任印制:刘海龙

出版发行:清华大学出版社
   网   址:https://www.tup.com.cn,https://www.wqxuetang.com
   地   址:北京清华大学学研大厦 A 座   邮   编:100084
   社 总 机:010-83470000   邮   购:010-62786544
   投稿与读者服务:010-62776969,c-service@tup.tsinghua.edu.cn
   质量反馈:010-62772015,zhiliang@tup.tsinghua.edu.cn
   课件下载:https://www.tup.com.cn,010-83470236
印 装 者:北京嘉实印刷有限公司
经   销:全国新华书店
开   本:185mm×260mm   印   张:18.25   字   数:456 千字
版   次:2009 年 3 月第 1 版 2023 年 7 月第 5 版   印   次:2024 年 7 月第 3 次印刷
印   数:2501～3500
定   价:59.00 元

产品编号:100800-01

前　言

习近平总书记在党的二十大报告中指出,必须坚持科技是第一生产力、人才是第一资源、创新是第一动力,深入实施科教兴国战略、人才强国战略、创新驱动发展战略,开辟发展新领域新赛道,不断塑造发展新动能新优势。他还强调,要坚持教育优先发展、科技自立自强、人才引领驱动,加快建设教育强国、科技强国、人才强国。这为科教事业长远发展提供了根本遵循。

C语言是一种在国际上广泛流行的计算机程序设计语言,具有表达能力强、功能丰富、目标程序效率高、可移植性好、使用灵活方便等特点,既具有高级语言的优点,又具有低级语言的某些特点,能够有效地用来编制各种系统软件和应用软件。同时,C语言的控制结构简明清晰,非常适合用于进行结构化程序设计。因此,目前国内大部分高等学校都把C语言作为计算机和非计算机专业的一门程序设计语言课程。

C语言涉及的概念多、规则复杂,容易出错,初学者在学习时往往感觉困难。本书在详细阐述程序设计基本概念、原理和方法的基础上,采用循序渐进、深入浅出、通俗易懂的讲解方法,本着理论与实际相结合的原则,通过大量经典实例重点讲解了C语言的概念、规则和使用方法,使程序设计语言的初学者能够在建立正确程序设计理念的前提下,掌握利用C语言进行结构化程序设计的技术和方法。全书共10章,主要内容包括:第1章 C语言概述、第2章 数据描述与基本操作、第3章 C语言的控制结构、第4章 函数基础、第5章 数组、第6章 指针、第7章 结构体与共用体、第8章 编译预处理、第9章 文件、第10章 面向对象与C++程序设计。书中对函数、变量的存储类型、数组、指针、结构体和共用体、编译预处理、文件等重点和难点内容进行了深入讲解和分析。"C语言程序设计"课程作为程序设计的入门课程,重视对程序设计和C语言基本概念、原理和规则的讲解,力求给读者打下一个扎实的基础,培养读者良好的编程风格,提高读者进一步学习新的程序设计语言的能力。

本书可作为高等学校各专业程序设计基础教学的教材,特别适合应用型本科、高职院校的计算机及非计算机专业的学生使用。书中的例题和习题紧密结合计算机等级考试内容,可作为编程人员和C语言自学者的参考书,也可作为计算机等级考试备考的辅导书。

本书第1章、第2章由张诗尧编写,第3章、第4章由高起跃编写,第5章、第8章、第10章由王彩霞、赵骥编写,第6章、第7章、第9章由张续亮、赵骥编写。清华大学出版社的编辑和校对人员为本书的出版付出了心血,在此表示感谢!

为了帮助读者学习,每章设有小结和习题,同时本书有配套的《C语言程序设计上机指导与习题解答》实验教材。实验教材重点介绍了Visual C++ 2010编译系统的使用方法,使学生在实践学习的过程中能迅速掌握C语言程序的编辑、编译、调试和运行方法。

由于编者水平有限,书中难免存在一些不足,希望广大读者批评指正。

编　者

2023年3月

目 录

第1章 C语言概述

随着计算机科学技术的不断发展,计算机被广泛应用在社会的各个领域,成为人们必不可少的工具。人们之所以可以使用计算机处理复杂问题,是因为计算机软件的可编程特性,而可编程特性的实现依赖于计算机程序设计语言。C语言是国际上广泛流行的高级程序设计语言之一,具有语言简洁、使用方便灵活、移植性好、能直接对系统硬件和外围接口进行控制等特点。作为系统描述语言,既可以用来编写系统软件,也可以用来编写应用软件,集汇编语言和高级语言的优点于一身。本章将简要介绍C语言的发展和特点、C程序结构及C程序的运行环境。

本章要点

➢ C语言的发展。

➢ 程序设计基础知识。

➢ C语言程序的结构。

➢ C语言的开发环境。

1.1 程序设计语言

人与计算机之间进行信息交换通常使用程序设计语言。人们把自己的意图用某种程序设计语言编写成程序,并将其输入计算机,告知计算机需要完成的任务以及完成的方法,达到计算机为编程者解决问题的目的。程序设计语言是人和计算机交流信息的工具,是软件的重要组成部分。

1.1.1 程序设计语言发展

人与人之间通过各种语言进行沟通,而用户和计算机的交流也需要用计算机和用户都能够理解的语言,这种语言称为"计算机语言"。人们不能直接用自然语言来表达,因为计算机并不能直接理解。因此,需要用某种特定的计算机语言表达出来,然后输入计算机,这一过程便是"计算机编程"或"程序设计"。用于编写计算机程序的语言称为程序设计语言。程序设计语言是计算机能够识别和执行的语言,它是由一套语法规则和语义组成的系统,用于对要解决的问题进行描述。程序设计语言按级别分为机器语言、汇编语言和高级语言。程序设计语言经历了由低级向高级的发展过程,如图1-1所示。

图 1-1　程序设计语言发展过程

1. 机器语言

机器语言依赖于所在的计算机系统，也称为面向机器的语言。由于不同的计算机系统使用的指令可能不同，因此使用机器语言编写的程序移植性较差。机器语言是由二进制代码"0"和"1"组成的若干数字串。用机器语言编写的程序称为机器语言程序，它能够被计算机直接识别并执行。

2. 汇编语言

汇编语言的每条指令都对应着一条机器语言代码，适用于编写直接控制机器操作的底层程序。汇编语言与机器的联系仍然较为紧密，不容易使用。用汇编语言编写的程序称为汇编语言程序，编程者必须了解计算机内部可供使用的资源，熟悉汇编指令，设计运算的每一个步骤。

3. 高级语言

高级语言比较接近于人类自然语言的语法习惯及数学表达形式，使用高级语言编写的程序易读、易修改、移植性好，更接近人类的自然语言，人们非常容易理解和掌握，它极大地提升了程序的开发效率和易维护性。但使用高级语言编写的程序不能直接在机器上运行，必须经过语言处理程序的转换才能被计算机识别。高级语言有很多，例如 C/C++、JAVA、VB、Python 等，都是比较常用的，但是高级语言真正输到计算机执行时还需要编译或解释成计算机能懂的机器语言。

1.1.2　C 语言的发展

C 语言就是一种计算机程序设计语言，在众多的程序设计语言中，C 语言凭借强大功能和各方面的优点很快在各类大、中、小和微型计算机上得到了广泛的使用。C 语言作为计算机编程语言，具有功能强、语句表达简练、数据结构丰富灵活、程序运行速度快、所需内存空间少等特点。它既具有高级语言的特点，又具有汇编语言中的位、地址、寄存器等概念，所以 C 语言既适合编写系统软件，又可用来编写应用软件。

C 语言的原型是 ALGOL 60 语言，ALGOL 是算法语言（Algorithmic Language）的简称，也被称为国际代数语言，是计算机发展史上首批定义的高级语言。1963 年，剑桥大学将 ALGOL 60 语言发展成为 CPL（Combined Programming Language）语言。1967 年，剑桥大学的 Matin Richards 对 CPL 语言进行了简化，于是产生了 BCPL（Base Combined Programming Language）语言。1970 年，美国贝尔实验室的 Ken Thompson 将 BCPL 进行了修改，并为它起了一个有趣的名字——B 语言，意思是将 CPL 语言中的精华提炼出来，并且他用 B 语言写了第一个 UNIX 操作系统。1973 年，美国贝尔实验室的 Dennis M. Ritchie 在 B 语言的基础上最终设计出了一种新的语言，他用 BCPL 的第二个字母作为这种语言的名字，即 C 语言。

为了推广 UNIX 操作系统，1977 年，Dennis M. Ritchie 发表了不依赖于具体机器系统的 C 语言编译文本《可移植 C 语言编译程序》。

1978 年，Brian W. Kernighian 和 Dennis M. Ritchie 出版了名著 *The C Programming Language*，从而使 C 语言成为目前世界上流行最广泛的高级程序设计语言。

随着微型计算机的日益普及，出现了许多 C 语言版本。由于没有统一的标准，使得这些 C 语言之间出现了一些不一致的地方。为了改变这种情况，美国国家标准研究所（ANSI）于 1983 年成立了专门定义 C 语言标准的委员会，花费 6 年时间使 C 语言迈向标准化。随着 C 语言被广泛关注与应用，ANSI C 标准于 1989 年被采用，该标准一般称为 ANSI/ISO Standard C，成为现行的 C 语言标准，而且 C 语言成为最受欢迎的语言之一。

到了 1995 年，在 ANSI C 的基础上增加了一些库函数，出现了初步的 C++。C++进一步扩充和完善了 C 语言，成为一种面向对象的程序设计语言。C++目前比交流行的版本是 Microsoft Visual C++ 2010。C++提出了一些更为深入的概念，它所支持的这些面向对象的概念容易将问题空间直接地映射到程序空间，为程序员提供了一种与传统结构程序设计不同的思维方式和编程方法，因而也增加了整个语言的复杂性。图 1-2 所示为 C 语言的产生与发展历程。

C 语言是 C++的基础，C++语言兼容了 C 语言的主体功能。本书以 Microsoft Visual C++ 2010 系统为平台来介绍 C 语言程序设计，所有的 C 语言程序都在 Microsoft Visual C++ 2010 环境下运行。

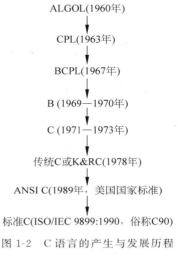

图 1-2　C 语言的产生与发展历程

1.1.3　C 语言的特点

C 语言是一种极具生命力的语言，它具有很多方面的特点，一般可归纳如下。

（1）语言简洁、紧凑，使用方便、灵活。C 语言共有 32 个关键字、9 种控制语句，程序书写形式自由，主要用小写字母表示，压缩了一切不必要的成分。

（2）完全模块化和结构化。C 语言具有结构化控制语句（如 if…else 语句、while 语句、do…while 语句等），用函数作为程序的模块单位，便于实现程序的模块化，函数之间调用灵活、方便。

（3）运算符丰富。C 语言有 34 种运算符和 15 个等级的运算优先顺序，使表达式类型多样化，灵活使用运算符，可以实现在其他高级语言中难以实现的运算。

（4）数据类型丰富。C 语言提供的类型有整型、实型、字符型、数组类型、指针类型、结构体类型及共用体类型等，可以用来实现各种复杂的数据结构（如链表、树、栈等）的运算。

（5）接近硬件。C 语言允许直接访问物理地址，能进行位操作，能实现汇编语言的大部分功能，可以直接对硬件进行操作。因此，C 语言既具有高级语言的特性，又具有低级语言的许多特性，可以用来编写系统软件。C 语言的这种双重性，使它既是成功的系统描述语言，又是通用的程序设计语言。因为 C 语言程序也要通过编译、连接才可以执行，所以仍习惯将 C 语言称为高级语言。

（6）语法限制少，程序设计自由度大。C 语言允许程序编写者有较大的自由度，放宽了以往高级语言严格的语法检查，较好地处理了"限制"与"灵活"这一矛盾。

（7）生成目标代码质量高、程序执行效率高。通常，C语言只比汇编程序生成的目标代码效率低 $10\%\sim20\%$。

（8）可移植性好。C语言基本上不做修改就能用于各种型号的计算机和各种操作系统。

综上所述，可以看出 C 语言是非常重要的程序设计语言，在软件行业有广泛的应用。虽然目前面向对象的各类高级语言盛行，但因为 C 语言是面向对象程序设计语言 C++ 的基础，所以 C 语言仍然是非常重要的一门课程，学习 C 语言之后，进一步学习 C++ 就会非常轻松。

1.2　程序设计基础

随着计算机技术的发展，计算机为科学计算与数据处理提供了高速度、高精度的计算。但计算机在本质上只能机械地执行人为输入的命令，它本身不会主动地进行思考，也不可能发挥任何创造性。因此，在利用计算机解决问题时，要进行程序设计——用计算机语言描述出解决问题的方法。

1.2.1　程序

程序是计算机能执行的一组指令，用于完成特定的任务。计算机是一种具有内部存储能力的自动、高效的电子设备，它最本质的使命就是执行指令所规定的操作。如果我们需要计算机完成什么工作，只要将执行步骤用诸条指令的形式描述出来即可。

例如，当我们想求三角形面积时，程序如下。

① 已知三角形三条边 a、b、c，并且任意两边之和大于第三边。

② 求解半周长 $p=(a+b+c)/2$。

③ 根据海伦公式，求解三角形面积 $S=\sqrt[2]{p\times(p-a)\times(p-b)\times(p-c)}$。

该程序主要用于描述完成三角形面积求解这项任务所涉及的对象和动作规则。这里，对象就是上述程序中的三角形三边长度、半周长、三角形面积等，而求解半周长、三角形面积都是动作，动作需要符合一定的先后顺序。比如不能先利用海伦公式求解面积，再求解半周长，否则这个求解三角形面积的程序就不成功。

由此可见，程序的概念是普遍的，运用到计算机上，程序就是为了完成一系列复杂操作而将编写的指令存放在计算机的内部存储器中，需要结果时就向计算机发出一个简单的命令，计算机就会自动逐条执行操作，全部指令执行完就得到了预期的结果。这种可以被连续执行的一条条指令的集合称为计算机的程序。也就是说，程序是计算机指令的序列，编制程序的工作就是为计算机安排指令序列。

但是，指令是二进制编码，用它编制程序既难记忆，又难掌握，所以，计算机工作者就研制出了各种计算机能够懂得、人们又方便使用的计算机语言，程序就是用计算机语言来编写的。因此，计算机语言通常被称为"程序语言"，一个计算机程序总是用某种程序语言书写的。

1.2.2 程序设计

什么是程序设计呢？在日常生活中可以看到，同一台计算机，有时可以画图，有时可以制表，有时可以玩游戏，运行的软件不同，得到的功能和效果就不相同。也就是说，尽管计算机本身只是一种现代化方式批量生产出来的通用机器，但是，使用不同的程序，计算机就可以处理不同的问题。计算机之所以能够产生如此大的影响，其原因不仅在于人们发明了机器本身，更重要的是人们为计算机开发出了不计其数的能够指挥计算机完成各种各样工作的程序。正是这些功能丰富的程序给了计算机无尽的生命力，它们正是程序设计工作的结晶，而程序设计就是用某种程序语言编写这些程序的过程。

更确切地说，所谓程序，是用计算机语言对所要解决的问题中的数据以及处理问题的方法和步骤所做的完整而准确的描述，这个描述的过程就称为程序设计。对数据的描述就是指明数据结构形式；对处理方法和步骤的描述就是算法问题。因而，数据结构与算法是程序设计过程中密切相关的两方面。曾经发明 Pascal 语言的著名计算机科学家 Niklaus Wirth 教授提出了关于程序的著名公式：程序＝数据结构＋算法。这个公式说明了程序设计的主要任务。本书介绍程序设计语言之一——C 语言程序设计，有关数据结构部分不做介绍，关于算法的问题在下一节给出初步的介绍。

对于程序设计的初学者来说，首要任务是学会设计一个正确的程序。一个正确的程序通常包括两个含义：一是书写正确；二是结果正确。书写正确是指程序在语法上正确，符合程序语言的规则；而结果正确通常是指对应于正确的输入，程序能产生所期望的输出，符合使用者对程序功能的要求。程序设计的基本目标是编制出正确的程序和保证程序的高质量。所谓高质量是指程序具有良好的结构、可读性好、可靠性高、便于维护等。毫无疑问，无论是一个正确的程序，还是一个高质量的程序，都需要设计才能使之达到预期的目标。

那么，如何进行程序设计呢？

例如，用计算机来完成统计某班级内学生的 C 语言期末考试成绩并计算平均分。如果交给计算机来处理，需要根据任务来明确步骤。

一个简单的程序设计一般包含以下四个步骤。

（1）分析问题，建立数学模型。使用计算机解决具体问题时，首先要对问题进行充分的分析，确定问题是什么，解决问题的步骤又是什么。针对所要解决的问题，找出已知的数据和条件，确定所需的输入、处理及输出对象。

输入：需要某些条件完成一个任务。例如，为了完成期末成绩统计，需要学生学号、姓名、C 语言期末考试成绩。

处理：让计算机加工输入信息。例如，需要对 C 语言成绩求和并计算平均值。

输出：期望求得的结果。例如，在显示器上打印出 C 语言成绩的平均值。

（2）确定数据结构和算法。根据建立的数学模型，对指定的输入数据和预期的输出结果确定存放数据的数据结构。针对所建立的数学模型和确定的数据结构，选择合适的算法加以实现。注意，这里所说的"算法"泛指解决某一问题的方法和步骤，而不仅仅是指"计算"。

① 输入全部学生的姓名、学号、C 语言成绩。

② 对 C 语言课程成绩计算平均值。

③ 按 C 语言课程平均成绩打印输出。

（3）编制程序。根据确定的数据结构和算法，用自己所使用的程序语言把这个解决方案严格地描述出来，也就是编写出程序代码。

（4）调试程序。在计算机上用实际的输入数据对编好的程序进行调试，分析所得到的运行结果，进行程序的测试和调整，直至获得预期的结果。

由此可见，一个完整的程序涉及四方面的问题：数据结构、算法、编程语言和程序设计方法。这四方面的知识都是程序设计人员所必须具备的，其中算法是至关重要的一方面。关于数据结构和算法问题都有专门的著作，本书的重点是介绍编程语言和程序设计方法。但是，如果对算法一无所知，就无法进行基本的程序设计。因此，下面对算法的基本概念、基本设计和表示方法做初步介绍，目的是使初学者了解程序设计如何开始。

1.2.3　算法

1. 算法的基本概念

什么是算法？当代著名计算机科学家 D. E. Knuth 在他撰写的 *The Art of Computer Programming* 一书中写道：“一个算法，就是一个有穷规则的集合，其中的规则规定了一个解决某一特定类型的问题的运算序列。”简单地说，任何解决问题的过程都是由一定的步骤组成的，而解决问题确定的方法和有限的步骤称为算法。

不是只有计算问题才有算法，做任何事情都有一定步骤。例如：你想去北京开会，首先要买火车票，然后按照车票的时间地点坐火车到达目的地，参加会议；新生开学报到，要根据录取通知书到指定学校报到注册。这些活动都是按一定的顺序进行的，缺一不可。我们从事的任何活动，都必须按一定的步骤进行，才能顺利完成。

通常，计算机算法分为两大类：数值运算算法和非数值运算算法。数值运算是指对问题求数值解，如对微分方程求解、对函数的定积分求解等，都属于数值运算范围。非数值运算包括非常广泛的领域，如资料检索、事务管理、数据处理等。数值运算有确定的数学模型，一般都有比较成熟的算法。许多常用算法通常还会被编写成通用程序并汇编成各种程序库的形式，用户需要时可直接调用，如数学程序库、数学软件包等。而非数值运算的种类繁多，要求不一，很难提供统一规范的算法。

下面通过三个简单的问题说明设计算法的思维方法。

【例 1-1】　有两个瓶子分别装满红豆和绿豆，但却错把红豆装在了绿色瓶子里，绿豆错装到了红色瓶子里，现要求将红豆装在红色瓶子里，绿豆装在绿色瓶子里。

算法分析：这是一个非数值运算问题。因为两个瓶子的豆子不能直接交换，所以，解决这一问题的关键是需要引入第三个空瓶。其交换步骤如下。

① 将红瓶中的绿豆装入空瓶中。

② 将绿瓶中的红豆装入红瓶中。

③ 将空瓶中的绿豆装入绿瓶中。

④ 交换结束。

【例 1-2】　计算圆的面积，$s = \begin{cases} 3.14 \times r \times r & r \geqslant 0 \\ error & r < 0 \end{cases}$

① 将 r 的值输入计算机。

② 如果 r 值是负数,输出提示语句"error"。

③ 如果 r 值是非负数,按表达式 $3.14*r*r$ 来计算圆的面积。

④ 输出圆面积 s。

【例1-3】 给定两个正整数 m 和 $n(m \geqslant n)$,求它们的最大公约数。

算法分析:这也是一个数值运算问题,它有成熟的算法,我国数学家秦九韶在《数书九章》一书中曾记载了这个算法。求最大公约数的问题一般用辗转相除法(也称欧几里德算法)求解。

例如:设 m 为 14,n 为 4,余数用 r 表示。它们的最大公约数的求法如下。

14/4 商 3 余数为 2,以 n 作 m,以 r 作 n,继续相除;4/2 商 2 余数为 0,当余数为零时,所得 n 即为两数的最大公约数。所以 14 和 4 两数的最大公约数为 2。

用这种方法求两数的最大公约数,其算法可以描述如下。

① 将两个正整数存放到变量 m 和 n 中。

② 求余数:计算 m 除以 n,将所得余数存放到变量 r 中。

③ 判断余数是否为 0:若余数为 0 则执行第⑤步,否则执行第④步。

④ 更新被除数和余数:将 n 的值存放到 m 中,将 r 的值存放到 n 中,并转向第②步继续循环执行。

⑤ 输出 n 的当前值,算法结束。

由上述三个简单的例子可以看出,一个算法由若干操作步骤构成,并且这些操作按一定的控制结构所规定的次序执行。如例 1-1 是顺序执行的,称为顺序结构。而在例 1-2 中,则不是所有步骤都执行。如第②步和第③步的两个操作就不能同时被执行,它们需要根据条件判断决定执行哪个操作,这种结构称为分支结构。在例 1-3 中不仅包含了判断,而且需要重复执行。如第②步到第④步之间的步骤就需要根据条件判断是否重复执行,并且一直延续到条件"余数为 0"为止,这种具有重复执行功能的结构称为循环结构。

2. 算法的两要素

由上述三个例子可以看出,任何简单或复杂的算法都是由基本功能操作和控制结构这两个要素组成的。任何类型的计算机最基本的功能操作是一致的,包括以下四方面。

(1) 逻辑运算:与、或、非。

(2) 算术运算:加、减、乘、除。

(3) 数据比较:大于、小于、等于、不等于、大于或等于、小于或等于。

(4) 数据传送:输入、输出、赋值。

算法的控制结构决定了算法的执行顺序。如以上例题所示,算法的基本控制结构通常包括顺序结构、分支结构和循环结构。不论是简单的还是复杂的算法,都是由这三种基本控制结构组合而成的。

算法是对程序控制结构的描述,而数据结构是对程序中数据的描述。因为算法的处理对象必然是问题中所涉及的相关数据,所以不能离开数据结构去抽象地分析程序的算法,也不能脱离算法去孤立地研究程序的数据结构,而只能从算法和数据结构的统一上去认识程序。但是,在计算机的高级语言中,数据结构是通过数据类型表现的,本书在后面的章节中,将通过对 C 语言数据类型的详细描述说明数据结构在程序设计中的作用,这里我们只讨论算法的问题。

3．算法的特征

一个算法应该具有以下几个重要的特征。

（1）有穷性：一个算法必须保证执行有限步之后结束，并且每一步都在合理的时间内完成。

（2）确切性：算法的每一个步骤必须有确切的定义，不允许有多义性。

（3）可行性：算法原则上能够精确地运行，而且人们用笔和纸做有限次运算后即可完成。

（4）输入：输入是指在执行算法时从外界获得数据。一个算法可有0个或多个输入，以刻画运算对象的初始情况。所谓0个输入是指算法本身确定了初始条件。

（5）输出：一个算法有一个或多个输出，以反映对输入数据加工后的结果。没有输出的算法是毫无意义的。

4．算法设计的要求

一个算法的设计需要注意以下几方面。

（1）正确性。算法的正确性包含四个层次：程序不含语法错误；程序对于几组输入数据能够得出满足规格说明要求的结果；程序对于精心选择的典型、苛刻而带有刁难性的几组输入数据能够得出满足规格说明要求的结果；程序对于一切合法的输入数据都能产生满足规格说明要求的结果。

（2）可读性。算法主要是用于人的阅读与交流，可读性好有助于人们对算法的理解与掌握。

（3）健壮性。当输入数据非法时，算法应适当地做出反应或进行处理，而不会产生错误的输出结果。

（4）高效率和低存储量。效率指的是算法执行时间。对于解决同一问题的多个算法，执行时间短的算法效率高。存储量需求指算法执行过程中所需要的最大存储空间。两者都与问题的规模有关。

5．算法的描述

算法可以用任何形式的语言和符号来描述，通常有自然语言、程序语言、流程图、N-S图、PAD图、伪代码等。例1-1、例1-2、例1-3就是用自然语言来表示算法，而所有的程序是直接用程序设计语言表示算法。流程图、N-S图和PAD图是表示算法的图形工具，其中，流程图是最早提出的用图形表示算法的工具，所以也称为传统流程图。它具有直观性强、便于阅读等特点，具有程序无法取代的作用。N-S图和PAD图符合结构化程序设计要求，是软件工程中强调使用的图形工具。

因为流程图便于交流，又特别适合于初学者使用，对于一个程序设计工作者来说，会看、会用传统流程图是必要的。本书主要介绍和使用传统流程图表示算法。

（1）流程图符号。

所谓流程图，就是对给定算法的一种图形解法。它用规定的一系列图形、流程线及文字说明来表示算法中的基本操作和控制流程，其优点是形象直观、简单易懂、便于修改和交流。美国国家标准化协会ANSI（American National Standard Institute）规定了一些常用的符号，表1-1中分别列出了标准的流程图符号的名称、表示和功能。这些符号已被世界各国的广大程序设计工作者普遍接受和采用。

表 1-1 标准的流程图符号的名称、表示和功能

符号名称	表示	功能
起止框	▭	表示算法的开始和结束
输入/输出框	▱	表示算法的输入/输出操作,框内填写需输入或输出的各项
处理框	▭	表示算法中的各种处理操作,框内填写处理说明或算式
判断框	◇	表示算法中的条件判断操作,框内填写判断条件
注释框	------]	表示算法中某操作的说明信息,框内填写文字说明
流程线	← 和 ↓↑	表示算法的执行方向
连接点	○	表示流程图的延续

(2)用传统流程图描述算法。

用流程图表示算法,能够直观、形象地描述算法,更易于理解。如下面的例子。

【例 1-4】 用传统流程图描述例 1-2,如图 1-3 所示。

【例 1-5】 用传统流程图描述,键盘输入任意整数 n,判断 n 是否为素数,输出相应信息,如图 1-4 所示。

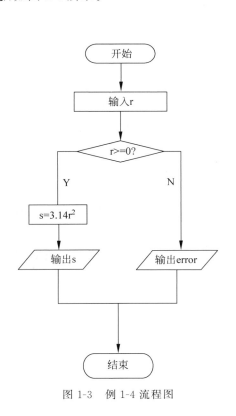

图 1-3 例 1-4 流程图

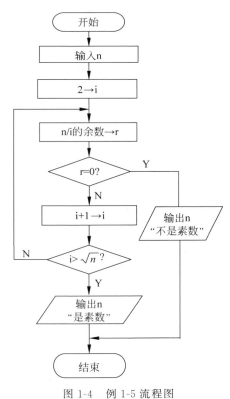

图 1-4 例 1-5 流程图

（3）用 N-S 图描述算法。

1973 年，美国学者提出了一种新的流程图形式——N-S 流程图。N-S 流程图去掉了所有的流程线，算法写在一个矩形内，在该矩形框内还可以包括其他矩形框。

【例 1-6】 用 N-S 图描述求矩形面积，如图 1-5 所示。

【例 1-7】 用 N-S 图描述求 $1+2+,\cdots,+100$，如图 1-6 所示。

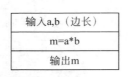

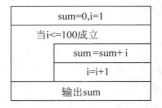

图 1-5　求矩形面积 N-S 图　　　图 1-6　求 1 到 100 累加和 N-S 图

通过以上几个例子可以看出，流程图是表示算法的较好工具，用流程图表示算法直观形象，能比较清楚地显示出各个框之间的逻辑关系，因此熟练运用流程图表示算法有利于程序设计者设计程序。

1.2.4　数据结构

数据结构是指相互之间存在一种或多种特定关系的数据元素集合，是带有结构的数据元素的集合，它指的是数据元素之间的相互关系，即数据的组织形式。数据元素具有广泛的含义，一般来说，现实世界中客观存在的一切个体都可以是数据元素。例如，描述一年四季的季节名春、夏、秋、冬可以作为季节的数据元素；表示家庭成员的各成员名父亲、儿子、女儿可以作为家庭成员的数据元素。

数据结构主要研究以下三方面的问题。

（1）数据集合中各数据元素之间所固有的逻辑关系，即数据的逻辑结构。

（2）在对数据进行处理时，各数据元素在计算机中的存储关系，即数据的存储结构。

（3）对各种数据基于某种数据结构进行的运算。

数据的逻辑结构在计算机内存中的存放形式称为数据的存储结构。一般来说，一种数据的逻辑结构根据需要可以表示成多种存储结构，常用的存储结构有顺序、链接等存储结构。C 语言中将介绍多种数据类型，其中的数组类型在内存中是顺序存储，而链表结构在内存中是链接存储的。

对数据集合中的各元素进行的运算，包括插入、删除、查找、更改等运算，也包括对数据元素进行分析。C 语言中将介绍对若干个数求最大值、最小值、平均值、排序、查找等运算。

1.3　C 语言程序的结构

为了描述 C 语言源程序的结构特点，本节通过两个简单的 C 语言程序来说明。

【例 1-8】 通过 C 语言源程序代码展示 C 程序的基础结构。

程序代码：

```
#include<stdio.h>                  /*包含一个标准库*/
void main()                        /*定义一个没有参数和返回值的main()函数*/
{                                  /*main函数的内容用英文的花括号{}括起来*/
    printf("Hello World!");        /*调用printf()函数打印一行字符*/
}
```

（1）＃include 称为文件包含处理命令，<stdio.h>称为头文件。头文件中包括了各个标准库函数的函数原型。因此，凡是在程序中调用一个库函数时，都必须包含该函数原型所在的头文件。

（2）main 是函数名，表示这是一个主函数。每一个 C 源程序都必须有且只能有一个主函数（main 函数）。

（3）函数 printf()的功能是把要输出的信息输出到显示器上。printf()函数是一个由系统定义的标准函数，可在程序中直接调用。printf()是标准输入输出函数，其头文件为stdio.h，在主函数前已经用 include 命令包含了 stdio.h 文件。

【例 1-9】　利用海伦公式求解三角形面积：$S=\sqrt{p(p-a)(p-b)(p-c)}$。其中，$p=(a+b+c)/2$，$a$、$b$、$c$ 为三角形的三边长。

程序代码：

```
#include<math.h>
#include<stdio.h>
void main()
{
    double a,b,c,p,s;
    printf("input number:\n");
    scanf("%lf,%lf,%lf",&a,&b,&c);          /*输入三角形的三边长*/
    p=(a+b+c)/2;
    s=sqrt(p*(p-a)*(p-b)*(p-c));            /*求面积*/
    printf("s=%lf\n",s);                    /*输出面积*/
}
```

程序说明如下。

（1）＃include 称为文件包含处理命令，<math.h>称为头文件。

（2）函数 scanf()的功能是从键盘接收所输入的数据。scanf()函数是一个由系统定义的标准函数，可在程序中直接调用。其头文件为 stdio.h。

（3）本例中使用了库函数 sqrt()，sqrt()函数是数学函数，其头文件为 math.h，因此在程序的主函数前用 include 命令包含了 math.h。输入输出函数，其头文件为 stdio.h。

【例 1-10】　求两个整数中的较大者。

程序代码：

```
#include<stdio.h>
void main()                        /*主函数*/
{
    int a,b,c;
    scanf("%d,%d",&a,&b);
    c=fun(a,b);                    /*调用fun函数,将得到的结果赋给c*/
    printf("max=%d\n",c);
}
int fun(int x, int y)              /*定义fun函数,函数值为整型,形式参数x、y为整数*/
```

```
{
    int t;
    if(x > y) t = x;
    else t = y;
    return(t);                    /* 将 t 值返回,通过 fun 函数带回到调用的位置 */
}
```

本程序包括两个函数：主函数 main()和被调函数 fun()。fun()函数的作用是将 x 和 y 中较大的数赋值给变量 t,return 语句将 t 的值返回给主调函数 main()。返回值通过函数名 fun 带回到 main()函数中的调用 fun()函数的位置。

通过以上两个例子可以看出 C 语言程序的特点,总结如下。

(1) C 语言源程序由一个或多个函数所组成,必须有一个名为 main()的主函数,也可以包含一个 main()函数和若干个其他函数,函数是 C 程序的基本单位。程序的执行总是从主函数 main()开始,而不论其他函数的位置是否在主函数 main()之前,其他函数是通过函数间调用被执行的。主函数以外的其他函数可以是系统提供的库函数,如 printf()函数和 scanf()函数,也可以是用户根据需要自己编制的函数,如例 1-9 中的 fun()函数。

(2) 函数由函数说明和函数体两部分组成。函数说明部分指明函数名、函数类型、函数参数名及参数类型等。如例 1-9 中的 fun()函数的说明部分为:

int fun(int x, int y)

一个函数名后面必须跟一对圆括号,括号内写函数的参数名及其类型。函数可以没有参数,如主函数 main()。

函数体是函数中花括号内的部分,包括变量的说明和一组执行语句。如果一个函数内有多个花括号,则最外层的一对花括号内是函数体的范围。

(3) 源程序中可以有预处理命令(include 命令仅为其中的一种),预处理命令通常应放在源文件或源程序的最前面。

(4) 编辑 C 源程序时,一行可以写多条语句,也可以将一条语句写在多行上。需要注意的是分号";"是 C 语句的组成部分,每一个语句和数据声明最后都必须以分号结束。

(5) 标识符与关键字之间必须至少加一个空格以示间隔。若已有明显的间隔符,也可不再加空格来间隔。

(6) 注释符：注释在程序中起提示、解释程序的作用。C 语言的注释是以"/*"开头并以"*/"结尾的字符序列。注释可出现在程序中的任何位置,程序编译时不对注释做任何处理。

1.4　C 语言程序的开发与环境

C 语言程序可以在 Turbo C、Microsoft Visual C++等平台上运行,本书以 Visual C++ 2010 为操作平台,介绍 C 程序设计。

1.4.1　C 语言程序的开发

用 C 语句编写的程序称为源程序,是不能直接运行的。C 程序开发一般要经历 4 个基本步骤：编辑、编译、连接和运行,其操作过程如图 1-7 所示。

编辑源程序 $\xrightarrow{\text{编译}}$ 目标文件(.obj) $\xrightarrow{\text{连接}}$ 可执行程序(.exe) $\xrightarrow{\text{运行}}$ 操作系统

图 1-7　C 语言程序的操作过程

1．编辑

使用字处理软件或编辑工具将源程序以文本文件形式保存到磁盘，源程序文件名由用户自己选定，但扩展名必须为".c"。

2．编译

编译的功能就是调用"编译程序"，将已编辑好的源程序翻译成二进制的目标代码。如果源程序没有语法错误将产生一个与源程序同名，以".obj"为扩展名的目标程序。

3．连接

编译后产生的目标程序往往形成多个模块，还要和库函数进行连接才能运行，连接过程是使用系统提供的"连接程序"运行的。连接后，产生以".exe"为扩展名的可执行程序。

4．运行

可执行程序生成后，就可以在操作系统的支持下运行，若执行结果达到预期的目的，则开发工作到此完成。否则，就要进一步检查修改源程序，重复上述步骤，直到取得最终的正确结果为止。

1.4.2　C 语言程序的开发环境

1．Microsoft Visual C++ 2010

下面简单介绍在 Microsoft Visual C++ 2010(以下简称 VC++)集成环境中如何建立项目和 C 程序，以及调试运行 C 程序的方法。

1）启动 Microsoft Visual C++ 2010

选择【开始】菜单【程序】项中的【Microsoft Visual C++ 2010】，启动 VC++编译系统。VC++主窗体如图 1-8 所示。

图 1-8　Microsoft Visual C++ 2010 环境

2）新建项目

在起始页单击【新建项目…】，或在菜单栏单击【文件】→【新建】→【项目】，如图 1-9 所示，会弹出如图 1-10 所示的窗口。

图 1-9 【文件】菜单中的"新建项目"

图 1-10 新建项目窗口

在图 1-10 中的左栏中选择【Visual C++】，在中间栏选择【Win32 控制台应用程序】，在下面的名称栏输入项目的名称，单击【浏览】按钮选择项目的存储位置，然后单击【确定】按钮进入图 1-11 所示的界面。

在图 1-11 中单击【下一步】按钮，弹出图 1-12 所示的窗口。

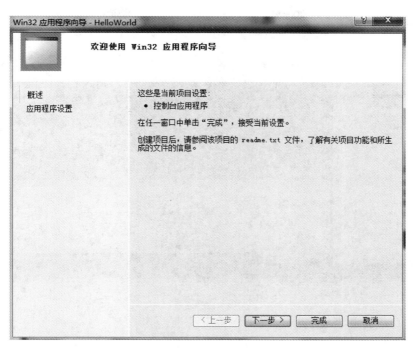

图 1-11　Win32 应用程序向导 1

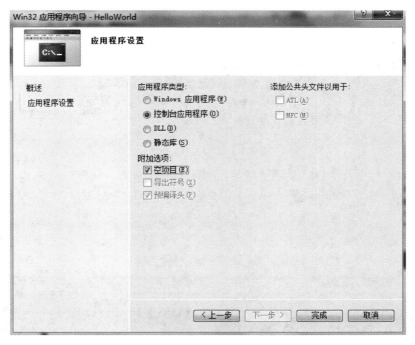

图 1-12　Win32 应用程序向导 2

　　在图 1-12 中勾选【空项目】复选框，其他选项默认，然后单击【完成】按钮。这时 VC++ 会自动加载新建的项目，如图 1-13 所示。

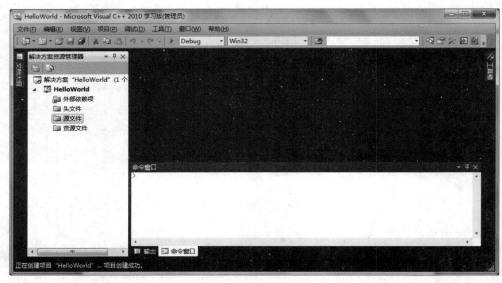

图 1-13　项目创建成功

3）新建 C 语言源程序

在图 1-13 左侧的资源管理器中右击【源文件】，选择【添加】→【新建】，打开图 1-14 的【添加新项】窗口，在该窗口左栏中单击【Visual C++】，在中间栏选择【C++ 文件】，在下面的名称栏里填写 C 语言程序的名称（注意：不要忘记加上文件的扩展名 .c），存储位置保持默认不变，单击【添加】按钮。

图 1-14　添加新项

这时 VC++ 会自动加载新建的 .c 文件（初始是空白的），然后写入一个简单的 C 语言程序，如图 1-15 所示。

图 1-15　编辑程序

4）调试运行

单击【启动调试 F5】按钮（工具栏上 Debug 左边的绿色三角图标 ▶ 或菜单栏上的【调试】下拉菜单里的【启动调试】）。C 语言程序的运行结果如图 1-16 所示。

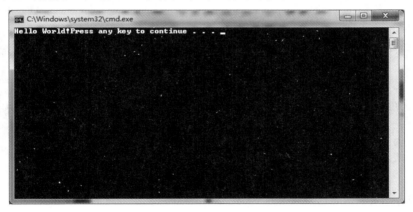

图 1-16　程序运行结果

运行过程中可能遇到的问题及解决办法说明如下。

（1）若出现图 1-17 所示的错误信息，解决办法为：在菜单栏中单击【项目】→【属性】→【配置属性】→【清单工具】→【输入和输出】→【嵌入清单】，将原来的【是】改成【否】。

（2）启动调试的时候，运行窗口会一闪而过。解决方案一：按 Ctrl＋F5 组合键调试运行程序。解决方案二：在源程序后面添加"getchar（）;"，或者在 main（）函数结尾前写上"system（"pause"）;"。

如果退出 VC++环境后需要重新打开以前建立的文件 HelloWorld. c，则打开 VC++环境，通过【文件】→【打开】→【项目/解决方案】打开"HelloWorld. sln"。

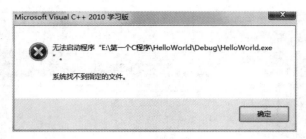

图 1-17　错误信息

2. Microsoft Visual C++ 6.0

下面简单介绍在 Microsoft Visual C++ 6.0（以下简称 Visual C++ 6.0）集成环境中如何建立项目和 C 程序，以及调试运行 C 程序的方法。

1）启动 Microsoft Visual C++ 6.0

选择【开始】菜单【程序】项中的【Microsoft Visual C++ 6.0】，启动 Visual C++ 6.0 编译系统。Visual C++ 6.0 主窗体如图 1-18 所示。

图 1-18　Microsoft Visual C++ 6.0 环境

2）新建 C（C++）源文件

进入 Visual C++ 6.0 启动界面后，在主菜单上选择【文件】→【新建】，出现图 1-19 所示的界面。

选择【文件】选项卡→【C++ Source File】，如图 1-20 所示，在【文件名】下方输入要创建的 C 源文件名，如"helloworld.c"，在【位置】下方输入存放 C 源文件的文件夹路径名，也可以通过单击【…】弹出对话框选择文件夹路径，如"C:\WINDOWS\SYSTEM32"，最后单击【确定】按钮，将进入 Visual C++ 6.0 的主窗口界面，可以看到程序编辑区的子窗口标题是新建的源文件名，如 helloworld.c。在代码编辑区逐行输入程序代码内容，如图 1-21 所示。

3）调试运行

编译：对在编辑区打开的当前文件进行编译 。

组建：对当前项目中的源文件进行编译和连接，编译和连接合起来叫作组建

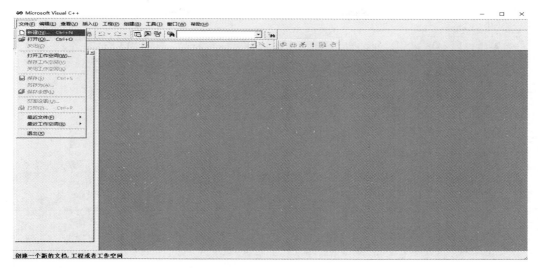

图 1-19 【文件】菜单中的【新建】

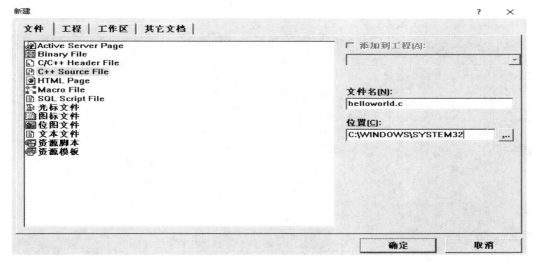

图 1-20 新建 C 源文件的对话框

（Build） 。

执行：执行可执行文件.exe。

在图 1-21 菜单栏中选择【组建】→【执行…】，将执行可执行文件.exe，并弹出 DOS 命令窗口显示程序运行结果，如图 1-22 所示。命令窗口最后一行的"Press any key to continue"是提示用户按任意键将返回 Visual C++ 6.0 的主界面。

假设要编译的源文件名为 helloworld.c，成功编译后会生成目标文件名为 helloworld.obj；对 helloworld.obj 连接成功后会生成可执行文件，名为 helloworld.exe；运行可执行文件 helloworld.exe，就会在命令窗口输出运行结果。

4）关闭工作空间

一个程序经过编译、连接并运行结束后，要将它的工作空间关闭。

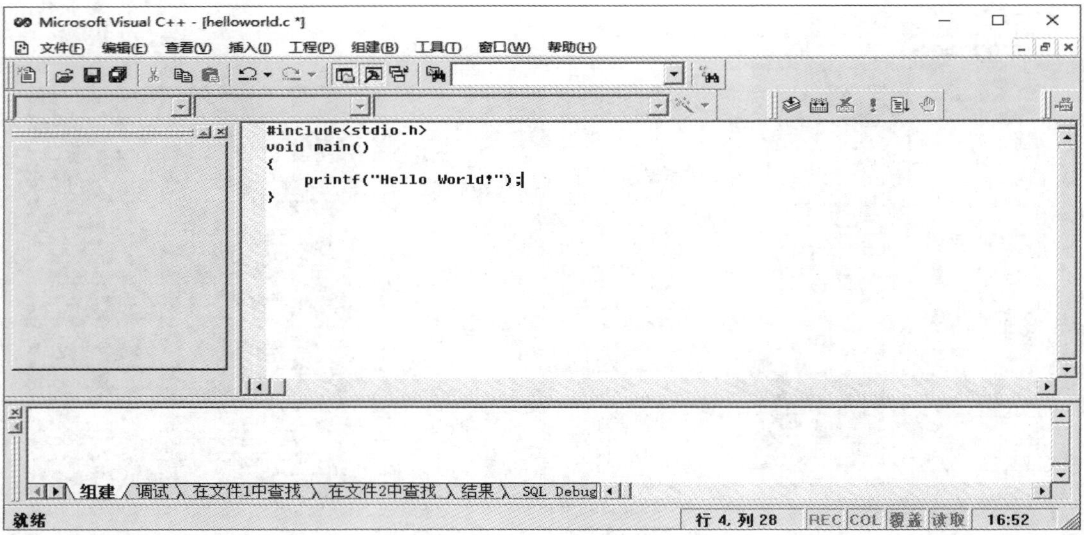

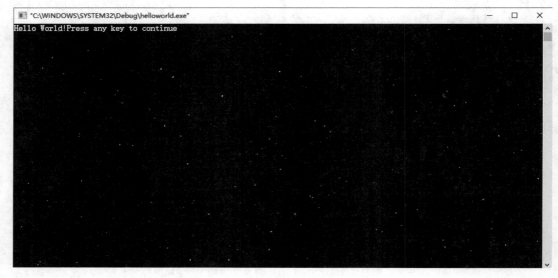

图 1-21　编辑程序

图 1-22　程序运行结果

本章小结

　　本章是学习后面各章的基础，学习程序设计的目的不只是学习一种特定的语言，而是学习进行程序设计的一般方法，也就是算法。掌握了算法就掌握了程序设计的灵魂，再根据算法使用有关的计算机语言编写程序。

　　C语言源程序是不能直接被执行的，要编译成目标程序，再连接生成可执行文件后才能运行。

　　本章章节知识脉络如图 1-23 所示。

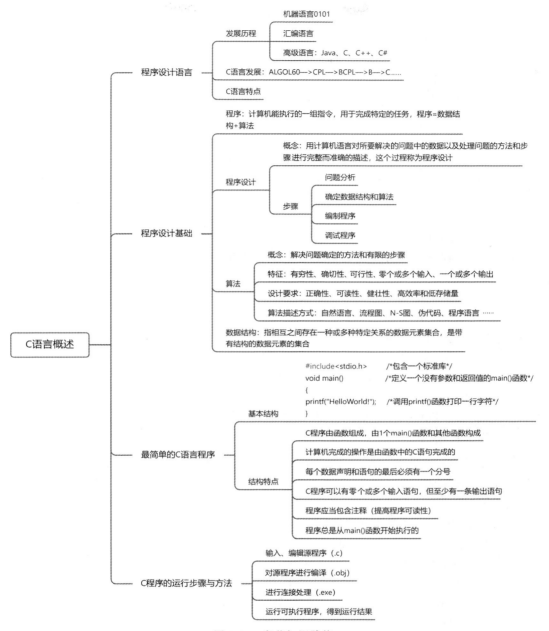

图 1-23　章节知识脉络

习题 1

1．选择题

（1）计算机高级语言程序的运行方法有编译执行和解释执行两种，以下叙述中正确的是（　　）。

    A．C 语言程序仅可以编译执行

    B．C 语言程序仅可以解释执行

    C．C 语言程序既可以编译执行又可以解释执行

    D．以上说法都不对

(2) 以下叙述中错误的是(　　　　)。

    A．C 语言的可执行程序是由一系列机器指令构成的

    B．用 C 语言编写的源程序不能直接在计算机上运行

    C．通过编译得到的二进制目标程序需要连接才可以运行

    D．在没有安装 C 语言集成开发环境的机器上不能运行 C 源程序生成的 .exe 文件

(3) 不同于 C++，C 语言源程序的扩展名为(　　　　)。

    A．.c   B．.obj   C．.txt   D．.cpp

(4) 一个 C 程序的执行是从(　　　　)。

    A．本程序文件的第一个函数开始，到本程序文件的最后一个函数结束

    B．本程序的 main() 函数开始，到本程序文件的最后一个函数结束

    C．本程序文件的第一个函数开始，到本程序的 main() 函数结束

    D．本程序的 main() 函数开始，到 main() 函数结束

(5) 下列说法中正确的是(　　　　)。

    A．C 程序中的注释部分可以出现在程序中任何合适的地方

    B．括号"{"和"}"只能作为函数体的定界符

    C．构成 C 程序的基本单位是函数，所有函数名都可以由用户命名

    D．分号是 C 语句之间的分隔符，不是语句的一部分

(6) 在下列选项中，(　　　　)不是一个算法一般应该具有的基本特征。

    A．确定性   B．有效性

    C．无穷性   D．有零个或多个输入

(7) 以下选项中，正确的是(　　　　)。

    A．C 语言比其他语言高级

    B．C 语言可以不用编译就能被计算机识别执行

    C．C 语言以接近英语国家的自然语言和数学语言作为语言的表达形式

    D．C 语言出现得最晚，具有其他语言的一切优点

(8) 一个 C 程序由若干个 C 函数组成，各个函数在文件中的书写位置为(　　　　)。

    A．任意

    B．必须完全按调用的顺序排列

    C．其他函数必须在前，主函数必须在最后

    D．第一个函数必须是主函数，其他函数任意

(9) 以下说法中正确的是(　　　　)。

    A．C 程序总是从第一个函数开始执行

    B．在 C 程序中，要调用函数必须在 main() 函数中定义

    C．C 程序总是从 main() 函数开始执行

    D．C 程序中的 main() 函数必须放在程序的开始部分

（10）以下叙述不正确的是（　　）。

  A. 注释说明被计算机编译系统忽略

  B. 注释说明必须跟在"//"之后，不能换行或者括在"/＊"和"＊/"之间，且注释符必须配对使用

  C. 注释符"/"和"＊"之间不能有空格

  D. 在 C 程序中，注释说明只能位于一条语句的后面

2. 简答题

（1）根据自己的认识，写出 C 语言的主要特点。

（2）什么是算法？举例说明。

（3）算法有哪些基本特征？请简单描述。

（4）写出一个 C 语言程序的构成。

（5）编写一个简单 C 语言程序，输出以下信息：

```
＊＊＊＊＊＊＊＊＊＊＊＊＊＊＊＊＊＊＊＊＊＊＊＊＊
 Very good!
＊＊＊＊＊＊＊＊＊＊＊＊＊＊＊＊＊＊＊＊＊＊＊＊
```

第 2 章
数据描述与基本操作

程序设计是对数据的处理,数据也是程序的必要组成部分。程序的基本结构是算法和数据结构,而数据类型是数据结构的一种表达形式。数学上的数分为整数、小数等,在解方程时,方程式中的数又分为变量、常数等。那么 C 语言中的数据如何分类?例如:学生成绩管理系统中的学生信息主要有学号、姓名、性别、年龄、每门专业课成绩、平均成绩等,这些数据在 C 语言中是如何表示、处理的? C 语言提供了丰富的数据类型,也提供了丰富的运算符来处理这些数据。本章主要介绍 C 语言的基本数据类型、运算符和表达式,同时介绍实现数据输入输出的标准库函数的使用。

本章要点

➢ 基本数据类型的描述。

➢ 各类运算符及其表达式。

➢ 应用输入输出函数实现基本类型数据的输入和输出。

2.1　C 语言的数据类型

程序是对数据进行处理加工,而数据的形式多样,在程序中所有的数据在使用前必须指定其数据类型,一个数据不可能同时属于多种数据类型。C 语言中的数据类型有如下几种,如图 2-1 所示。

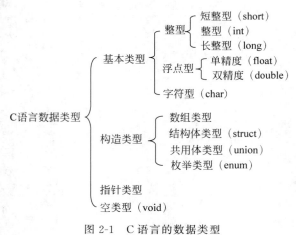

图 2-1　C 语言的数据类型

（1）基本类型是最常用的数据类型，其值不可以再分解为其他类型。也就是说，基本类型是自我说明的。

（2）构造类型：构造类型是根据已定义的一个或多个数据类型用构造的方法来定义的。一个构造类型的值可以分解成若干个"成员"或"元素"。每个"成员"或"元素"都是一个基本类型或又是一个构造类型。

（3）指针类型：指针是一种特殊的、具有重要作用的数据类型，其值用来表示某个变量在内存储器中的地址。虽然指针变量的取值类似于整型量，但这是两个类型完全不同的量，因此不能混为一谈。

（4）空类型：在调用函数时，通常应向调用者返回一个函数值。这个返回的函数值是具有一定的数据类型的，应在函数定义及函数说明中加以说明。函数没有返回值时用 void 确定为空类型。

C 语言程序的数据也有变量和常量之分，它们分别属于上面的数据类型，还可以利用上面的数据类型构成更复杂的数据结构。本章主要介绍基本数据类型，其余类型在以后各章中陆续介绍。

2.2　常量与变量

程序设计过程中都要进行数据的存储，其中有变化的数据和不变化的数据。在程序运行过程中，值不发生变化的数据称为常量，值发生变化的数据称为变量。

2.2.1　常量和变量

1. 常量

常量又称常数，是指在程序运行的过程中，其值不能被改变的量。常量分为普通常量和符号常量。

普通常量：即常数，有整型常量、浮点型常量、字符型常量、字符串常量，如 256、−75、0、123.456、15.78E−2、'c'、"efg"等。

符号常量：用一个标识符代表一个常量，这样的标识符称为符号常量，如用 PI 代表 3.1415926。注意：符号常量的值在其作用域内不能改变，也不能再被赋值。例如在程序中对 PI 重新赋值"PI＝2;"，这样是不允许的。

【例 2-1】　从键盘输入半径，求圆的面积和周长。

算法设计如下。

（1）r：存放从键盘输入的半径。

（2）计算面积：s＝PI * r * r。

（3）计算周长：c＝2 * PI * r。

（4）输出 s 和 c 的值。

程序代码：

```
#define PI 3.1415926          /*定义符号常量*/
#include<stdio.h>
void main()
```

```
{
    float r,s,c;
    scanf("%f",&r);
    c = 2 * PI * r;
    s = PI * r * r;
    printf("圆的周长 = %f,圆的面积 = %f\n",c,s);
}
```

符号常量的使用：程序中用"＃define PI 3.1415926"来定义符号常量 PI,PI 值代表 3.1415926,以后在程序中出现的 PI 都代表 3.1415926,可以和普通常量一样进行运算,并且在程序运行过程中不可以改变 PI 值,因为 PI 在本程序中代表常量,其值在程序中不改变,常量是不能被赋值的。习惯上,符号常量名用大写,变量名用小写,以示区别。

使用符号常量的好处如下。

（1）含义清楚。如例 2-1 中,阅读程序时从 PI 就可以知道它代表圆周率。因此定义符号常量时应考虑"见名知意"的原则。

（2）在 ＃define 符号常量定义处改变符号常量的值时,用到的符号常量值都会随之改变,即"一改全改"。

例如：将例 2-1 中的"＃define PI 3.1415926"改为"＃define PI 3.14",则程序中用到的所有 PI 值均会改为 3.14。

2. 变量

例 2-1 中的 r、s 和 c 都是变量,分别代表半径、面积、周长。只要半径取不同的值,周长、面积的值也会随之改变。因此在程序中,半径、周长、面积这 3 个数据的值是变化的。

在程序运行的过程中,其值可以改变的量称为变量,变量以标识符为名字。变量代表计算机内存中的某一存储空间,这个空间可以存放不同的数据。变量名、变量类型、变量的值通常称为变量的三要素。

C 语言中,所有的变量都必须"先定义、后使用",在程序中使用变量进行计算之前,需要先确定变量的名称和变量的数据类型。

在 C 语言中用来标识变量名、符号常量名、函数名、数组名等数据对象名字的有效字符序列称为标识符,也就是说,标识符就是一个名字。C 语言规定,标识符只能由字母、数字和下画线 3 种字符组成,并且第一个字符必须是字母或下画线。

在 C 语言中,变量名区分大小写,如"aver"和"AVER"是不同的变量名。

下面是合法的标识符,都可以作为变量名：

sum,PI,ab_53,abc,_lfb

下面是不合法的标识符和变量名：

4mc,@ab,D.John,2day,$123,＃33,a>c,_ab＃c

在 C 语言中,要求对所有用到的变量做强制定义,也就是"先定义,后使用"。这样做的目的如下。

（1）凡是未被事先定义的,系统不认为是合法变量名。在编译程序时就会出现错误提示,以保证变量名的正确应用。例如,在声明部分有语句"int sum;",而在其他代码语句中错误地写成了 svm,在编译时就会检查出 svm 未经定义,不作为合法变量名。

（2）每一个变量被指定为一个确定类型,在编译时就能为其分配相应的存储单元。如指定 a、b 为 int 型,系统就会为变量 a、b 分配相应的存储空间,不同的编译系统分配存储空间占用内存的字节数不同。

(3)每一个变量在定义时确定了类型,在编译时就会根据类型检查运算是否合法。例如,进行求余运算时,要求参与运算的数据必须是整型。

2.2.2 整型数据

1. 整型常量的表示方法

整型常量即整型常数。C 语言中的整型常数可用以下三种进制形式表示。

(1)十进制整数:以非 0 开始的数,如 135、−456 等。

(2)八进制整数:以 0 开头的数,如 0135,即 $(135)_8$,对应十进制 93。

(3)十六进制整数:0X 或以 0x 开头的数,如 0x23 或 0X23,即 $(23)_{16}$,对应十进制 35。

2. 整型变量的分类

整型变量可分为有符号整型变量和无符号整型变量两大类,根据变量的取值范围,每类整型可分为基本整型、短整型、长整型,因此共有如下 6 种整型变量。

(1)有符号基本整型[signed] int。

(2)有符号短整型[signed] short [int]。

(3)有符号长整型[signed] long [int]。

(4)无符号整型 unsigned [int]。

(5)无符号短整型 unsigned short [int]。

(6)无符号长整型 unsigned long [int]。

方括号内的部分可以省略,如"unsigned"与"unsigned int"等价。如果不指定 unsigned 或指定 signed,则存储单元中的最高位代表符号(0 为正,1 为负);如果指定 unsigned 为无符号型变量,存储单元中的全部二进制位(bit)用作存放数据本身,而不包括符号。因此,无符号型变量只能存储不带符号的整数,如 245、4567 等,而不能存放负数,如 −234、−120 等。

整型变量的详细内容如表 2-1 所示。

表 2-1 整型变量的分类及存储空间

类 型 名	关 键 字	在标准 Tuber C 中存储		在 Visual C++中存储	
		字节数	取值范围	字节数	取值范围
基本整型	int	2	−32768～32767	4	$-2^{31}～2^{31}-1$
短整型	short	2	$-2^{15}～2^{15}-1$	2	$-2^{15}～2^{15}-1$
长整型	long	4	$-2^{31}～2^{31}-1$	4	$-2^{31}～2^{31}-1$
无符号整型	unsigned	2	0～65535	4	$0～2^{32}-1$
无符号短整型	unsigned short	2	0～65535	2	0～65535
无符号长整型	unsigned long	4	$0～2^{32}-1$	4	$0～2^{32}-1$

另外,可以在整型常数后添加一个 L 或 l 字母表示该数为长整型数,如 5L、0773L、0Xac4l;可以在整型常数后添加一个 U 或 u 字母表示该数为无符号整数,如 123U、123u。

上述各类型整型数据占用的内存字节数随系统而异,一般用 2 字节表示一个 int 型数据，且 long（4 字节）≥int（2 字节）≥short（2 字节）。

3．整型变量的定义

整型变量的定义格式为：

类型标识符 变量列表；

若定义多个同类型的变量，则用逗号分开。例如：

```
int a,b;                  /*定义变量 a,b 为整型*/
unsigned c,d;             /*定义变量 c,d 为无符号整型*/
long e,f;                 /*定义变量 e,f 为长整型*/
```

4．整型数据的存储

不同的编译系统为整型数据存储分配的内存空间字节数是不同的，Visual C++中分配给整型数 4 字节。实际上，数据在内存中以二进制形式存放，数值以补码形式表示。正数用二进制原码（补码与原码相同）表示，负数用二进制补码形式（二进制原码按位取反加 1）表示，即负数的补码是将该数的绝对值的二进制形式按位取反再加 1。存储单元的最高位是符号位（0 代表正数，1 代表负数）。

例如，求−13 的补码的方法如下。

正整数 13 的原码如图 2-2 所示（一个整数占 32 位，前 16 位数据均为 0，在此只表示后 16 位）。

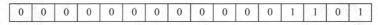

图 2-2　正整数 13 在内存中的存放

（1）取−13 的绝对值 13。

（2）13 的绝对值的二进制形式为 1101。

（3）对 1101 按位取反，结果为 1111111111110010（一个整数占 32 位，前 16 位数据均为 1）。

（4）再加 1 得 1111111111110011，见图 2-3。

13的原码	0	0	0	0	0	0	0	0	0	0	0	0	1	1	0	1
取反	1	1	1	1	1	1	1	1	1	1	1	1	0	0	1	0
再加1	1	1	1	1	1	1	1	1	1	1	1	1	0	0	1	1

得-13的补码

图 2-3　求−13 补码

在整型变量的存储单元中，最左面的 1 位是符号位，该位为 0 时表示数值为正，该位为 1 则表示数值为负。

5．整型数据的输入

用键盘输入整型变量的值时，是通过 scanf()函数实现的，其功能是按照指定格式，将从标准输入设备输入的内容存入变量。

scanf()函数是数据输入函数，格式为：

scanf（"格式控制字符串"，地址表列）；

例如：

```
int a,b;
scanf ("%d,%d",&a,&b);
```

（1）格式控制是用双引号括起来的字符串，由"%"和格式字符组成，作用是将输入数据转换为指定的格式输入。

（2）格式字符，对于不同的数据用不同的格式字符。%d格式符用来输入十进制整数，%o格式符用来输入八进制整数，%x格式符用来输入十六进制整数，%u格式符用来输入无符号整型数据。例如：

```
int x,y,z,t;
scanf("%d,%o,%x,%u",&x,&y,&z,&t);
```

实现向变量 x、y、z、t 分别输入十进制整数、八进制整数、十六进制整数、无符号整数。

（3）输入带符号的整数（正整数或负整数），必须使用%d格式符。

（4）&a、&b 中的"&"是"地址运算符"，&a 是指 a 在内存中的地址。上面的例子中scanf()函数的作用是将 a、b 的值放到 a、b 在内存的地址单元中。所以，若输入"1,2↙"，则将 1 和 2 分别存入 a 和 b 的内存单元中。

（5）若输入长整型数据，在%后加上字符 l（字符 L 的小写）。例如，输入十进制长整型使用%ld。

6. 整型数据的输出

整型数据的输出用 printf()函数来实现。例如：

```
int x = 5;
printf("%d",x);
```

printf()函数的格式为：

printf(格式控制字符串,输出表列);

（1）格式控制字符串和输入函数 scanf()的格式控制字符串基本一致。

（2）输出表列是需要输出的数据或表达式。

（3）在输出整型数据时，格式符如下。

① %d，按整型数据的实际长度输出。

② %md，m 为输出字段的宽度，如果输出数据的位数小于 m，则左端补以空格；若大于 m，则按实际位数输出。例如：

printf ("%4d,%4d",a,b);

若 a=123,d=12345，则输出结果为：

␣123,12345(注:␣表示空格字符,下同)

③ %ld：输出长整型数据。例如：

```
long a = 345678;
printf ("%8ld",a);
```

运行结果：

␣␣345678

一个整型数可以用%ld 或%d 格式输入或输出。

④ %u：输出 unsigned 型数据，即无符号类型，如"unsigned x;"，那么 x 在输出的时候应该用 u 格式字符，输出时应使用语句：

printf ("%u",x);

⑤ %o：以八进制形式输出无符号整数。

⑥ %x：以十六进制形式输出无符号整数。

【例 2-2】　整型数据与长整型数据的应用。

```
# include < stdio. h >
void main()
{
    int a,b,c,sum;
    unsigned d;
    long e;
    scanf("%d%o%x%u%ld",&a,&b,&c,&d,&e);
    printf("a=%d,b=%d,c=%d\n",a,b,c);
    printf("d=%u,e=%ld\n",d,e);

}
```

输入：

10 10 10 54321 654321 ↙(回车符)

运行结果：

```
a=10,b=8,c=16
d=54321,e=654321
```

语句"scanf("%d%o%x%u%ld",&a,&b,&c,&d,&e);"的功能是从键盘输入 5 个整数，分别以十进制、八进制、十六进制、无符号整型、十进制长整型形式接收整数并存入变量 a、b、c、d、e 对应的存储单元中，程序运行时输入的 5 个整数分别是 10、10、10、54321、654321，但变量 a、b、c 的存储单元中的数值是不同的。

语句"printf("a=%d,b=%d,c=%d\n",a,b,c);"的功能是将 a、b、c 均输出为十进制整数。

【注意】　例 2-2 在输入数据时，各数据之间用空格分隔，而不能用逗号分隔。但如果将输入语句改为下面形式：

scanf("%d,%o,%x,%u,%ld",&a,&b,&c,&d,&e);

在输入数据时各数据之间必须用逗号分隔，而不能用空格分隔。

2.2.3　浮点型数据

1. 浮点型常量

在 C 语言中，实数也称为浮点数，浮点型数有以下两种表示形式。

(1) 十进制数形式：由数字和小数点组成（必须有小数点），如 -9.8、539、0.0、7.0、-2.678 等。

(2) 指数形式：如 1.25e6 或 1.25E6 都代表 1.25×10^{6}。注意，字母 e（或 E）两侧必须有数字，且 e（或 E）右侧数据必须为整数。例如，0.0E0、6.226e$-$4、-6.226E$-$4、1.267E20

都是合法的指数表示形式,E3、8.9e1.2、.e3、e 都不是合法的指数形式。

2．浮点型变量

1)浮点型变量的分类

浮点型变量分为单精度(float 型)、双精度(double 型)和长双精度(long double 型)3 类。浮点型变量的详细内容如表 2-2 所示。

表 2-2　变量的分类及存储空间

类　　型	字　节　数	有　效　位	数　值　范　围
float	4	7~8	$-3.4\times10^{34}\sim3.4\times10^{34}$
double	8	15~16	$-1.7\times10^{308}\sim1.7\times10^{-308}$
long double	16	18~19	$-1.2\times10^{4932}\sim1.2\times10^{4932}$

ANSI C 并未具体规定每种数据类型的长度、精度和取值范围。有的系统将 double 型所增加的 32 位全用于存放小数部分,这样可以增加数值的有效位数,减少舍入误差。有的系统则将所增加的位(bit)的一部分用于存放指数部分,这样可以扩大指数范围。数据的存储在不同的 C 语言版本中会有一些差异,表 2-2 所示的是在 Tuber C 和 Visual C++中的存储形式。每个浮点型变量在使用时都要加以定义。例如:

```
float x,y;             /* 定义 x、y 为单精度型变量,存储单精度浮点型数据 */
double z;              /* 指定 z 为双精度浮点型变量,存储双精度浮点型数据 */
long double a,b;       /* 指定 a、b 为长双精度浮点型变量,存储双精度浮点型数据 */
```

long double 型数据用的很少,因此不做详细介绍。

2)浮点型数据的存储

与整型数据的存储方式不同,浮点型数据是按照指数形式存储的。系统把一个浮点型数据分成小数部分和指数部分分别存放,指数部分采用规范化的指数形式,如实数 3.1415926 在内存中的存放形式可以用图 2-4 表示。

图 2-4　浮点数 3.1415926 在内存中的存放形式

3)浮点型数据的输入和输出

(1)浮点型数据的输入。

浮点型数据的输入也是用 scanf()函数实现的,格式字符使用的是 f 字符,以小数的形式输入数据,也可以使用 e 字符,以指数的形式输入数据。单精度浮点型数据用%f 格式符输入,双精度浮点型数据用%lf 格式符输入。

例如:

```
float x;
double y;
scanf("%f,%lf",&x,&y);
```

(2)浮点型数据的输出。

浮点型数据的输出用 printf()函数实现,格式字符使用 f 字符,以小数形式或指数形式输出数据。有以下几种格式符。

① %f:不指定字段宽度,整数部分全部输出,并输出 6 位小数。

② %m.nf:指定输出数据共占 m 列,其中有 n 位小数。如果数值长度小于 m,则左端补空格。

③ %−m.nf：指定输出数据共占 m 列，其中有 n 位小数。如果数值长度小于 m，则右端补空格。

④ 若是双精度型变量，输出时应用%lf 格式控制。如"double f;"输出时应使用语句"printf（"%lf",f）;"。

⑤ %e：以指数形式输出小数。

【例 2-3】　浮点型数据的定义与使用。

```
# include < stdio.h >
void main()
{
    float x;
    double y;
    x = 123.456789;
    y = 123.456789;
    printf("x = % f,y = % lf \n",x,y);
    printf("x = %.2f,y = %.2lf \n",x,y);
    printf("x = % 10.2f,y = % 15.2lf \n",x,y);
    printf("x = % − 10.2f,y = % − 15.2lf \n",x,y);
}
```

运行结果：

```
x = 123.456787,y = 123.456789
x = 123.46,y = 123.46
x =     123.46,y =          123.46
x = 123.46     ,y = 123.46
```

图 2-5　第三行 y 输出结果左端补齐 9 个空格

另外，许多 C 编译系统将浮点型常量作为双精度来处理。例如，123.45 在内存中按双精度数据存储（占 64 位）；如果在数的后面加字母 f 或 F（如 123.45f 或 123.45F），编译系统就会按照单精度（32 位）处理。

2.2.4　字符型数据

1. 字符型常量

C 语言的字符型常量是用一对单引号括起来的单个字符，如'a'、'A'、'3'、'9'、'＋'、'$'等都是字符型常量。最常用的有大小写字母'A'～'Z'和'a'～'z'，数字字符'0'～'9'，还有特殊字符'～'、'^'、'&'、'_'（下画线）等。

除了这样的字符型常量外，C 语言还允许使用一种特殊形式的字符型常量，就是以一个'\'开头的字符序列。例如，printf()函数中经常用到的'\n'，它表示一个换行符。常用的转义字符及含义如表 2-3 所示。

表 2-3　常用的转义字符及含义

转 义 字 符	转义字符的意义	ASCII 码值（十进制）
\n	回车换行	010
\t	横向跳到下一制表位置	009

续表

转 义 字 符	转义字符的意义	ASCII 码值（十进制）
\v	竖向跳格	011
\b	退格	008
\r	回车	013
\f	走纸换页	012
\\	反斜线符"\"	092
\'	单引号符	039
\a	鸣铃	007
\ddd	1～3 位八进制数所代表的字符	
\xhh	1～2 位十六进制数所代表的字符	
\0	字符串结束字符（空字符 NULL）	000

表 2-3 中倒数第 3 行是用 ASCII 码（八进制数）表示一个字符，例如，'\101'代表 ASCII 码（十进制数）为 65 的字符'A'；倒数第 2 行是用 ASCII 码（十六进制数）表示一个字符，例如，'\x41'代表 ASCII 码（十进制数）为 65 的字符'A'。

【例 2-4】 字符常量的输出。

```c
# include < stdio. h>
void main()
{
    printf ("ab c\nde");
    printf("\'\x59\55\115\55\x44,2022－07－10\'\n");
}
```

运行结果：

```
ab c
de
'Y－M－D,2022－07－10'
```

2. 字符型变量

字符型变量定义格式如下：

char 变量列表;

例如，定义两个字符型变量 c1 和 c2：

char c1,c2;

它表示 c1 和 c2 为字符型变量，可以各表示一个字符。可以用下面的语句对 c1、c2 赋值：

c1 = 'a';c2 = 'b';

一个字符变量在内存中占 1 字节空间，用来存储一个字符型数据或－128～127 范围内的一个整数。

3. 字符型数据的存储形式

字符在内存中存储的不是字符本身，而是它的 ASCII 码，例如，字符'a' 的 ASCII 码为 97,'b' 的 ASCII 码为 98。字符的存储形式与整数的存储形式类似，因此 C 语言中的字符型数据和整型数据是通用的，它们既可以用字符形式输出（用%c），也可以用整数形式输出

（用％d），见图 2-6。注意：字符数据只占 1 字节，其 ASCII 码的取值范围是 0～255。但字符型数据如果以整数形式输出，则认为最高位是符号位，它只能存放－128～127 范围内的整数。

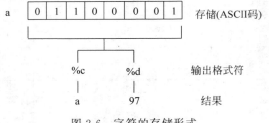

图 2-6　字符的存储形式

4．字符型数据的输入与输出

前面学习了用格式输入输出函数实现整型、浮点型数据的输入与输出，分别用％d 与％f 完成。字符型数据也可以利用 scanf()函数输入，利用 printf()函数输出，采用格式符％c。例如：

```
char str1,str2;
scanf("%c%c",&str1,&str2);
printf("%c,%c\n",str1,str2);
```

【例 2-5】　观察如下程序输出结果，理解％c 与％d 的区别。

```
#include <stdio.h>
void main()
{
    char a1,a2;
    a1 = 65;a2 = 66;
    printf ("%c,%c\n",a1,a2);
    printf ("%d,%d\n",a1,a2);
}
```

运行结果：

```
A,B
65,66
```

【例 2-6】　大小写字母的转换。

分析：字符存储是存储字符的 ASCII 码值，大小写字符的 ASCII 码值相差 32，大写字符比小写字符的 ASCII 码值小 32，所以在程序中可以利用此特点实现大小字母转换。

```
#include <stdio.h>
void main()
{
    char a1,a2;
    a1 = 'A'; a2 = 'B';
    a1 = a1 + 32; a2 = a2 + 32;
    printf ("%c%c\n",a1,a2);
}
```

运行结果：

```
a b
```

说明：

程序的作用是将两个大写字母'A'和'B'转换成小写字母'a'和'b'。'A' 的 ASCII 码值为

65，而'a'为 97，'B'为 66，'b'为 98。从 ASCII 码表中可以看到，每个大写字母比它相应的小写字母的 ASCII 码值小 32。

【注意】

在用"%c"格式符输入字符时，空格将以有效字符输入：

scanf("%c%c%c",&c1,&c2,&c3);

若输入：

a␣b␣c↙

则将字符'a'送给 c1，字符空格'␣'送给 c2，因为空格也是一个有效字符，字符'b'送给 c3。%c只需要读入一个字符，因为用了空格做间隔，所以会出现这样的问题。

5. 字符串常量

字符串常量是用双引号括起来的若干个字符序列，例如，"How do you do"、"CHINA"、"house"和"a"等都是字符串常量。

可以输出一个字符串，如 printf("How do you do.");。

【注意】

不要将字符常量与字符串常量混淆。'a'是字符常量，"a"是字符串常量，二者不同。

C 语言规定，在每个字符串的结尾加一个"字符串结束标志"，以便系统据此判断字符串是否结束。以 '\0' 作为字符串结束标志。'\0' 是 ASCII 码值为 0 的字符，从 ASCII 码表中可以看到，ASCII 码值为 0 的字符是"空操作字符"，不引起任何操作。

【例 2-7】 字符串常量结束标志'\0'。

```
#include <stdio.h>
void main()
{
    printf("How do you do?\n");
    printf("How\0 do you do?\n");
}
```

运行结果：

```
How do you do?
How
```

当输出字符串时，按字符一个一个输出，直到遇到结束标志"\0"才终止输出（不输出\0)。注意：在输入字符串时不必额外加"\0"，系统会自动在字符串的末尾加上，此例只是展示"\0"在字符串中的作用。

2.2.5 变量的初始化

变量的初始化，就是在定义变量的同时给变量赋予初值。可以采用先说明变量的类型，然后再赋值的方法，也可以在对变量类型说明的同时给变量赋初值。

1. 先定义后赋值

```
int a,b,c;
a = 10;
b = 20;
```

```
c = 30;
```

2. 定义和赋值同时进行

```
int a = 10;
short b = 20;
char c = 'v';
float d = 8.8;
```

3. 对几个变量同时赋一个初值

```
int a1 = 10, a2 = 10, a3 = 10;
```

不可以写成：

```
int a1 = a2 = a3 = 10;
```

但是可以写成：

```
int a1, a2, a3;
a1 = a2 = a3 = 10;
```

变量的初始化不是在编译阶段完成的，而是在程序运行时执行本函数时赋以初值的，相当于一个赋值语句，例如：

```
int a = 10;
```

相当于：

```
int a;
a = 10;
```

又如：

```
int a, b, c = 20;
```

相当于：

```
int a, b, c;
c = 20;
```

2.3　运算符与表达式

C语言提供了丰富的运算符，有算术运算符、字符运算符、关系运算符和逻辑运算符等。

2.3.1　算术运算符和表达式

1. 算术运算符

＋（加法运算符，或正值运算符）

－（减法运算符，或负值运算符）

＊（乘法运算符）

／（除法运算符）

％（模运算符，或求余运算符）

【注意】

（1）两个整数相除结果为整数,如 7/2 的结果是 3 而不是 3.5,15/30 的结果是 0 而不是 0.5。但是如果相除的两个数中至少有一个为浮点型数,则结果为带小数的商。与数学的运算规则相同,例如,5/2.0、5.0/2、5.0/2.0 的结果为浮点型 2.5。

（2）% 模运算符,要求参与运算的两个数必须为整型(或字符型)数据,如 7%4 的值为 3,而 7.0%4 是非法的。

【例 2-8】 关于运算符"/、%"的应用,观察下面程序的运行结果。

```c
#include <stdio.h>
void main()
{
    int a,b,c;
    float sum,x;
    a = 10;b = 4;
    sum = a/b;
    printf("%f \n",sum);
    c = a%b;
    printf("%d \n",c);
    x = 10/4.0;
    printf("%f \n",x);
}
```

运行结果：

```
2.000000
2
2.200000
```

2. 算术表达式

用算术运算符和括号将操作数连接起来的,符合 C 语言语法规则的式子,称为算术表达式。在表达式求值时,按运算符的优先级别的高低次序执行。另外,不同类型的数据可以进行各种算术运算,只是在进行运算前,要先进行数据类型转换,即精度低的数据类型向精度高的数据类型转换,转换成同一类型后进行运算。例如:

```
5 + 'A' + 8.56
```

是合法的表达式,运算结果为 double 型。

3. 自动类型转换

自动转换就是系统根据规则自动将两个不同数据类型的运算对象转换为同一数据类型。自动转换又称隐式转换,其规则如图 2-7 所示。自动转换只针对一个运算符两侧的两个运算对象,而不能对表达式中的所有运算符涉及的运算对象一次性自动转换。

在图 2-7 中,横向向右的箭头表示必须进行的转换。

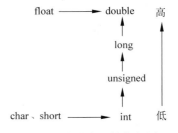

图 2-7 自动类型转换规则

char 型和 short 型必须转换成 int 型后才能参与运算,例如,5＋'A',字符型'A'要先转换成 int 型。根据 ASCII 码,5＋'A'的值为十进制整型 5＋65＝70。float 型必须转换成 double 型后才能参与运算(即使是两个 float 型数据相加,也要先转换成

double 型再相加）。在图 2-7 中,纵向箭头表示当运算对象为不同类型时转换的方向。例如,若 int 型与 double 型数据进行混合运算,则先将 int 型数据转换成 double 型,然后进行运算,结果为 double 型。70＋8.56 将整型 70 转换成 double 类型参与运算,运算结果为 double 型的 78.560000。纵向箭头的方向只表示数据类型的高低,由低向高转换。

4. 强制类型转换

可以用强制类型转换运算符将一个表达式的值转换成所需类型后进行各项运算。例如：

```
(double)a          /* 将 a 的值转换成 double 类型后参与运算,a 的类型不变 */
(int)(x+y)         /* 将 x+y 的值转换成整型,x+y 的类型不变 */
(float)(5%3)       /* 将 5%3 的值转换成 float 型 */
(int)1.2345        /* 将 1.2345 的值转换成 int 型 */
```

强制类型转换的一般形式为：

(类型名)(表达式)

【注意】

（1）类型名和表达式应用括号括起来,如(int)(x＋y)。如果写成(int)x＋y,是将 x 的值转换为整型,而不是对 x＋y 的值进行转换。

（2）在强制类型转换时,得到一个所需类型的中间变量,原来变量的类型未发生变化。例如已知 float x,对于(int)x,x 仍然是 float 类型,而整个表达式(int)x 为整型。

2.3.2　赋值运算符和赋值表达式

1. 普通赋值运算符

赋值符号"＝"就是赋值运算符,其作用是将一个数据赋给一个变量。例如,x＝8,将常量 8 赋给变量 x。

2. 类型转换

如果赋值运算符两侧的数据类型不一致,则要进行类型转换。

（1）将浮点型数据赋给整型变量时,舍弃实数的小数部分。例如,i 为整型变量,执行"i＝3.56"的结果是使 i 的值为 3。

（2）将整型数据赋给浮点型变量时,数值不变,但以浮点数形式存储到变量中。

3. 复合的赋值运算符

常用的复合赋值运算符有以下几种：

＋＝,－＝,＊＝,/＝,％＝

例如：

a＋＝3	等价于	a＝a＋3
x＊＝y＋8	等价于	x＝x＊(y＋8)
x％＝3	等价于	x＝x％3

4. 赋值表达式

由赋值运算符将一个变量和一个表达式连接起来的式子称为赋值表达式。赋值运算符

的优先级别比算术运算符低,结合性(运算符的结合方向)为"自右向左"。赋值表达式的一般格式为:

变量 = 表达式

赋值运算符左边必须是单一变量而不能是常量或表达式,如"i+1=i"是错误的。

例如:

a = b = c = 5   /＊赋值表达式值为 5,a、b、c 值均为 5＊/

由于赋值号具有从右向左的结合特性,因此这个表达式等价于"a＝(b＝(c＝5))",经过连续赋值以后,a、b、c 的值都是 5,但最后整个表达式的值是赋予变量 a 的值。

a = 5 + (c = 6)   /＊表达式值为 11,a 值为 11,c 值为 6＊/
a = (b = 4) + (c = 6)   /＊表达式值为 10,a 值为 10,b 等于 4,c 等于 6＊/

5．自增、自减运算符

运算符：＋＋　　－－

作用：其操作数必须为简单变量,使操作数的自身增 1 或减 1。可以置于操作数前面,也可以放在后面。

```
n++             /＊表示先取 n 的值,再计算 n+1 的值赋值给 n＊/
++n             /＊表示先计算 n+1 的值赋值给 n,再取 n 的值＊/
n--             /＊表示先取 n 的值,再计算 n-1 的值赋值给 n＊/
--n             /＊表示先计算 n-1 的值赋值给 n,再取 n 的值＊/
```

【说明】

(1) ＋＋、－－运算符的对象只能是简单变量,不能是常量或带有运算符的表达式。如 5++、5－－或＋＋(a=5)都是错误的。

(2) ＋＋、－－运算符的结合方向为"从右至左",如－n++相当于 －(n++)。

(3) 使用＋＋、－－运算符可以提高程序的执行效率。因为＋＋n 运算只需要一条机器指令就可以完成,而 n=n+1 则要对应三条机器指令。

(4) 当 n 为基本数据类型的变量时,＋＋或－－表示加 1 或减 1,但当 n 为指针变量或数组下标变量时,其加 1 与减 1 的概念与单纯的加 1 与减 1 是不一样的,这一概念将在后续章节介绍。

【例 2-9】　自增自减运算符应用举例。

```
#include<stdio.h>
void main()
{
    int i,j,k;
    k = 32;
    i = ++k;
    j = k++;
    printf("%d,%d,%d\n",i,j,k);
    k = -32;
    i = --k;
    j = k--;
    printf("%d,%d,%d\n",i,j,k);
}
```

程序结果：

```
33,33,34
-33,-33,-34
```

程序说明：

对于 i=++k; 这个语句，k自增后的值为 k=32+1=33,执行 i=++k,i 得到 k 自增后的值，即 i=33。j=k++; 这个语句执行后，k 的值由 33 又自增 1 变成 34,而 j=k++,j 得到 k 自增前的值 33,因此 j=33。第一条输出语句输出三个值：i=33,j=33,k=34。

总之，无论前置还是后置，++都会使其操作数的值增 1。不同的是，++前置时，自增表达式（如 ++b）的值等于其操作数自增后的值；++后置时，自增表达式（如 a++）的值等于其操作数自增前的值。

自减运算符和自增运算符非常相似，区别只在于自减运算符使操作数减 1,而自增运算符使操作数增 1。例如：

```
int n = 6, post = 1, pre = 1;
pre = --n + pre;              /* 运算结束后 pre 为 6 */
n = 6;
post = n-- + post;           /* 运算结束后 post 为 7 */
```

自增运算符和自减运算符的优先级比 +、—、*、/的优先级要高。因此，n*m++; 表示 n*(m++); 而不是 (n*m)++; 。而且 (n*m)++; 是错误的，因为 ++ 和 —— 的操作数只能是可变的值，而 n*m 不是。

【注意】

不要把优先级和运算顺序混淆了。例如：

```
int x = 1, y = 2, z;
z = (x + y++) * 3;            /* 运算结束后 z 为 9,y 为 3 */
```

用数字代替上面的语句，得：

```
z = (1 + 2) * 3;
```

优先级表明的是++作用于 y,而不是(x+y),但它决定不了 y 的值何时增 1。我们可以肯定的是，在整个语句执行完毕后，y 的值肯定增加了。但是，我们不知道该语句执行中的什么时候 y 的值会增 1,这是由编译器决定的。

2.3.3 关系运算符与关系表达式

1. 关系运算符

C 语言提供 6 种关系运算符：

<   （小于）

<=   （小于或等于）

>   （大于）

>=   （大于或等于）

==   （等于）

!=   （不等于）

关系运算符的相关说明如下:

(1) 前 4 种关系运算符(<、<=、>、>=)的优先级别相同,后 2 种也相同。前 4 种高于后 2 种。例如,> 优先于==,而>与<的优先级相同。

(2) 关系运算符与算术运算符、赋值运算符的优先级关系如下:

算术运算符(高)→关系运算符(中)→赋值运算符(低)

例如:

```
a>b+c              等效于 a>(b+c)
a==b<c             等效于 a==(b<c)
a=b>=c             等效于 a=(b>=c)
```

(3) 关系运算符的结合方向是"自左向右"。

【注意】

"等于"关系的运算符(==)和"不等于"关系的运算符(!=)与数学中的表示方法不同。例如,欲判断 x 是否等于 0,若写成 x=0,则表示把 0 赋值给变量 x,正确的写法为 x==0。

2. 关系表达式

用关系运算符将两个运算对象连接起来的式子称为关系表达式。

例如:x>y,a+b<18,'a'<'b'都是合法的关系表达式。

关系表达式的值是一个逻辑值,即"真"或"假"。在 C 语言中,常用 1 表示"真",用 0 表示"假"。

例如:已知 a=1,b=3,c=5,d=2,求以下关系表达式的值。

(1) a>b,其值为 0。

(2) d<=(a+b),其值为 1。

(3) a==b>c>=5,其值为 0。

可以将关系表达式的运算结果(0 或 1)赋给一个整型变量或字符型变量:

```
c=a<b              c 的值为 1
d=a>b>c            d 的值为 0(遵循右结合性,先执行"a>b",再执行关系运算"0>c",得值 0,赋给 d)
```

2.3.4 逻辑运算符与逻辑表达式

用逻辑运算符将运算对象连接起来的式子就是逻辑表达式。

1. 逻辑运算符

C 语言提供了 3 种逻辑运算符:"!"(逻辑非),"&&"(逻辑与),"||"(逻辑或)。各运算符含义如表 2-4 所示。

表 2-4 逻辑运算符含义表

运 算 符	含 义	学 名	结 合 律
&&	并且	逻辑与	从左到右
||	或者	逻辑或	从左到右
!	非	逻辑非	从右到左

其中,"&&"和"||"为双目(元)运算符,要求有两个操作数(即运算量),如(a<b)&&(x<=y),(a<b)||(x<=y);"!"是单目(元)运算符,只需一个操作数,如!a 或!(a<b)。

2. 逻辑运算符的优先次序

（1）逻辑运算符的优先次序如下。

!（非）→&&（与）→||（或）

即"!"为三者中优先级别最高的。

（2）逻辑运算符中的"&&"和"||"低于关系运算符，"!"高于算术运算符。例如：

(a>=b)&&(x>y) 可写成：a>=b&&x>y
(a==b) || (x==y) 可写成：a==b||x==y

（3）逻辑运算符"&&"和"||"的结合方向是"自左向右"，"!"的结合方向是"自右向左"。

3. 逻辑表达式的值

逻辑表达式的值是一个逻辑量"真"或"假"。当逻辑表达式成立时为"真"，不成立时为"假"。C语言编译系统中用"1"代表"真"，用"0"代表"假"。但在判断一个量是否为"真"时，以非0代表"真"，即将一个非0的数值认为是"真"，以0代表"假"。逻辑运算真值如表2-5所示。

表2-5　逻辑运算真值表

a	b	!a	!b	a&&b	a||b
非0（真）	非0（真）	0	0	1	1
非0（真）	0（假）	0	1	0	1
0（假）	非0（真）	1	0	0	1
0（假）	0（假）	1	1	0	0

其求值规则如下。

（1）与运算（&&），参与运算的两个量都为真时，结果才为真，否则为假。例如，"2&&5"为1，"0&&5"为0。

（2）或运算（||），参与运算的两个量只要有一个为真，结果就为真，否则为假。例如，5>0||5>8，由于5>0为真，或运算的结果也就为真。

（3）非运算（!），参与运算的量为真时，结果为假；参与运算的量为假时，结果为真。例如，!(5>0)的结果为假。

C语言编译系统中的逻辑表达式的值为"1"或"0"，以"1"代表"真"，"0"代表"假"。反过来，在判断一个量是为"真"还是为"假"时，以"0"代表"假"，以非"0"的数值表示"真"。例如，由于5和3均为非"0"，因此5&&3的值为"真"，即为1。又如，5||0的值为"真"，即为1。

【注意】

（1）参与逻辑运算的量不但可以是0和1，或者是0和非0的整数，也可以是任何类型的数据，如字符型、浮点型或指针型。

（2）如果在一个表达式的不同位置上出现数值，应区分哪些作为数值运算或关系运算的对象，哪些作为逻辑运算的对象。

（3）在逻辑表达式的求解中，并不是所有逻辑运算符都需要执行，有时只需执行一部分运算符就可以得到逻辑表达式的最后结果，如下所示。

① x&&y&&z,只有 x 为真时,才需要判断 y 的值。只要 x 为假,就立即得出整个表达式为假。

② x||y||z,只要 x 为真(非 0),就不必判断 y 和 x;当 x 为假,才判断 y;x 和 y 都为假才判断 z。

2.3.5 逗号运算符和逗号表达式

使用逗号运算符将参与运算的表达式连接起来,形成逗号表达式。逗号运算符是所有运算符中优先级最低的运算符。格式如下:

表达式 1,表达式 2,表达式 3

功能:依次求解表达式 1、表达式 2、表达式 3,整个逗号表达式的值是表达式 3 的值。

例如,逗号表达式"k=2*3,++k"的值是 7,这是因为第一个表达式"k=2*3"的值是 6,k 的值也是 6,所以第二个表达式"++k"的值是 7,第 2 个表达式的值即为逗号表达式的值。由于赋值运算符的优先级高于逗号运算符,所以"k=2*3,++k"是逗号表达式。

2.3.6 位运算

前面介绍的各种运算都是以字节作为最基本单位进行的,但在很多系统程序中常要求在位(bit)一级进行运算或处理。C 语言提供了位运算的功能,这使 C 语言也能像汇编语言一样用来编写系统程序。

C 语言提供了六种位运算符:

&	按位与
|	按位或
^	按位异或
~	取反
≪	左移
≫	右移

1. 按位与运算符

按位与运算符"&"是双目运算符,其功能是将参与运算的两数对应的二进制位进行"与"运算。只有对应的两个二进制位均为 1 时结果才为 1,否则为 0。参与运算的数以补码形式出现。运算规则:1&1=1,0&1=0,1&0=0,0&0=0。

例如:5&10 可写成如下算式。

```
  00000101        (5 的二进制补码)
& 00001010        (10 的二进制补码)
  00000000        (0 的二进制补码)
```

可见 5&10=0。

按位与运算通常用来对某些位清 0 或保留某些位。例如,把 a 的高 8 位清 0,保留低 8 位,可做 a&255 运算(255 的二进制数为 0000000011111111)。

例如：

```
int a = 5,b = 10,c;
c = a&b;
printf("a = %d\nb = %d\nc = %d\n",a,b,c);
```

运行结果：

```
a = 5
b = 10
c = 0
```

2. 按位或运算符

按位或运算符"|"是双目运算符，其功能是将参与运算的两数对应的二进制位进行"或"运算。只要对应的两个二进制位有一个为1，结果就为1。参与运算的两个数均以补码形式出现。运算规则：1|1＝1,0|1＝1,1|0＝1,0|0＝0。

例如：5|10 可写成如下算式。

```
  00000101
| 00001010
  00001111          （十进制为15）
```

可见 5|10＝15。

例如：

```
int a = 5,b = 10,c;
c = a|b;
printf("a = %d\nb = %d\nc = %d\n",a,b,c);
```

运行结果：

```
a = 5
b = 10
c = 15
```

3. 按位异或运算符

按位异或运算符"^"是双目运算符，其功能是将参与运算的两数对应的二进制位进行"异或"运算，当两对应的二进制位相异时，结果为1。参与的数仍以补码形式出现。运算规则：1^1＝0,0^1＝1,1^0＝1,0^0＝0。

例如：5^10 可写成如下算式。

```
  00000101
^ 00001010
  00001111          （十进制为15）
```

例如：

```
int a = 5;
a = a^5;
printf("a = %d\n",a);
```

运行结果：

```
a = 0
```

4. 取反运算符

取反运算符"～"为单目运算符，具有右结合性。其功能是对参与运算的数的二进制位按位求反。

例如：～5 的运算为：

～(0000000000000101)

运行结果：

1111111111111010

5. 左移运算符

左移运算符"≪"是双目运算符,其功能是把"≪"左边的运算数的二进制位全部左移若干位,由"≪"右边的数指定移动的位数,高位丢弃,低位补 0。

例如：

a ≪ 4

指把 a 的二进制位向左移动 4 位。若 a 为 00000011(十进制 3),左移 4 位后为 00110000(十进制 48)。

6. 右移运算符

右移运算符"≫"是双目运算符,其功能是把"≫"左边的运算数的二进制位全部右移若干位,"≫"右边的数指定移动的位数。

例如：a＝15,a ≫ 2 表示把 000001111 右移为 00000011(十进制 3)。

应该说明的是,对于有符号数,在右移时,符号位将随同移动。当运算数为正数时,最高位补 0,而运算数为负数时,符号位为 1,最高位补 0 还是补 1 取决于编译系统的规定。VC++ 和很多系统规定为补 1。

【例 2-10】 位运算应用。

```
# include < stdio. h >
void main( )
{
    unsigned a,b;
    printf("input a number:");
    scanf(" % d",&a);
    b = a&15;
    b = b ≫ 5;
    printf("a = % d\tb = % d\n",a,b);
}
```

输入：

10

运行结果：

a = 10   b = 0

【例 2-11】 位运算应用。

```
# include < stdio. h >
void main( )
{
    unsigned char a = 2,b = 4,c = 5,d;
    d = a | b;
```

```
    d& = c;
    printf(" % d\n",d);
}
```

运行结果：

```
4
```

2.4　输入和输出函数

数据输入与输出是高级语言程序设计必须具有的功能，C语言系统中提供了多种标准库函数实现数据的输入和输出。本节只介绍专门用于字符型数据的输入输出函数和格式输入输出函数。

2.4.1　字符型数据的输入和输出

字符型数据的输入输出函数专门用于字符型数据的输入与输出，每次只能输入或输出一个字符。

1. getchar()函数（键盘输入函数）

getchar函数的功能是从键盘上接收一个字符，即所按键的键面字符作为接收对象，其一般形式为：

```
getchar();
```

通常把输入的字符赋予一个字符变量，构成赋值语句，如：

```
char c;
c = getchar();
```

【例 2-12】　getchar函数的应用。

```
# include < stdio. h >
void main()
{
    char a,b;
    a = getchar();
    b = getchar();
    printf(" % c, % c\n",a,b);
}
```

在运行时，如果从键盘连续输入两个数字 3 和 4：

```
34↙              /* 输入 3 和 4 后，按回车键，3 传给变量 a,4 传给变量 b*/
3,4              /* 输出变量 a 和 b 的值 3 和 4*/
```

使用 getchar()函数应注意如下问题：

(1) getchar()函数只能接收单个字符，即使输入数字也按字符处理。当输入的字符多于一个时，只接收第一个字符。

(2) 使用此函数前必须包含头文件"stdio. h"。

2. putchar()函数（字符输出函数）

putchar()函数是字符输出函数，其功能是在显示器上输出单个字符。

其一般形式为：

putchar(字符变量);

例如：

```
putchar('A');              /* 输出大写字母 A */
putchar(x);                /* 输出字符变量 x 的值 */
putchar('\101');           /* '\101'的 ASCII 码值为 65,也输出字符 A */
putchar('\n');             /* 换行 */
```

对控制字符则执行控制功能,不在屏幕上显示。

【例 2-13】 输出单个字符。

```
# include < stdio. h>
void main()
{
    char a = 'H',b = 'e',c = 'l',d = 'o';
    putchar(a);putchar(b);putchar(c);putchar(c);
    putchar(d);putchar('\n');
}
```

运行结果：

```
Hello
```

2.4.2 格式输入与输出函数

在前面的例子中曾多次用到格式输入函数 scanf()和格式输出函数 printf(),这里再进行较详细的介绍。

1. scanf()函数(格式输入函数)

scanf()函数是一个标准库函数,它的函数原型在头文件"stdio. h"中。scanf()函数称为格式输入函数,其关键字最末一个字母 f 即为"格式"(format)之意,其功能是按用户指定的格式从键盘上接收数据并存入到指定变量所占内存空间中。

(1) scanf()函数的一般形式如下。

scanf("格式控制字符串",地址表列);

例如,有如下变量定义：

```
int a,b;
float x,y;
```

现要实现对变量 a、b、x、y 的数据输入,用函数 scanf()应有如下语句形式：

scanf(" % d, % d, % f, % f",&a,&b,&x,&y);

其中,格式控制字符串规定了输入数据的类型和接收方式,以"％"开始,以一个字符结束,表 2-6 列出了函数 scanf()的格式字符和意义。地址表列中给出了各变量的地址,地址是由地址运算符"&"后跟变量名组成的。&a、&b、&x、&y 分别表示变量 a、b、x、y 的地址。

C 语言中使用了地址这个概念,这是与其他语言不同的。应该把变量的值和变量的地址这两个不同的概念区别开来。变量的地址是 C 编译系统分配的,是变量所占内存空间

"位置"的起始值，用户不必关心具体的地址是多少。变量的地址和变量值的关系为，在赋值表达式中给变量赋值，如 a＝567，则 a 为变量名，567 是变量的值，表达式 &a 是变量 a 的地址。但赋值号左边是变量名，不能写地址，而 scanf() 函数在本质上也是给变量赋值，但要求写变量的地址，这两者在形式上是不同的。& 是一个取地址运算符，&a 是一个表达式，&a 的值是变量 a 的地址。

（2）格式控制字符串。

格式控制字符串的一般形式为：

％[＊][输入数据宽度][长度]类型

其中，方括号[]中的项为可选项，各项的意义如下。

① 类型：表示输入数据的类型，其格式字符及其意义如表 2-6 所示。

表 2-6　格式字符及其意义

格 式 字 符	意　　　义
d	输入十进制整数
o	输入八进制整数
x	输入十六进制整数
u	输入无符号十进制整数
f 或 e	输入浮点型数（用小数形式或指数形式）
c	输入单个字符
s	输入字符串

② "＊"符：用以表示该输入项，读入后不赋予相应的变量，即跳过该输入值。如：

scanf("％d％＊d％d",&a,&b);

当输入为 1　2　3 时，把 1 赋予 a，2 被跳过，3 赋予 b。

③ 输入数据宽度：用十进制整数指定输入的宽度（即字符数）。

例如：

scanf("％5d",&a);

输入 12345678，只把 12345 赋予变量 a，其余部分被截去。

又如：

scanf("％4d％4d",&a,&b);

输入 12345678，则变量 a 得到 1234，变量 b 得到 5678；如输入 123456，则变量 a 得到 1234，变量 b 得到 56。

④ 长度：长度格式字符分为 l 和 h 两种，l 表示输入长整型数据（如％ld）和双精度浮点数（如％lf），h 表示输入短整型数据。

（3）使用 scanf() 函数应注意的问题如下：

① scanf() 函数中没有精度控制，如 scanf("％5.2f",&a); 是非法的，不能试图用此语句限制输入小数为 2 位的浮点数。

② scanf() 函数中要求给出变量地址，如给出变量名则会出错。例如，scanf("％d",a); 是非法的，应改为 scanf("％d",&a); 才是合法的。

③ 在输入多个数值数据时，若格式控制字符串中没有非格式字符作为输入数据之间的

间隔,则可用空格、Tab 键或回车键作为间隔。C 编译在碰到空格、Tab 键、回车键或非法数据(如对"％d"输入"12A"时,A 即为非法数据)时,即认为该数据结束。

④ 在输入字符数据时,若格式控制字符串中无非格式字符,则认为所有输入的字符均为有效字符。

例如:

```
scanf("％c％c％c",&a,&b,&c);
```

输入:

```
d e f
```

则把'd'赋予 a,' ' 赋予 b,'e'赋予 c。

只有当输入为 def 时,才能把'd'赋予 a,'e'赋予 b,'f'赋予 c。

如果在格式控制字符串中加入空格作为间隔,如:

```
scanf ("％c ％c ％c",&a,&b,&c);
```

则输入时各数据之间可加空格。

⑤ 如果格式控制字符串中有非格式字符,则输入时也要输入该非格式字符。例如:

```
scanf("％d,％d,％d",&a,&b,&c);
```

其中用非格式字符","作为间隔符,故输入时应为:

```
5,6,7
```

又如:

```
scanf("a=％d,b=％d,c=％d",&a,&b,&c);
```

则输入应为:

```
a=5,b=6,c=7
```

⑥ 格式符与对应变量的数据类型要一一对应,否则结果不正确。如下面的程序段:

```
float a,b;
scanf("％d％d",&a,&b);
printf("％f,％f\n",a,b);
```

虽然编译能通过,也能运行,但结果不正确。

2. printf()函数(格式输出函数)

printf()函数是一个标准库函数,它的函数原型在头文件"stdio. h"中。printf()函数称为格式输出函数,其功能是按用户指定的格式,把指定的数据显示到显示器屏幕上。在前面的例题中已多次使用过这个函数。

(1) printf()函数的一般形式如下。

```
printf("格式控制字符串",输出表列);
```

例如:

```
printf("％d,％c\n",i,c);
```

(2) 格式控制字符串。

在 C 语言中,格式控制字符串的一般形式为:

%[标志][输出最小宽度][.精度][长度]类型

其中,方括号[]中的项为可选项,各项的意义介绍如下。

① 类型：表示输出数据的类型,其格式字符及其意义如表 2-7 所示。

表 2-7 格式符及其意义

格 式 字 符	意 义
d(md,ld)	以十进制形式输出带符号整数(正数不输出符号)
o	以八进制形式输出无符号整数(不输出前缀 0)
x,X	以十六进制形式输出无符号整数(不输出前缀 0x)
u	以十进制形式输出无符号整数
f	以小数形式输出单、双精度实数
e,E	以指数形式输出单、双精度实数
g,G	以%f 或%e 中较短的输出宽度输出单、双精度实数
c	输出单个字符
s	输出字符串

例如：

```
int a = 15;
double b = 20.12345678;
char c = 'A';
printf("a = %d, %5d\n",a,a);
printf("b = %f, %8.4f\n",b,b);
printf("c = %c\n",c);
```

运行结果：

```
a = 15,    15
b = 20.123457, 20.1235
c = A
```

② 标志：标志字符为一、＋、♯、空格四种,其意义如表 2-8 所示。

表 2-8 标志及其意义

标 志	意 义
一	结果左对齐,右边补空格
＋	输出符号(正号或负号)
空格	输出值为正时冠以空格,为负时冠以负号
♯	对 c、s、d、u 类无影响;对 o 类,在输出时加前缀 0;对 x 类,在输出时加前缀 0x;对 e、g、f 类,当结果有小数时才给出小数点

③ 输出最小宽度：用十进制整数来表示输出的最少位数。若实际位数多于定义的宽度,则按实际位数输出;若实际位数少于定义的宽度,则补以空格或 0。

④ 精度：精度格式符以“.”开头,后跟十进制整数。如果输出数字,则表示小数的位数;如果输出的是字符,则表示输出字符的个数;若实际位数大于所定义的精度数,则截去超过的部分。

⑤ 长度：长度格式符分为 h、l 两种,h 表示按短整型量输出,l 表示按长整型量输出。

【例 2-14】 整型数据与浮点型数据的输出格式应用。

```
#include <stdio.h>
void main()
{
    int m = 15,n = 235;
    float a = 123.123456789;
    double b = 123.123456789;
    printf("1. m = %d,%5d,%o,%x\n",m,m,m,m);
    printf("2. m = %d,%d\n",m);
    printf("3. m = %d\n",m,n);
    printf("4. n = %d\n",(m,n));
    printf("5. b = %7.5lf\n",b);
    printf("6. a = %f,%.9f\n",a,a);
    printf("7. b = %lf,%.9lf\n",b,b);
}
```

运行结果：

```
1. m = 15,    15,17,f
2. m = 15,2367460
3. m = 15
4. n = 235
5. b = 123.12346
6. a = 123.123459,123.123458862
7. b = 123.123457,123.123456789
```

语句 printf("1. m＝%d,%5d,%o,%x\n",m,m,m,m);中的"%5d"是指输出的数据占 5 列,不足 5 列前补空格。而"%o"是以无符号八进制数据输出,"%x"是以无符号十六进制数据输出。

语句 printf("2. m＝%d,%d\n",m);printf("3. m＝%d\n",m,n);原则上格式控制符与输出列表一一对应,如出现不一致时系统做如下处理:输出列表少则对应输出项为不确定值;输出列表多则按格式控制输出对应项的值,多余的忽略。

语句 printf("4. n＝%d\n",(m,n));的输出项(m,n)是逗号表达式,值为 n 的值 235。

语句 printf("5. b＝%7.5lf\n",b);中的"%7.5lf"规定输出的数据占 7 列,如果实际输出值所占宽度超过 7 列,则按实际的宽度(列数)进行输出。

语句 printf("6. a＝%f,%.9f\n",a,a);单精度浮点型数据有效位为 7 位或 8 位,超出部分数据随机产生,故超出部分数据不可信。双精度数据的有效位数为 15 位,故输出数据有效。在以"%.9f"格式输出时,输出结果不同,因为系统对于不同数据类型存储保留的有效位数不同,在定义时根据类型分配存储空间。

本章小结

本章重点介绍 C 语言的基本数据类型、变量的定义、运算符和表达式以及输入输出函数。读者应掌握如何定义变量及变量定义的意义;对各类运算符要加深理解并学会运用,尤其是注重 C 语言中的表达式书写及求解问题,掌握各类运算符的优先级和结合性,能正确用 C 语言中的表达式表达出变量的关系。例如,数学关系式"8＞5＞3"与 C 语言中的关系表达式"8＞5＞3"是不一致的,在 C 语言中应为"8＞5&&5＞3"。

本章章节知识脉络如图 2-8 所示。

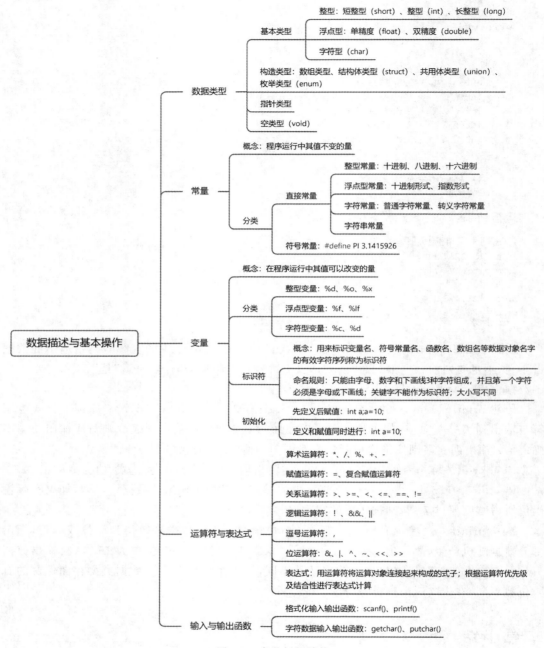

图 2-8　章节知识脉络

习题 2

1. 选择题

（1）若有定义语句：int x＝10;，则表达式 x－＝x＋x 的值为（　　）。

A. 0　　　　　　　　B. —20　　　　　　C. —10　　　　　D. 10

（2）设有定义：int x＝2;，以下表达式中，值不为 6 的是（　　　）。

A. 2＊x，x＋＝2　　B. x＋＋，2＊x　　C. x＊＝(1＋x)　　D. x＊＝x＋1

（3）若有定义：double a＝22；int i＝0，k＝18;，则不符合 C 语言规定的赋值语句是（　　　）。

A. i＝(a＋k)＜＝(i＋k)；　　　　　　B. i＝a％11；

C. a＝a＋＋，i＋＋；　　　　　　　　D. i＝!a；

（4）有以下程序：

```
# include < stdio.h>
void main()
{
    int a = 1, b = 0;
    printf("%d,",b = a + b);
    printf("%d\n",a = 2 * b);
}
```

A. 1,2　　　　　　　B. 1,0　　　　　　　C. 3,2　　　　　D. 0,0

（5）以下选项中不合法的标识符是（　　　）。

A. &a　　　　　　　B. FOR　　　　　　C. print　　　　　D. 00

（6）按照 C 语言规定的用户标识符命名规则，不能出现在标识符中的是（　　　）。

A. 大写字母　　　　B. 下画线　　　　　C. 数字字符　　　D. 连接符

（7）以下选项中，能用作用户标识符的是（　　　）。

A. _0_　　　　　　　B. 8_8　　　　　　　C. void　　　　　D. unsigned

（8）以下选项中，合法的一组 C 语言数值常量是（　　　）。

A. 12.　　0Xa23　　4.5e0　　　　　　B. 028　　.5e—3　　—0xf

C. 177　　4e1.5　　0abc　　　　　　　D. 0x8A　　10,000　　3.e5

（9）以下选项中，能用作数据常量的是（　　　）。

A. 118L　　　　　　B. 0118　　　　　　C. 1.5e1.5　　　　D. o115

（10）C 语言源程序中不能表示的数制是（　　　）。

A. 十六进制　　　　B. 八进制　　　　　C. 十进制　　　　D. 二进制

2. 简答题

（1）字符常量和字符串常量有什么区别？

（2）不同数据类型的转换规律是什么？

（3）在输入输出函数中经常用的格式符有哪些，各有什么特点？

（4）通过键盘输入一个四位十进制正整数，编写程序实现十位和百位上的数字交换。例如，输入 5196，则输出结果为 5916。

（5）通过键盘输入一个四位十六进制整数，编写程序实现逆序输出。例如，输入 81A3，则输出结果为 3A18。

第3章

C语言的控制结构

通过前两章的学习,我们了解和掌握了面向结构程序设计的思想及基础知识。为了实现将一个实际项目采用计算机来运行处理,首先需要将实现的项目采用数学方法来进行描述,并建立相应的数学模型来解决该问题,然后根据所建立的数据模型来设计实现的算法。本章将介绍结构化程序设计算法的三种基本组织结构:顺序结构、选择结构和循环结构,重点是学习选择结构和循环结构的程序设计方法。

本章要点

➢ 结构化程序设计的思想及方法。

➢ 选择结构的程序设计方法及实现语句:if 语句、switch 语句。

➢ 循环结构的程序设计方法及实现语句:while 语句、do…while 语句、for 语句。

3.1 结构化程序设计

面向结构程序设计由 E. W. dijkstra 在 1969 年提出,是以模块化设计为中心,将待开发的软件系统划分为若干个相互独立的模块,这样使完成每一个模块的工作变得简单而明确,为设计一些大型的软件打下了良好的基础。面向结构程序设计是一种程序设计方法,有三种基本的控制结构,通过组合和嵌套实现任何单入口单出口的程序——这就是面向结构程序设计的基本原理。这三种程序控制结构分别是顺序结构、选择结构和循环结构。

3.1.1 结构化程序设计的特点

结构化程序设计中的三种基本结构都遵循具有唯一入口和唯一出口的原则,并且程序不会出现死循环。在程序的静态形式与动态执行流程之间具有良好的对应关系。

1. 优点

由于模块相互独立,因此在设计其中一个模块时,不会受到其他模块的影响,因而可将原来较为复杂的问题化简为一系列简单模块的设计。模块的独立性还为扩充已有的系统、建立新系统带来了不少的方便,因为可以充分利用现有的模块做积木式的扩展。

按照面向结构程序设计的观点,任何算法功能都可以通过由程序模块组成的三种基本程序结构的组合来实现。

结构化程序设计的基本思想是采用"自顶向下,逐步求精"的程序设计方法和"单入口单出口"的控制结构。"自顶向下,逐步求精"的程序设计方法从问题本身开始,经过逐步细化,将解决问题的步骤分解为由基本程序结构模块组成的结构化程序框图;"单入口单出口"的思想认为,一个复杂的程序如果仅是由顺序、选择和循环三种基本程序结构通过组合、嵌套构成的,那么这个新构造的程序一定是一个单入口单出口的程序。据此就很容易编写出结构良好、易于调试的程序来。

2. 缺点

(1)用户要求难以在系统分析阶段准确定义,致使系统在交付使用时产生许多问题。

(2)用系统开发每个阶段的成果来进行控制,不能适应事物变化的要求。

(3)系统开发周期长。

3.1.2　结构化程序设计遵循原则

1. 自顶向下原则

设计软件系统时,应先考虑总体,搭建起系统架构,后考虑细节;先考虑全局目标,后考虑局部目标。不要一开始就过多地追求细节,先从最上层总目标开始设计,逐步使问题具体化。

2. 逐步细化原则

对复杂问题,应设计一些子目标作为过渡,逐步细化。

3. 模块化设计原则

一个复杂问题,肯定是由若干稍简单的问题构成的。模块化是把程序要解决的总目标分解为多个子目标,再进一步分解为具体的小目标,每一个小目标称为一个模块,如图 3-1 所示。

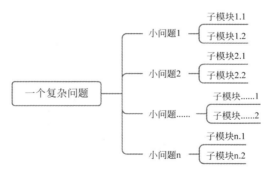

图 3-1　模块化程序设计原则示意图

3.1.3　结构化程序设计的步骤

开发一个软件系统,不论这个系统规模有多大,通常需要按照下述步骤进行分析与实现,流程图如图 3-2 所示。

1. 分析问题

对要解决的问题,首先必须分析清楚,明确题目的要求,列出所有已知量,找出题目的求解范围、解的精度等。

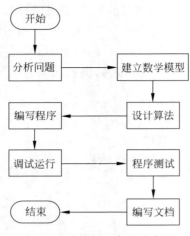

图 3-2　结构化程序设计步骤

通过分析，主要获取问题所涉及的所有数据，包括已知数据、中间结果及最终要得到的数据。

2．建立数学模型

对实际问题进行分析之后，找出数据间的内在规律，在已知数据和最终要得到的数据之间建立数学模型（即数学表达式），则可以用数学方法来解决该问题，最终才能利用计算机来解决。

3．设计算法

建立数学模型后，还不能着手编写程序，必须根据数据的结构设计解决问题的算法（即解题步骤）。选择算法一般要注意以下几点。

（1）算法的逻辑结构尽可能简单。

（2）算法所要求的存储量尽可能少，即算法的空间复杂度尽可能小。

（3）避免不必要的循环和递归，减少算法的执行时间，即算法的时间复杂度尽可能小。

（4）在满足题目条件要求的情况下，使所需的计算量最小。

4．编写程序

采用某种计算机语言，将前面所涉及的数据和算法进行详细的描述。把整个程序看作一个整体，先全局后局部，自顶向下，一层一层分解处理，如果某些子问题的算法相同而仅参数不同，可以用函数来表示。

5．调试运行

将整个程序编译、调试后，运行程序得出结论。

6．程序测试

根据运行结果分析程序，通过几组数据验证程序的正确性。

7．编写文档

文档主要是对程序中的变量、函数做必要的说明，解释编程思路，画出框图，讨论运行结果等。

3.1.4　结构化程序设计的三种基本控制结构

1．顺序结构

顺序结构表示程序中的各语句是按照它们出现的先后顺序依次被执行，每个语句都被执行且只执行一次，如图 3-3 所示。

说明：执行完语句 1，即开始执行语句 2。

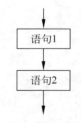

图 3-3　顺序结构程序设计流程图

2．选择结构

选择结构表示程序的处理步骤出现了分支，需要根据某一特定的判断条件的结果选择其中的一个分支执行。选择结构有单选择、双选择和多选择三种形式，如图 3-4 所示。

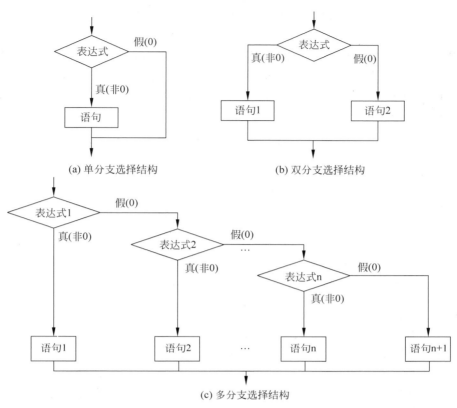

(a) 单分支选择结构　　　　　　　(b) 双分支选择结构

(c) 多分支选择结构

图 3-4　选择结构程序设计流程图

【说明】

（1）图中表达式的值为逻辑值，只有真、假两个可选值，通常规定，非 0 为真，0 为假。

（2）单选择形式：如图 3-4(a)所示，当表达式的值为真时执行语句，为假时不执行任何语句。

（3）双选择形式：如图 3-4(b)所示，当表达式的值为真时执行语句 1，为假时执行语句 2。

（4）多选择形式：如图 3-4(c)所示，遵循上面的判断原则，对多个表达式依次进行判断，来实现根据不同的判断情况来选择执行不同的语句。

（5）上述三种形式，不管根据什么判断条件执行哪条语句，最后都只有一个出口，即执行后续语句，遵循结构化程序设计的单入口单出口的原则。

3．循环结构

循环结构表示程序反复执行同一组操作，直到某条件（即表达式的值）为假时才终止循环，否则，继续执行本组操作。

循环结构的基本形式有两种：当型循环和直到型循环。

（1）当型循环：如图 3-5(a)所示，表示先判断条件（即表达式的值），当满足给定的条件（即表达式的值为非 0）时执行循环体语句，并且在循环终端处，流程自动返回到循环入口；当条件不满足（即表达式的值为 0）时，退出循环体，直接到达流程出口处。因为是“当条件满足时执行循环"，即先判断循环条件为真后执行，所以称为当型循环。

（2）直到型循环：如图 3-5（b）所示，表示从结构入口处直接执行循环体语句，在循环终端处判断条件（即表达式的值），如果条件满足（即表达式的值为非 0），则返回入口处，继续执行循环体，直到条件不满足（即表达式的值为 0），退出循环，到达流程出口处。因为是先执行循环体后判断，即"直到条件为假时为止"，所以称为直到型循环。

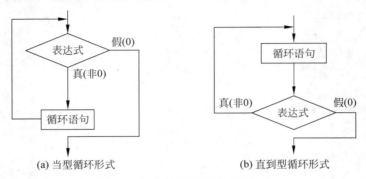

(a) 当型循环形式 (b) 直到型循环形式

图 3-5　循环结构程序设计流程图

【说明】

（1）采用循环结构来实现控制的前提条件有两个：第一，每次循环所要进行的操作完全相同；第二，每次循环所要操作的数据必须能由上次循环的操作数据通过某种办法来获取到。

（2）采用循环控制变量来控制循环何时结束。需要通过循环控制变量的三个值，即初值、终值和步长，来控制循环。

初值：即第一次循环操作时，循环控制变量的初始值。

终值：即当处理完最后一次循环操作，需要退出循环时，循环控制变量的值。

步长：本次循环操作与下一次循环操作的循环控制变量的增（或减）值，即实现初值趋向于终值的值。在步长不能使初值趋向于终值的情况下，该循环会形成死循环。

3.2　顺序结构程序设计

语句是程序中可以独立执行的最小单元，类似于自然语言中的句子。与句子由句号结束一样，语句一般由分号结束。前面所述程序设计的三种基本结构，即顺序结构、分支结构和循环结构，C 语言提供了多种语句来实现这些结构，由三种结构组成各种复杂的程序。本节讨论顺序结构程序设计以及 C 语言的基本语句。顺序结构设计的程序自顶向下，按照每条语句书写的顺序依次执行，每条语句都执行，而且只执行一次。顺序结构中不涉及复杂的算法，只是由一些基本的 C 语言语句组成，是一种最简单的程序设计结构。

【例 3-1】　从键盘输入任意 3 个数据，求其平均值。

算法设计如下。

（1）因输入的是任意数据，故变量应定义浮点型数据比较合适。

（2）输入数据，求平均值。

（3）输出平均值。

程序代码：

```
# include < stdio. h>
void main()
{
    float a,b,c,avg;                  // 变量的定义
    scanf("%f%f%f",&a,&b,&c);         // 用函数 scanf()输入三个浮点型数据
    avg = (a+b+c)/3;                  // 计算三个数的平均值
    printf("%f",avg);                 // 用函数 printf()输出平均值
}
```

程序说明如下。

(1) 本程序所有语句按照书写顺序逐条执行。

(2) 所有语句都是以分号结尾,这种语句称为表达式语句。

除了表达式语句,C 语言还有其他类型的语句。例如,函数调用语句、控制语句、复合语句、空语句、赋值语句,下面分别做详细介绍。

任何高级语言编写的程序,都是由若干语句按照一定结构组织在一起的。语句用来向计算机系统发出操作指令,每个语句经编译以后形成若干个机器指令。一个完整的 C 语言程序包含若干条语句,大体结构如图 3-6 所示。

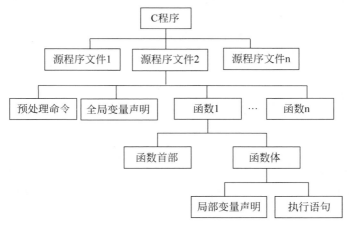

图 3-6　C 语言程序结构

其中 C 程序的执行部分是由语句组成的,也是程序的主体,程序的具体功能就是由各种 C 语言语句实现的。下面介绍几种主要的 C 语言语句。

1. 表达式语句

表达式语句由表达式加上分号(;)组成,其一般格式为:

表达式;

说明:执行表达式语句就是计算表达式的值。

例如:

```
a = b+c;        /* 赋值语句 */
a+b;            /* 加法运算语句,但计算结果不能保留,无实际意义 */
i++;            /* 自增 1 语句,i 值增 1,与" i = i+1;"等价 */
```

2．函数调用语句

由函数名、括号、实际参数加上分号（;）组成，其一般格式为：

函数名(实际参数表);

说明：执行函数调用语句就是调用函数体并把实际参数赋予函数定义中的形式参数，然后执行被调函数体中的语句，求取函数值(后面再进行详细介绍)。

例如：

```
printf("C Program");
```

调用库函数，输出字符串。

3．控制语句

控制语句用于控制程序的流程，以实现程序的三种结构方式。C语言中有 9 种控制语句，按其功能可以分成以下三类。

(1) 条件判断语句：if 语句、switch 语句。

(2) 循环执行语句：do…while 语句、while 语句、for 语句。

(3) 转向语句：break 语句、goto 语句、continue 语句、return 语句。

4．复合语句

把多个语句用括号{}括起来组成的一个语句称为复合语句。在程序中应把复合语句看成单条语句，而不是多条语句。

例如：

```
while(i< = 10)
{
    sum = sum + i;
    i++;
}
printf(" % d",sum);
```

while 循环体内"{}"内的语句为复合语句，复合语句内的各条语句都必须以分号";"结尾，在括号"}"外不能再加分号。

5．空语句

只有分号";"组成的语句称为空语句。空语句是什么也不执行的语句。在程序中，空语句可用来做空循环体。

例如：

```
while(getchar()!= '\n')
;
```

本语句的功能是，当从键盘输入的字符不是回车时，则重新输入。

循环体内只有一个分号，为空语句。

6．赋值语句

在赋值表达式后面加上一个分号就是赋值语句，例如 sum＝sum＋i 是赋值表达式，而 sum＝sum＋i;就是赋值语句。赋值语句是 C 语言中最常用的一种语句，其功能和特点都与赋值表达式相同。

其一般格式为：

变量 = 表达式；

使用赋值语句时，需要注意以下几点。

（1）由于在赋值符"＝"右边的表达式也可以又是一个赋值表达式，因此，下述格式：

变量 = （变量 = 表达式）；

是成立的，从而形成嵌套的情形。其展开之后的一般格式为：

变量 = 变量 = … = 表达式；

例如：

a = b = c = d = e = 5；

按照赋值运算符的右结合性，其实际上等效于：

```
e = 5；
d = e；
c = d；
b = c；
a = b；
```

（2）注意在变量说明中给变量赋初值和赋值语句的区别。

给变量赋初值是变量说明的一部分，赋初值后的变量与其后的其他同类变量之间仍必须用逗号间隔，而赋值语句则必须用分号结尾。

例如：

int a = 5，b，c；

（3）在变量说明中，不允许连续给多个变量赋初值。

下述说明是错误的：

int a = b = c = 5；

必须写为：

int a = 5，b = 5，c = 5；

而赋值语句允许连续赋值，即可以写为 a＝b＝c＝5；。

（4）注意赋值表达式和赋值语句的区别。

赋值表达式是一种表达式，它可以出现在任何允许表达式出现的地方，而赋值语句不能出现在任何地方，只能作为语句单独使用。

下述语句是合法的：

if（（x = y + 5）> 0） z = x；

语句的功能是：若表达式 x＝y＋5 大于 0，则 z＝x。

下述语句是非法的：

if（（x = y + 5；）> 0） z = x；

因为 x＝y＋5；是语句，不能出现在表达式中。

【例 3-2】　从键盘输入一个小写字母，要求改用大写字母输出。

算法设计如下。

（1）从键盘输入一个字符存入变量 s1 中。

（2）利用 ASCII 码值转换大小写（大写字母 'A' 的 ASCII 码值为 65，小写字母 'a' 的 ASCII 码值为 97，大小写字母的 ASCII 码值相差 32）。

（3）输出转换后的数据。

程序代码：

```
# include < stdio. h>
void main()
{
    char s1,s2;                    // 定义变量
    scanf("%c",&s1);
    s2 = s1 - 32;                  // 转换成大写字母
    printf("%c\n",s2);             // 输出结果
}
```

输入：

b

运行结果：

B

【例 3-3】 从键盘输入任意 3 位正整数，求其各位数字之和。

程序代码：

```
# include < stdio. h>
void main()
{
    int n = 0,x = 0,y = 0,z = 0,sum = 0;
    scanf("%d",&n);                // 输入一个 3 位正整数
    x = n/100;                     // 求百位数上的数字
    y = (n/10)%10;                 // 求十位数上的数字
    z = n%10;                      // 求个位数上的数字
    sum = x + y + z;
    printf("sum = %d\n",sum);
}
```

输入：

345

运行结果：

sum = 12

【例 3-4】 求 $ax^2 + bx + c = 0$ 方程的根，a、b、c 由键盘输入，假设 $b^2 - 4ac > 0$。

算法设计如下。

（1）定义变量 a、b、c、disc、x1、x2、p、q。

（2）输入 a、b、c。

（3）计算：$disc = b^2 - 4ac$，$p = \dfrac{-b}{2a}$，$q = \dfrac{\sqrt{b^2 - 4ac}}{2a}$，x1 = p + q，x2 = p - q。

（4）输出 x1、x2。

程序代码：

```
# include < math. h >
# include < stdio. h >
void main( )
{
    float a,b,c,disc,x1,x2,p,q;
    scanf("%f%f%f",&a,&b,&c);
    disc = b * b - 4 * a * c;
    p = - b/(2 * a);
    q = sqrt(disc)/(2 * a);
    x1 = p + q;
    x2 = p - q;
    printf("\nx1 = %5.2f\nx2 = %5.2f\n",x1,x2);
}
```

当输入 1 2 1 时,得到两个相等的实根－1;当输入 2 3 1 时,得到两个不相等的实根:
x1＝－0.50,x2＝－1.00。注意输入的数据必须保证 disc 大于 0。

3.3 选择结构程序设计

选择结构表示程序的处理步骤出现了分支,需要根据某一特定的条件选择其中的一个
分支执行。选择结构有单分支、双分支和多分支三种形式。选择结构语句有两类,一类是 if
语句,另一类是 switch 语句,下面将分别进行介绍。

3.3.1 单分支选择结构

在 C 语言中,提供简单 if 语句来实现单分支选择结构。

if 语句又称为条件分支语句,它是通过对给定条件的判断来决定所要执行的操作。

一般格式为:

if (表达式) 语句

功能:首先计算表达式的值,若表达式的值为"真"(非 0),则执行语句,若表达式的值为
"假"(0),不执行语句。其流程图如图 3-4(a)所示。

例如:

if(x < 0)x = - x;

【例 3-5】 从键盘输入 3 个整数,按由大到小的顺序输出。

算法设计如下。

从键盘输入的 3 个整数分别存入 a、b、c 三个整型变量中。先比较 b 与 a 的大小,如 b
值比 a 值大就交换两者的值,否则不做任何操作,此时,a 变量里存放的肯定是 a、b 中较大
的那个数;再比较 a 与 c 的大小,如 c 值比 a 值大就交换两者的值,经过上述两次比较操作,
变量 a 中存放的肯定是 3 个数中的最大值;最后比较 b 与 c 的大小,如 c 值比 b 值大就交换
两者的值,这样 a、b、c 中的值就变为由大到小的顺序了。

程序代码:

```
# include < stdio. h >
void main( )
```

```
{
    int a,b,c,t;
    scanf("%d%d%d",&a,&b,&c);
    printf ("a=%d,b=%d,c=%d\n",a,b,c);
    if (b>a) {t=a;a=b;b=t;}              // 执行后 a 值比 b 值大
    if (c>a) {t=a;a=c;c=t;}              // 执行后 a 值比 b、c 值大
    if (c>b) {t=b;b=c;c=t;}              // 执行后 b 值比 c 值大
    printf ("%d%d%d\n",a,b,c);
}
```

输入：

5 4 9

运行结果：

a=5,b=4,c=9
9,5,4

3.3.2　双分支选择结构

在 C 语言中，提供 if…else…语句来实现双分支选择结构。

一般格式为：

if (表达式) 语句 1
else 语句 2

功能：首先计算表达式的值，若表达式的值为"真"（非 0），则执行语句 1；若表达式的值为"假"（0），则执行语句 2。其流程图如图 3-4(b)所示。

例如：

if(x>=0)y=x;
else y=-x;

【例 3-6】　输入一个整数（大于 1 且小于 100），判断其是否为同构数。如果一个整数位于它的平方数右边，则该数为同构数，如 5、6、25 都为同构数。

算法设计如下。

输入一个整数存入变量 m 中（如 m=25），并计算其平方数存入变量 square 中（square=625）。如果 m 小于 10，取其平方数 square 的个位数；如果 m 大于 10，取其平方数 square 的后两位数构成的数（如 25），进而判断 m 是否为同构数。

程序代码：

```
# include <stdio.h>
void main()
{
    int m,square,y;
    scanf("%d",&m);
    square=m*m;
    if(m<10) y=square%10;               // 如 m 为 1 位整数，取其平方数的个位数
    else y=square%100;                  // 如 m 为 2 位整数，取其平方数的后两位数
    if(m==y) printf("%d 是同构数\n",m);
    else printf("%d 不是同构数\n",m);
```

输入：

25

运行结果：

25 是同构数

输入：

15

运行结果：

15 不是同构数

3.3.3　多分支选择结构

在 C 语言中，可采用 if…else if 分支嵌套语句和 switch 语句来实现多分支选择结构。

1. if…else if 分支嵌套语句

一般格式：

```
if (表达式 1) 语句 1
else if (表达式 2) 语句 2
else if (表达式 3) 语句 3
        ⋮
else if (表达式 n－1) 语句 n－1
else 语句 n
```

功能：首先计算表达式 1 的值，若为"真"（非 0），执行语句 1，否则进行下一步判断；若表达式 2 为真，执行语句 2，否则进行下一步判断……最后所有表达式都为假时，执行语句 n。其执行流程如图 3-4(c)所示。

例如：

```
if (score > 89) grade = 'A';
else if (score > 79) grade = 'B';
else if (score > 69) grade = 'C';
else if (score > 59) grade = 'D';
else grade = 'E';
```

关于 if 语句的说明如下。

(1) if 后面圆括号中的表达式一般是关系表达式或逻辑表达式，用于描述选择结构的条件，但也可以是任意类型的表达式（包括常量表达式、赋值表达式、算术表达式等）。

例如：

```
if (2) printf ("OK!");
```

是合法的，因为表达式的值为 2，非 0，按"真"处理，执行结果输出"OK!"。

(2) if 语句中，在每个 else 前面有一个分号，整个语句结束的位置也有一个分号。这是由于分号是 C 语句中不可缺少的部分，这个分号是 if 语句中的内嵌语句所需要的。

(3) 在 if 和 else 后面可以只含有一个内嵌的操作语句，也可以含有多个操作语句，此时应用花括号"{ }"将几个语句括起来，构成一个复合语句。注意：复合语句的"{"和"}"之后不能加分号。

【例 3-7】　$y=\begin{cases}1(x>0)\\0(x=0)\\-1(x<0)\end{cases}$，输入一个 x 值,输出相应的 y 值。

算法设计如下。

(1) 输入数据 x。

(2) 判断 x 的值,计算 y 值。

(3) 输出 y 的值。

程序代码:

```
# include < stdio. h>
void main()
{
    int x,y;
    scanf (" % d",&x);
    if (x < 0) y = - 1;
    else if (x == 0) y = 0;
    else y = 1;
    printf ("x = % d,y = % d\n",x,y);
}
```

运行情况:

输入 4,则 y＝1；输入 0,则 y＝0；输入−5,则 y＝−1。

【例 3-8】　输入学生的百分制成绩,输出相应的五级分制等级。

算法设计如下。

(1) 定义变量 score,输入百分制成绩。

(2) 判断 score 所在范围,得出相应等级。

(3) 输出相应等级。

程序代码:

```
# include < stdio. h>
void main()
{
    int score;
    char grade;
    scanf (" % d",&score);
    if (score >= 90) grade = 'A';
    else if (score >= 80) grade = 'B';
    else if (score >= 70) grade = 'C';
    else if (score >= 60) grade = 'D';
        else grade = 'E';
        printf(" % c\n", grade);
    }
```

运行情况:

输入 93,则输出'A'；输入 87,则输出'B'；输入 71,则输出'C'；输入 62,则输出'D'；输入 35,则输出'E'。

【例 3-9】　从键盘输入任意字符,判断是数字字符、大小写字母还是其他字符,输出其相应信息。

算法设计如下。

键盘输入的是一个字符,可以用 getchar()函数完成字符的输入,判断输入的字符是大小写字母还是其他字符,输出相应信息。

程序代码:

```c
# include < stdio. h>
void main()
{
    char c;
    printf("请输入字符:");
    c = getchar();
    if(c > = '0'&&c < = '9')
        printf("这是一个数字字符\n");
    else if(c > = 'A'&&c < = 'Z')
        printf("这是一个大写字母\n");
    else if(c > = 'a'&&c < = 'z')
        printf("这是一个小写字母\n");
    else
        printf("这是一个其他字符\n");
}
```

运行情况:

键盘输入一个大写字符"A",则输出"这是一个大写字母"。

【注意】 getchar()每次只接收一个字符。

2. switch 语句

上面介绍的多分支结构用 if…else if 语句解决,由于很多时候分支的结构层次比较多,编程时容易出现错误,因此 C 语言中还提供了另外一种实现多分支结构的控制语句——switch 语句,用 switch 语句可以方便地解决多分支结构问题。switch 语句执行流程和多分支选择结构执行流程类似,但 switch 语句是对表达式的值和常量表达式的值依次进行匹配。如果匹配,则执行对应表达式后的语句组,然后结束 switch 语句;如果都不匹配,则执行 default 后的语句组,结束 switch 语句。具体执行流程如图 3-7 所示。

一般格式为:

```c
switch (表达式)
{
    case 常量表达式 1: 语句组 1; [break]
    case 常量表达式 2: 语句组 2; [break]
     ⋮
    case 常量表达式 n: 语句组 n; [break]
    default: 语句组 n + 1;
}
```

【说明】

(1) switch 语句的表达式通常是一个整型或字符型变量,也允许是枚举型变量,其结果为相应的整数、字符或枚举常量。case 后的常量表达式必须是与表达式对应一致的整数、字符或枚举常量。

(2) switch 语句中所有 case 后面的常量表达式的值都必须互不相同。

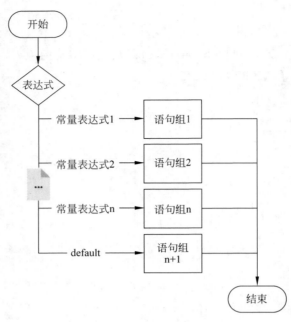

图 3-7 switch 语句执行流程图

（3）switch 语句中的 case 和 default 的出现次序是任意的。

（4）switch 语句的执行过程是先用表达式的值与"case 常量表达式"逐个进行比较，在找到值相等的常量表达式时，执行其后面的语句组，并且直到遇到 break 语句或整个 switch 语句终止时结束，所以必须恰当运用 break 语句来终止 switch。

（5）每个 case 的后面既可以是一个语句，也可以是多个语句，当是多个语句的时候，不需要用花括号括起来。

（6）多个 case 的后面可以共用一组执行语句，例如：

```
switch (n)
{
    case 1:
    case 2:x = 10;break;
     ⋮
}
```

表示当 n=1 或 n=2 时，都执行下面两个语句：

```
x = 10;
break;
```

（7）将例 3-10 中的 break；语句去掉后运行：

输入：

```
88
```

运行结果：

```
B
C
D
```

E

输入：

67

运行结果：

D
E

在该程序中没有 break 语句，因此执行结果出现错误。

【例 3-10】　将例 3-8 改用 switch 语句实现。

```
# include < stdio. h >
void main( )
{
    int score,k;
    scanf (" % d",&score);
    k = score /10;
    switch(k)
    {
        case 10:
        case 9: printf ("A\n");break;
        case 8: printf ("B\n");break;
        case 7: printf ("C\n");break;
        case 6: printf ("D\n");break;
        default: printf ("E\n");
    }
}
```

【例 3-11】　输入 1~7 的任意整数，编写程序按照用户的输入输出判断对应的是星期几，例如，输入 6，输出星期六。若输入 1~7 以外的数字，则提示"输入错误！"。

程序代码：

```
# include < stdio. h >
void main( )
{
    int num;
    scanf(" % d",&num);
    switch(num)
    {
        case 1:printf("星期一\n");break;
        case 2:printf("星期二\n");break;
        case 3:printf("星期三\n");break;
        case 4:printf("星期四\n");break;
        case 5:printf("星期五\n");break;
        case 6:printf("星期六\n");break;
        case 7:printf("星期日\n");break;
        default:printf("输入错误!\n");break;
    }
}
```

输入：

5

运行结果：

星期五

输入：

9

运行结果：

输入错误!

3.3.4　条件运算符和条件表达式

条件运算符由两个符号"?"和"："组成,要求有 3 个操作对象,称为三目(元)运算符,它是 C 语言中唯一的三目运算符。

条件表达式的格式：

表达式 1 ? 表达式 2 ：表达式 3

【说明】

(1) 通常情况下,表达式 1 是关系表达式或逻辑表达式,用于描述条件表达式中的条件,表达式 2 和表达式 3 可以是常量、变量或表达式。

例如：

```
(x == y)?'T':'F'
(a > b)?printf ("%d",a):printf ("%d",b)
```

等均为合法的条件表达式。

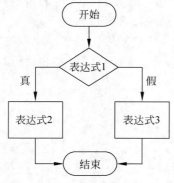

图 3-8　条件运算符求解流程图

(2) 条件表达式的执行顺序：先求解表达式 1,若为非 0(真)则求解表达式 2,此时表达式 2 的值就作为整个条件表达式的值；若表达式 1 的值为 0(假),则求解表达式 3,表达式 3 的值就是整个条件表达式的值。求解过程如图 3-8 所示。

例如,min=(a<b)?a:b;执行结果就是将 a 和 b 二者中较小的值赋给 min。

(3) 条件运算符的优先级别仅高于赋值运算符,而低于前面介绍过的所有运算符。因此,min=(a<b)?a:b;可直接写成 min=a<b?a:b。a>b?a:b+1 等效于 a>b?a:(b+1),而不等效于(a>b?a:b)+1。

(4) 条件运算符的结合方向为"自右至左"。例如,x>0?1:x<0?-1:0 等效于 x>0?1:(x<0?-1:0)。

(5) 表达式 1、表达式 2 和表达式 3 的类型可以不同,此时条件表达式的值的类型为它们中较高的类型。

【例 3-12】　从键盘输入任意一个整数,判断该整数是奇数还是偶数,并输出对应的判断结果。

程序代码：

```
#include<stdio.h>
void main()
{
    int num;
    scanf("%d",&num);
    (num % 2 == 0) ? printf("%d是偶数\n",num) : printf("%d是奇数\n",num);
}
```

输入：

20

运行结果：

20是偶数

输入：

23

运行结果：

23是奇数

3.3.5　选择结构嵌套

选择结构允许嵌套结构，主要有两种形式，一种是 if 语句嵌套，可以在一个 if 语句内使用另一个语句；另一种是 switch 语句嵌套，可以在一个 switch 语句内使用另一个 switch 语句。当然，也允许 if 语句内使用 switch 语句或者 switch 语句内使用 if 语句的情况。下面我们通过两段代码段进行介绍。

程序代码1：

```
#include<stdio.h>
void main()
{
    int userName = 123, pwd = 456;          // 假定正确的用户名,密码
    int inputUserName,inputPwd;              // 用户输入的用户名,密码
    printf("请输入用户名,密码:");
    scanf("%d%d",&inputUserName,&inputPwd);
    if(inputUserName == userName)
    {
        if(inputPwd == pwd)
        {
            printf("登录成功\n");
        }
        else
        {
            printf("密码错误\n");
        }
    }
    else
    {
        printf("用户名错误\n");
    }
}
```

这段代码模拟了系统对用户输入的用户名和密码进行验证的过程，只有用户输入正确的用户名和密码才提示"登录成功"；当输入错误的用户名时，提示"用户名错误"；当输入用户名正确但密码错误时，提示"密码错误"。

程序代码 2：

```
#include <stdio.h>
void main ()
{
    int a = 100;
    int b = 200;
    switch(a)
    {
        case 100:
            printf("这是外部 switch 的一部分\n");
            switch(b)
            {
                case 200:
                    printf("这是内部 switch 的一部分\n");
                    break;
            }
            break;
    }
    printf("a 的值是 %d\n", a );
    printf("b 的值是 %d\n", b );
}
```

运行结果：

```
这是外部 switch 的一部分
这是内部 switch 的一部分
a 的值是 100
b 的值是 200
```

内层 switch(b)语句是外层 switch(a)语句的嵌套，在这里是 case 100 分支下的语句块。

3.4　循环结构程序设计

循环结构是程序中一种很重要的结构。其特点是，在给定条件成立时，反复执行某程序段，直到条件不成立为止。给定的条件称为循环条件，反复执行的程序段称为循环体。C 语言提供了如下实现循环结构的 3 种循环语句：while 循环语句、do…while 循环语句、for 循环语句。

3.4.1　while 循环语句

格式：

```
while(条件表达式)
{循环体}
```

功能：先计算条件表达式的值，当值为真（非 0）时，执行循环体语句；当条件表达式不成立（值为 0）时，结束循环，执行循环体外的语句。其执行过程如图 3-5(a)所示。

【例 3-13】 求 $sum = \sum\limits_{n=1}^{100} n$。

算法设计如下。

累加运算是一个表达式(sum＝sum＋i)多次执行,执行 100 次,所以累加运算中从 1 开始至 100,依次累加,程序设计中一般用变量 i 作为循环控制变量。

(1) 设累加变量 sum＝0。

(2) 循环控制变量 i 赋初值 1,设定循环条件为 i＜＝100(即循环控制变量终值为 100),循环语句为 sum＝sum＋i,每循环一次,循环控制变量的增值为 1。

(3) 输出 sum 的值。

程序代码:

```
# include < stdio. h>
void main()
{
    int i, sum = 0;
    i = 1;                    // 循环控制变量 i 赋初值 1
    while(i < = 100)          // 循环控制变量终值为 100
    {
        sum = sum + i;
        i++;                  // 每循环一次,循环控制变量的增值为 1
    }
    printf(" % d\n", sum);
}
```

使用 while 语句应注意以下几点。

(1) while 语句中的表达式一般是关系表达式或逻辑表达式,只要表达式的值为真(非 0)即可继续循环。

(2) 循环体如包括有一个以上的语句,则必须用{}括起来,组成复合语句。如果不包括花括号,则 while 语句的范围只到 while 后面的第一个分号处。

(3) 在循环体中应有使循环趋向于结束的语句,否则循环就是死循环,如例 3-13 中的 i＋＋;语句。

【例 3-14】 求 p＝n!（从键盘输入一个整数存入变量 n）。

算法设计如下。

累乘运算是一个表达式(p＝p＊i)多次执行,执行 n 次,所以在累乘运算中从 1 开始至 n,依次累乘,程序设计中一般用变量 i 作为循环控制变量。

(1) 设定变量 p＝1,i＝1。

(2) 设定循环条件为 i＜＝n,n 由键盘输入;循环语句为 p＝p＊i。

(3) 输出 p 的值。

程序代码:

```
# include < stdio. h>
void main()
{
    long p = 1;
    int i, n;
    scanf(" % d", &n);
    i = 1;                         // 循环控制变量 i 赋初值 1
```

```
    while(i <= n)              // 循环控制变量终值为 n
    {
        p = p * i;
        i++;                   // 每循环一次,循环控制变量的增值为 1
    }
    printf(" % ld\n",p);
}
```

【例 3-15】　计算并输出整数 n 的所有因子之和(不包括 1 与自身)。

算法设计如下。

对从 2 到 n-1 的所有整数 k 分别试除 n,如能整除,则 k 是 n 的因子进行累加。

(1) 设定变量 int n,k,s=0;,由键盘输入整数存入变量 n。

(2) 设定循环条件为 k<=n-1(也可以 k<=n/2,因为一个整数的真因子不会大于该数的一半),循环语句为 if(n%k==0) s=s+k;。

(3) 输出 s 的值。

程序代码：

```
# include < stdio. h >
void main()
{
    int n,k,s = 0;
    scanf(" % d",&n);
    k = 2;                     // 循环操作数据初值从 2 开始
    while(k < n)               // 循环操作数据终值为 n
    {
        if(n % k == 0) s = s + k;
        k++;                   // 每循环一次,循环操作数据的增值为 1
    }
    printf(" % d\n",s);
}
```

【例 3-16】　从键盘输入一批整数,分别统计奇数、偶数个数,输入 0 时结束。

算法设计如下。

(1) 输入一个整数存入变量 n 中。

(2) 当 n 的值不为 0 时,判断奇偶性并统计；当 n 的值为 0 时,退出循环执行第(4)步。

(3) 再次输入一个整数存入变量 n 中,返回第(2)步。

(4) 输出结果。

程序代码：

```
# include < stdio. h >
void main()
{
    int n,js = 0,os = 0;
    scanf(" % d",&n);          // 从键盘获取循环操作数据初值
    while(n!= 0)               // 循环操作数据终值为 0
    {
        if(n % 2!= 0) js++;
        else os++;
        scanf(" % d",&n);      // 从键盘获取下一个循环操作数据
    }
    printf("js = % d,os = % d\n",js,os);
}
```

3.4.2　do…while 循环语句

格式:

do{循环体}
while(条件表达式);

do…while 语句与 while 语句的不同在于:它先执行循环中的语句,然后再判断表达式是否为"真",如果为"真"则继续循环,如果为"假"则终止循环。因此,do…while 循环至少要执行一次循环体语句。其执行过程如图 3-5(b)所示。

【例 3-17】　用 do…while 语句求 100～200 中的奇数和。

```c
# include < stdio. h >
void main( )
{
    int i,sum = 0;
    i = 100;
    do
    {
        if(i % 2 == 1)
        sum = sum + i;
        i++;
    } while(i <= 200);
    printf(" % d\n",sum);
}
```

【注意】　当循环体内有多条语句时,要用"{}"把它们括起来。

【例 3-18】　while 和 do…while 循环比较。

下面两种编写方式有什么区别呢? 读者可以上机运行看看。运行时输入数据为 15,注意检验运行结果。

(1)

```c
# include < stdio. h >
void main( )
{
    int sum = 0,i;
    scanf(" % d",&i);
    while(i <= 10)
    {
        sum = sum + i;
        i++;
    }
    printf("sum = % d",sum);
}
```

(2)

```c
# include < stdio. h >
void main( )
{
    int sum = 0,i;
    scanf(" % d",&i);
    do
    {
```

```
        sum = sum + i;
        i++;
    }while(i <= 10);
    printf("sum = % d",sum);
}
```

3.4.3 for 循环语句

在 C 语言中，for 语句的使用最为灵活，一般用于计数型循环，也可以用于条件型循环。所以用 while 语句和 do…while 语句所能解决的问题大部分也可以用 for 语句来解决。

格式：

```
for(表达式 1;表达式 2;表达式 3)
{ 循环体 }
```

执行过程如下。

（1）求解表达式 1。

（2）求解表达式 2，若其值为真（非 0），则执行 for 语句中的循环体，然后执行第（3）步；若其值为假（0），则结束循环，转到第（5）步。

（3）求解表达式 3。

（4）转回第（2）步继续执行。

（5）循环结束，执行 for 语句下面的一个语句。

其执行过程可以用图 3-9 表示。

for 语句也可以用下面的形式表示：

```
for(循环控制变量赋初值;循环条件;循环控制变量增量)
{ 循环体 }
```

循环控制变量赋初值总是一个赋值语句，它用来给循环控制变量赋初始值；循环条件是一个条件表达式，它决定什么时候退出循环；循环变量增量用于定义循环控制变量每循环一次后按什么方式变化，这三个部分之间用";"分开。

例如：

```
for(i = 1; i <= 100; i++)
    sum = sum + i;
```

先给循环控制变量 i 赋初值 1，判断 i 是否小于或等于 100，若为真，则执行语句 sum＝sum＋i，之后 i 值增加 1。再重新判断 i 是否小于或等于 100，重复执行语句，直到条件为假，即 i＞100 时结束循环。相当于：

```
i = 1;
while(i <= 100)
{
    sum = sum + i;

    i++;
}
```

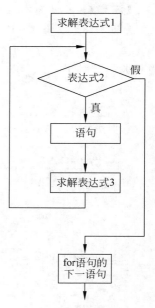

图 3-9 for 语句流程图

对于 for 循环语句的一般格式，就是如下的 while 循环语句形式：

```
表达式 1;
while(表达式 2)
{
    语句;
    表达式 3;
}
```

【注意】

(1) for 循环语句中的"表达式 1(循环控制变量赋初值)"、"表达式 2(循环条件)"和"表达式 3(循环控制变量增量)"都是可选项，即可以缺省，但";"不能缺省。

(2) 省略了"表达式 2(循环条件)"，若不做其他处理，便成为死循环。

例如：

```
for(i = 1;;i++)
    sum = sum + i;
```

相当于：

```
i = 1;
while(1)
{
    sum = sum + i;
    i++;
}
```

(3) 省略了"表达式 3"，则不对循环控制变量进行修改操作，这时可在循环体中加入修改循环控制变量的语句。

例如：

```
for(i = 1;i < = 100;)
{
    sum = sum + i;
    i++;
}
```

(4) 省略了"表达式 1"和"表达式 3"。

例如：

```
for(;i < = 100;)
{
    sum = sum + i;
    i++;
}
```

相当于：

```
while(i < = 100)
{
    sum = sum + i;
    i++;
}
```

(5) 3 个表达式都可以省略。

例如：

for(; ;)语句

相当于：

while(1)语句

(6) 表达式 1 可以是设置循环控制变量初值的赋值表达式，也可以是其他表达式。

例如：

for(sum = 0;i <= 100;i++) sum = sum + i;

(7) 表达式 1 和表达式 3 可以是一个简单表达式，也可以是逗号表达式。

例如：

```
for(sum = 0,i = 1;i <= 100;i++)
    sum = sum + i;
```

或

```
for(i = 0,j = 100;i <= 100;i++,j-- )
    k = i + j;
```

(8) 表达式 2 一般是关系表达式或逻辑表达式，但也可是数值表达式或字符表达式，只要其值非零，就执行循环体。

例如：

for(i = 0;(c = getchar())!= '\n';i += c);

又如：

```
for(;(c = getchar())!= '\n';)
    printf(" % c",c);
```

【例 3-19】 求 1～200 中能被 3 整除但不能被 12 整除的数的个数及和。

算法设计如下。

(1) 定义整型变量 n 与 sum。

(2) 1～200 的所有 3 的倍数的数，如果不能被 12 整除则累加并计数。

(3) 输出结果。

程序代码：

```
# include < stdio.h>
void main()
{
    int i,n = 0,sum = 0;
    for(i = 3;i <= 200;i = i + 3)
        if(i % 12!= 0) {sum = sum + i;n++;}
    printf("sum = % d k = % d\n",sum,n);
}
```

【例 3-20】 输出所有"水仙花数"，所谓"水仙花数"是指一个 3 位数，其各位数字的立方和等于该数本身。例如，153 是一个"水仙花数"，因为 $153 = 1^3 + 5^3 + 3^3$。

算法设计如下。

(1) 定义变量 i、indi、ten、hund。

(2) 对 100～999 的所有数字,求出各个位置上的数字;然后求各个位置上数字的立方和,如果立方和与数字本身相等,则这个数字是水仙花数。

程序代码:

```
# include < stdio. h>
void main()
{
    int i,indi,ten,hund;
    for(i = 100;i < = 999;i++)
    {
        hund = i/100;
        ten = i/10 % 10;
        indi = i % 10;
        if(i == hund * hund * hund + ten * ten * ten + indi * indi * indi)
            printf(" % d是水仙花数!\n",i);
    }
}
```

3.4.4 几种循环语句的比较

(1) 3 种循环语句都可以用来处理同一个问题,一般可以互相代替,但一般不提倡用 goto 型循环,故在此未做介绍。

(2) 使用 while 语句和 do…while 语句时,循环体中应包括使循环趋于结束的语句,for 语句功能最强。

(3) 用 while 语句和 do…while 语句时,循环控制变量初始化的操作应在 while 语句和 do…while 语句之前完成,而 for 语句可以在表达式 1 中实现循环控制变量的初始化。

3.4.5 break 语句

break 语句通常用在循环语句和 switch 语句中。当 break 语句用在 switch 语句中时,可使程序跳出 switch 结构而执行 switch 以后的语句。

当 break 语句用于 do…while、for、while 循环语句中时,可使程序终止循环而执行循环后面的语句,通常 break 语句总是与 if 语句连在一起,即满足条件时便跳出循环。观察以下程序,注意 break 语句的功能。

【例 3-21】 判断整数 m 是否为素数(m≥2)。

算法设计如下。

(1) 输入任意数据存入整型变量 m 中。

(2) 若整数 m 不能被从 2 到 $\sqrt{m}$ 范围内的任意数整除,则 m 是素数。

(3) 输出是否为素数信息。

程序代码:

```
# include < stdio. h>
# include < math. h>
void main()
{
    int m,i,k;
    scanf(" % d",&m);
```

```
        k = sqrt(m);
        for(i = 2;i <= k;i++)              //循环条件也可以写成:i <= m/2 或者 i <= m - 1
            if(m % i == 0)break;
        if(i > k)                          //整个循环过程中都没出现能将 m 整除的 i
            printf(" % d is a prime number\n",m);
        else
            printf(" % d is not a prime number\n",m);
    }
```

【注意】

（1）break 语句对 if…else 的条件语句不起作用。

（2）在多层循环和 switch 结构中，一个 break 语句只能向外跳一层。

（3）在循环语句中，一旦使用了 break 语句，在跳出循环后，通常要做条件判断，来判断是什么情况下退出循环结构的。

3.4.6　continue 语句

continue 语句的作用是跳过循环体中剩余的语句而强行进入下一次循环。continue 语句只用在 for、while、do…while 等循环体中，常与 if 条件语句一起使用，用来加速循环。

【例 3-22】　输出 100～200 的不能被 3 整除的数。

程序代码：

```
# include < stdio. h>
void main()
{
    int n;
    for(n = 100;n <= 200;n++)
    {
        if( n % 3 == 0) continue;
        printf(" % 4d",n);
    }
    printf("\n");
}
```

【说明】

continue 语句与 break 语句的区别是：continue 语句只结束本次循环，而不是终止整个循环语句；而 break 语句是终止整个循环过程，不再判断循环条件是否成立。对于多重循环的情况，continue 和 break 语句都只能结束当前所在层循环。

3.4.7　多重循环

一个循环体内又包含一个完整的循环结构，成为循环的嵌套。内嵌的循环中还可以嵌套循环，这就是多重循环。各种语言中关于循环嵌套的概念都是一样的。

【例 3-23】　以下面的形式输出九九乘法表。

```
1 × 1 = 1
2 × 1 = 2   2 × 2 = 4
3 × 1 = 3   3 × 2 = 6   3 × 3 = 9
… …
9 × 1 = 9   9 × 2 = 18 9 × 3 = 27   … …9 × 9 = 81
```

算法设计：九九乘法表共 9 行,每行列数与行数相同,所以循环中又涉及循环,用双重循环实现,并且内层循环的循环次数与外层循环的循环变量的值相等。

程序代码：

```
# include < stdio. h>
void main()
{
    int i,j;
    for (i = 1; i < = 9; i++)
    {
        for(j = 1; j < = i; j++)
            printf("% d × % d = % 2d ", j, i, i * j);
        printf("\n");
    }
}
```

3.5　程序举例

【例 3-24】　输入一个年份,判断它是否是闰年。

算法设计如下。

(1)输入年份。

(2)若年份能被 400 整除或能被 4 整除且不能被 100 整除,则该年份为闰年,否则不是闰年。

(3)输出闰年。

程序代码：

```
# include < stdio. h>
void main()
{
    int year,leap;
    printf ("Please enter year:\n");
    scanf (" % d",&year);
    if (year % 400 = = 0 ‖ year % 4 = = 0&&year % 100!= 0)
        printf (" % d is a leap year. \n",year);
    else
        printf (" % d is not a leap year. \n",year);
}
```

运行结果：

```
Please enter year:
2008 ↙
2008 is a leap year.
1989 ↙
1989 is not a leap year.
```

【例 3-25】　求 $ax^2 + bx + c = 0$ 方程的解。

算法分析如下。

(1)a＝0,不是二次方程。

(2)$b^2 - 4ac = 0$,有两个相等实根。

（3）$b^2-4ac>0$，有两个不等实根。

（4）$b^2-4ac<0$，有两个虚根。

程序代码：

```c
#include "math.h"
#include <stdio.h>
void main()
{
    float a,b,c,d,disc,x1,x2,realpart,imagepart;
    printf ("Please enter a,b,c:\n");
    scanf ("%f,%f,%f",&a,&b,&c);                    // 方程系数
    printf ("The equation");
    if (fabs(a)<=1e-6)                             // 判别 a=0
        printf ("is not quadratic");
    else
    {
        disc = b*b-4*a*c;                         // 判别式
        if (fabs(disc)<=1e-6)                      // 判别式等于 0
        printf ("has two equal roots:%8.4f\n", -b/(2*a));
        else if (disc>1e-6)                        // 判别式大于 0
        {
            x1 = (-b+sqrt(disc))/(2*a);
            x2 = (-b-sqrt(disc))/(2*a);
            printf ("has distinct real roots: ");
            printf ("x1=%8.4f,x2=%8.4f\n",x1,x2);
        }
        else                                       // 判别式小于 0
        {
            realpart = -b/(2*a);
            imagpart = sqrt(-disc)/(2*a);
            printf ("has complex roots:\n");
            printf ("%8.4f+%8.4fi\n",realpart,imagpart);
            printf ("%8.4f-%8.4fi\n",realpart,imagpart);
        }
    }
}
```

运行结果：

```
Please enter a,b,c:
3,4,5
The equation has complex roots:
-0.6667+1.1055i
-0.6667-1.1055i
Please enter a,b,c:
1,2,1
The equation has two equalroots:-1.0000
```

程序中用 disc 代表 b^2-4ac，用 fabs(disc)$<=$1e-6 来判别 disc 的值是否为零，是因为实数 0 在机器内存储时存在微小的误差，往往是以一个非常接近 0 的实数存放，所以采取的办法是判别 disc 的绝对值（fabs(disc)）是否小于一个很小的数，如果小于此数，就认为 disc=0。

【例 3-26】 用 $\pi/4 \approx 1-1/3+1/5-1/7+\cdots$ 公式求 π 的近似值，直到某一项的绝对值小于 10^{-6} 为止。

程序代码：

```
# include < stdio. h >
# include < math. h >
void main( )
{
    int s;
    float n,t,pi;
    t = 1,pi = 0;n = 1.0;s = 1;
    while(fabs(t)> = 1e - 6)
    {
        pi = pi + t;
        n = n + 2;
        s = - s;
        t = s/n;
    }
    pi = pi * 4;
    printf("pi = % 10.6f\n",pi);
}
```

【例 3-27】 写程序求 $1-3+5-7+...-99+101$ 的值。

程序代码：

```
# include < stdio. h >
void main( )
{
    int i,s = 0,f = 1;               // i 定义为循环控制变量,s 为求和值
    for (i = 1;i < = 101;i += 2)
    {
        s = s + i * f;
        f = - f;
    }
    printf(" % d",s);
}
```

【例 3-28】 输出 $100\sim200$ 的素数,要求每行输出 5 个素数。

程序代码：

```
# include < math. h >
# include < stdio. h >
void main( )
{
    int n,i,k,m = 0;
    for(n = 101; n < = 200; n = n + 2)              // 设置循环
    {
        k = sqrt(n);
        for(i = 2;i < = k;i++)
            if(n % i == 0) break;                  // 终止循环
        if (i > k)
        {
            m = m + 1;
            printf (" % 4d",n);
            if(m % 5 == 0)printf("\n");            // 控制每行输出 5 个数
        }
    }
    printf("\n");
}
```

【例 3-29】 找出 1～100 的所有同构数。

关于同构数的概念及算法设计见例 3-6。

程序代码：

```
# include < stdio. h >
void main()
{
    int m,pm,t;
    for(m = 2;m < = 100;m++)
    {
        pm = m * m;
        if(m < 10) t = pm % 10;
        else t = pm % 100;
        if(m == t) printf(" % d\n",m);
    }
}
```

【例 3-30】 已知斐波那契数列（Fibonacci）为 1,1,2,3,5,8,13…编写程序,求这个数列的前 40 个数并输出。

程序代码：

```
# include < stdio. h >
void main()
{
    int i,fib1 = 1,fib2 = 1,fib3;
    printf(" % d\n % d\n",fib1,fib2);
    for(i = 1;i < = 38;i++)
    {
        fib3 = fib1 + fib2;
        printf(" % d\n",fib3);
        fib1 = fib2;
        fib2 = fib3;
    }
}
```

【例 3-31】 找出 1000 以内的所有完数（一个数若恰好等于它的真因子,即除了本身以外的约数之和,这个数就称为完数,例如,6＝1＋2＋3）。

程序代码：

```
# include < stdio. h >
void main()
{
    int i,j,s;
    for(i = 1;i < = 1000;i++)
    {
        s = 0;
        for(j = 1;j < i;j++)
            if(i % j == 0)s = s + j;
        if(s == i)printf(" % d是完数!\n",i);
    }
}
```

【例 3-32】 输入两个正整数 m 和 n,求其最大公约数和最小公倍数。

程序代码：

```
# include < stdio. h >
```

```
void main( )
{
    int m,n,t,i;
    scanf(" % d % d",&m,&n);
    if(m < n){t = m;m = n;n = t;}
    for(i = n;i > = 1;i -- )
        if(m % i == 0&&n % i == 0)
        {
            printf(" % d 和 % d 的最大公约数是 % d\n",m,n,i);
            break;
        }
    for(i = m;i < = m * n;i++)
        if(i % m == 0&&i % n == 0)
        {
            printf(" % d 和 % d 的最小公倍数是 % d\n",m,n,i);
            break;
        }
}
```

本章小结

　　本章学习了程序的控制结构,三种基本控制结构是程序设计的基本思想,任何一个复杂的程序设计问题,都可以通过三种基本程序结构的组合、嵌套来实现。要充分理解和掌握 C 语言中各种语句的功能和句法要求,将其应用到解决实际问题中去。

　　本章章节知识脉络如图 3-10 所示。

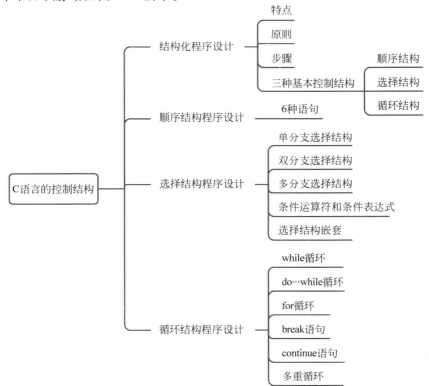

图 3-10　章节知识脉络

习题 3

1. 选择题

（1）设有定义：int a＝1,b＝2,c＝3;,以下语句中执行效果与其他三个不同的是（　　）。

  A. if(a＞b) c＝a,a＝b,b＝c;

  B. if(a＞b) {c＝a,a＝b,b＝c; }

  C. if(a＞b) c＝a; a＝b; b＝c;

  D. if(a＞b) {c＝a; a＝b; b＝c; }

（2）以下程序段中,与语句 k＝a＞b?(b＞c?1:0):0;功能相同的是（　　）。

  A. if((a＞b)＆＆(b＞c)) k＝1; else k＝0;

  B. if((a＞b)||(b＞c)) k＝1; else k＝0;

  C. if(a＜＝b) k＝0; else if(b＜＝c) k＝1;

  D. if(a＞b) k＝1; else if(b＞c) k＝1; else k＝0;

（3）有以下程序：

```
# include < stdio. h>
void main()
{
    int x;
    scanf(" % d",&x);
    if(x <= 3);
    else if(x!= 10)
    printf(" % d\n",x);
}
```

程序运行时,输入的值在哪个范围才会有输出结果（　　）。

  A. 不等于 10 的整数　　　　　　　　B. 大于 3 且不等于 10 的整数

  C. 大于 3 或等于 10 的整数　　　　　D. 小于 3 的整数

（4）有以下程序：

```
# include < stdio. h>
void main()
{
    int a = 1,b = 2,c = 3,d = 0;
    if(a == 1 && b++ == 2)
        if(b!= 2 || c -- != 3)
            printf(" % d, % d, % d\n",a,b,c);
        else
            printf(" % d, % d, % d\n",a,b,c);
    else
    printf(" % d, % d, % d\n",a,b,c);
}
```

程序运行后的输出结果是（　　）。

  A. 1,2,3　　　　　　B. 1,3,2　　　　　　C. 1,3,3　　　　　　D. 3,2,1

（5）以下选项中,与 if (a＝＝1) a＝b; else a＋＋;语句功能不同的 switch 语句是（　　）。

A. switch (a)
```
    {
        case : a = b ; break ;
        default:a++;
    }
```

B. switch (a == 1)
```
    {
        case 0 : a = b ; break ;
        case 1 : a++;
    }
```

C. switch (a)
```
    {
        default : a++; break ;
        case 1 : a = b ;
    }
```

D. switch (a == 1)
```
    {
        case 1 : a = b ; break ;
        case 0 : a++;
    }
```

（6）有以下程序：

```
# include < stdio. h >
void main( )
{
    int n = 2,k = 0;
    while(k++&&n++>2);
    printf(" % d % d\n",k,n);
}
```

程序运行后的输出结果是（　　）。

　　A. 0 2　　　　　　　　B. 1 3　　　　　　　　C. 5 7　　　　　　　　D. 1 2

（7）有以下程序：

```
# include < stdio. h >
void main( )
{
    int a = 1,b = 2;
    for(;a < 8;a++)
    {
        b += a;
        a += 2;
    }
    printf(" % d, % d\n",a,b);
}
```

程序运行后的输出结果是（　　）。

　　A. 9,18　　　　　　　B. 8,11　　　　　　　C. 7,11　　　　　　　D. 10,14

（8）有以下程序：

```
# include < stdio. h >
void main( )
```

```
{
    int i,j,m = 1;
    for(i = 1; i < 3; i++)
    {
        for(j = 3; j > 0; j-- )
        {
            if(i * j > 3)break;
            m = i * j;
        }
    }
    printf("m = % d\n",m);
}
```

程序运行后的输出结果是（   ）。

    A. m＝6　　　　　　B. m＝2　　　　　　C. m＝4　　　　　　D. m＝1

（9）以下程序中的变量已正确定义：

```
for(i = 0; i < 4; i++,i++)
    for(k = 1; k < 3; k++)
        printf(" * ");
```

程序段的输出结果是（   ）。

    A. ********　　　　　B. ****　　　　　　C. **　　　　　　D. *

（10）有以下程序：

```
# include < stdio. h>
void main()
{
    int c = 0,k;
    for(k = 1;k < 3;k++)
        switch(k)
        {
            default:c += k;
            case 2:c++;break;
            case 4:c += 2;break;
        }
    printf(" % d\n",c);
}
```

程序运行后的输出结果是（   ）。

    A. 3　　　　　　　B. 5　　　　　　　C. 7　　　　　　　D. 9

2．简答题

（1）有一函数：

$$y = \begin{cases} x & x < 1 \\ 2x - 1 & 1 \leqslant x < 10 \\ 3x - 11 & x \geqslant 10 \end{cases}$$

编写程序，输入 x 值，输出相应表达式对应的 y 值。

（2）通过键盘输入一个百分制成绩，要求输出成绩等级"优"，"良"，"中"，"及格"，"不及格"。90 分以上为"优"，80～89 分为"良"，70～79 分为"中"，60～69 分为"及格"，60 分以下为"不及格"。

（3）给出一个不多于 4 位的正整数，要求如下。

① 求出它是几位数。

② 分别输出每一位数字。

③ 按逆序输出各位数字，例如原数为 1234，则输出 4 3 2 1。

④ 输入两个正整数 m 和 n，求其最大公约数和最小公倍数。要求：使用辗转相除法。

⑤ 计算如下公式的 y 值：$y=1/2!+1/4!+\cdots+1/m!$（m 是偶数，m 值由键盘输入）。

⑥ 求出 1000 以内前 20 个不能被 2、3、5、7 整除的数之和。

⑦ 求 $s=1^k+2^k+3^k+\cdots+N^k$ 的值（即 1 的 K 次方到 N 的 K 次方的累加和），n 和 k 值由键盘输入。

⑧ 求给定正整数 n 以内的所有素数之积（n＜28），n 值由键盘输入。

⑨ 输入一行字符，分别统计出其中的英文字符、空格、数字字符和其他字符个数。

⑩ 输出以下图案，要求用循环实现。

```
            *
         *  *  *
      *  *  *  *  *
   *  *  *  *  *  *  *
      *  *  *  *  *
         *  *  *
            *
```

第4章 函数基础

C程序是由函数组成的,一个较大的程序一般都分为若干个子程序,每一个子程序实现一个特定的功能,C语言中的子程序是由函数完成的。本章将介绍如何完成函数的定义、函数的调用、函数返回值等知识。

本章要点

➢ 函数定义、函数调用方法及函数返回值。

➢ 函数之间的数据传递方法。

➢ 变量的作用域与变量存储类型。

4.1 函数定义

4.1.1 模块与函数

C语言程序由基本语句和函数组成,每个函数可完成相对独立的功能,按一定的规则调用这些函数,就组成了解决某个特定问题的程序。C语言程序的结构非常符合结构化程序设计思想。将一个大问题分解成若干个功能模块后,可以用一个或多个C语言的函数来实现这些功能模块,通过函数调用来实现完成大问题的全部功能。因此,在C语言中,模块化的程序设计是通过设计函数和函数调用实现的。

图 4-1 表示的是一个模块程序结构图,图中的矩形框表示具有单一功能的函数,图中的箭头表示函数的简单调用关系。在结构化程序设计中,通常把函数看成是一个"黑盒",用户调用时通常只要知道传给函数需加工的数据以及调用函数结束后能得到的结果,至于函数是如何执行的,对调用者来说并不重要,就像调用 printf() 和 scanf() 等系统标准函数时,并不关心它们的具体实现代码。

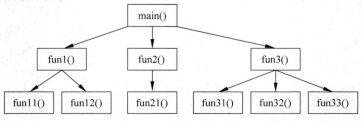

图 4-1　函数模块调用示意

4.1.2 标准库函数

前面已经介绍过一些标准库函数,如输入输出函数、数学函数等,C 语言强大的功能依赖于它有丰富的库函数。常用的库函数按功能可以分为字符操作函数、字符串处理函数、标准输入输出函数、数学运算函数、图形函数等。

如果使用库函数,应该在本程序文件开头用♯include 命令将调用有关库函数时所用到的信息包含到本程序文件中来。例如在前几章中已经用的命令:

```
# include < stdio. h >
# include < math. h >
```

其中"stdio. h""math. h"等是"头文件"。stdio. h 文件中包含了输入输出库函数所用到的一些宏定义信息,如果不包含"stdio. h"文件中的信息,就无法使用输入输出库中的函数。同样,使用数学库中的函数,就应该在本文件开头使用命令:

```
# include < math. h >
```

4.1.3 函数定义

函数必须先定义和声明后才能调用,从函数定义形式的角度看,函数可以分为无参函数和有参函数两类。

1. 无参函数的定义格式

```
类型标识符 函数名()
{
    函数体
}
```

用"类型标识符"指定函数值的类型,即函数被调用后带回来的值的类型,例如 int、char、double 等基本数据类型,也可以是数组、指针等构造数据类型。无参函数一般不需要带回函数值,因此可以不写类型标识符,或将函数定义为"空类型",即定义为"void"类型。看下面的例子。

【例 4-1】 输出如下信息:

```
* * * * * * * * * * * * * * * * * * * * *
    一个 C 语言程序!
* * * * * * * * * * * * * * * * * * * * *
```

程序代码:

```
# include < stdio. h >
void fun1()
{
printf(" * * * * * * * * * * * * * * * * * * \n");
}
void fun2()
{
printf(" 一个 C 语言程序! \n");
}
void main()
```

```
{
    fun1();
    fun2();
    fun1();
}
```

函数 fun1 和 fun2 都为无参函数，由于调用函数 fun1 和 fun2 时不需要带回函数值，所以将函数类型定义为"void"类型。

2. 有参函数定义的一般格式

```
类型标识符 函数名(形式参数表)
{
    函数体
}
```

有参函数和无参函数的区别在于括号当中有无形式参数表，请看下面的例子。

【例 4-2】　计算两个数的和。

问题很简单，在主函数完成两个数的输入，而自定义函数 add 完成两个数的和运算，把结果返回主函数即可。

程序代码：

```
#include <stdio.h>
float add(float x,float y)              // 函数定义，x、y 为形式参数
{
    float z;
    z = x + y;
    return(z);                          // 返回函数值给主调函数
}
void main()
{
    float a,b,sum;
    scanf("%f%f",&a,&b);
    sum = add(a,b);                     // 函数调用，变量 a、b 的值分别传递给形参 x、
    printf("sum = %.2f\n",sum);
}
```

输入：

```
100 200
```

运行结果：

```
sum = 300.00
```

函数定义分为两部分：函数的说明部分和函数体部分。

1. 函数的说明部分

（1）"类型标识符"用来说明函数返回值的类型。当函数的返回值为整型时，也可以不加"类型标识符"，因为系统默认的返回值类型为整型。如果函数不提供返回值，可以定义函数类型为空类型，空类型的标识符为 void，如例 4-1 中的 fun1、fun2 函数。

（2）"函数名"是函数的存在标识，函数名可以是任何合法用户标识符（由字母、数字或下画线组成）。

（3）形式参数表用以指明调用函数时，传递给函数的数据个数及类型。函数有多个参数时，必须在"形式参数表"中对每个参数分别做类型说明。如上例中对形式参数 x 和 y 的说明形式为"float x,float y"，不能写成"float x,y"。

2．函数体

"函数体"是函数定义的主体，包括变量定义、执行的程序语句序列。函数所完成的功能在函数体中由一段程序实现。

如果函数有返回值，则需要用返回语句 return。如例 4-2 中的语句：

```
return(z);
```

执行时，将变量 z 的值返回给主调函数中的调用表达式。

4.1.4 函数参数

在调用函数的多数情况下，主调函数和被调用函数之间有数据传递关系，即有参函数。函数参数分为形式参数和实际参数两种：在定义函数时，函数名后面括号中的变量称为形式参数；在主调函数中调用一个函数时，函数名后面括号中的变量称为实际参数。函数调用时发生的数据传递，即主调函数向被调函数传递数据，更具体地说是实际参数向对应的形式参数传递数据。

【说明】

（1）定义函数时，必须指定形参的类型。

对形参类型所做的说明，一般是在"形式参数表"中说明形参类型。例如：

```
int max(int x, int y)
{ 函数体 }
```

又如：

```
float fun(float a, float b, int c, int d)
{ 函数体 }
```

（2）定义函数时指定的形参变量，在未出现函数调用时，它们并不占用内存中的存储单元。只有在发生函数调用时，函数中的形参才被分配内存单元。在调用结束后，形参所占的内存单元即被释放。

（3）实参可以是常量、变量或表达式，但要求它们有确定的值。在函数调用时，将实参的值赋给形参变量。

（4）实参与形参的类型应相同或赋值兼容。

C 语言规定，实参变量对形参变量的数据传递是"值传递"，即单向传递，只由实参传给形参，而不能由形参传回来给实参。在内存中，实参单元与形参单元是不同的单元。

4.1.5 C 源程序的结构

C 语言是一种支持模块化程序设计的语言。一个 C 源程序可由一个主函数和若干个其他函数构成，其中必须有一个主函数，而且只能有一个主函数，其他函数可有任意多个（也可以没有）。

C 程序的执行总是从主函数 main()开始,在主函数 main()的执行过程中调用其他函数,其他函数也可以互相调用。同一个函数可以被一个或多个函数调用任意多次。执行完其他函数后返回到主函数 main(),在主函数 main()中结束整个程序的运行,如图 4-2 所示。

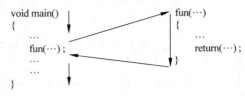

图 4-2　C 语言程序执过程

【说明】

(1) 一个 C 源程序文件由一个或多个函数组成。一个源程序文件是一个编译单位,即以源文件为单位进行编译,而不是以函数为单位进行编译。

(2) 一个 C 程序由一个或多个源程序文件组成。

(3) C 程序的执行从 main()函数开始,调用其他函数后流程回到 main()函数,再在 main()函数中结束整个程序的运行。

(4) 所有函数都是平行的,即在定义函数时是互相独立的,一个函数并不从属于另一函数,即函数不能嵌套定义。函数可以互相调用,但不能调用 main()函数。

(5) 从用户的角度看,函数有以下两种。

① 标准库函数,由系统提供。

② 用户自定义函数,由程序设计者根据专门需要自己定义。

(6) 从函数的定义形式看,函数分为无参函数和有参函数两类。无参函数是指在调用函数时,主调函数不向被调用函数传递参数;有参函数是指在调用函数时,主调函数和被调用函数之间有参数传递。

4.2　函数返回值

C 语言程序的执行是从主函数 main()开始,在主函数 main()的执行过程中调用其他函数,其他函数也可以互相调用,执行完其他函数后返回到主函数 main(),在主函数 main()中结束整个程序的运行。

C 语言的函数遵循先定义、后调用的原则。

一般地,通过函数调用使主调函数能得到一个确定的值,这就是函数的返回值。函数的返回值是通过函数中的 return 语句获得的。return 语句的格式如下:

```
return(表达式);
return 表达式;
```

以上两种格式完全等价,其功能是将程序的控制流程从被调函数返回到主调函数,并将表达式的值返回给主调函数。

如只想将程序的控制流程从被调函数返回到主调函数,而不需要确定的返回值,则 return 语句的形式如下:

```
return;
```

从函数有无返回值的角度看,函数可以分为无返回值函数和有返回值函数,那么函数定义的方式一共有 4 种,如表 4-1 所示。

表 4-1　函数定义的方式

函数定义形式	有无返回值	
	无返回值	有返回值
无参函数	√	√
有参函数	√	√

关于函数返回值的说明如下。

(1) 函数值的类型。

在定义函数时指定函数值的类型,它决定了函数返回值的类型。例如:

```
int max(int x, int y)          函数值为整型
float add(float x, float y)    函数值为单精度型
```

在定义函数时对函数值说明的类型一般应该和 return 语句中的表达式类型一致。

(2) 在 C 语言中,凡不加类型说明的函数,系统自动按整型处理。例如在例 4-5 中,max() 函数说明部分的类型 int 可以省略,改写成如下形式。

```
max(int x, int y)              // 求 x、y 中的较大者并返回
{
    if(x > = y) return x ;
    else return y;
}
```

(3) 如果函数值的类型和 return 语句中表达式的值的类型不一致,则以函数类型为准。对数值型数据,可以自动进行类型转换,即函数类型决定返回值的类型。

例如:求两个数的最大值函数。

```
int max(float x, float y)
{
    float z;
    z = x > y?x:y;
    return(z);
}
```

return(z); 语句把计算结果 z 作为函数的返回值返回给函数的调用方,这里虽然定义 z 为 float 类型,但由于函数定义时返回值类型为 int,所以函数返回值为 int 类型,相当于把 z 强制转换为 int 类型后返回给调用方。

4.3　函数调用

4.3.1　函数调用形式

函数调用的一般格式为:

函数名(实参列表)

如果函数定义中包含形式参数（简称形参），则在函数调用中应包含实际参数（简称实参），而且实参表列中的实参个数、数据类型及其顺序必须与函数定义时的形参一致。实参可以是常量、变量和表达式。如果调用无参函数，则实参表列可以没有，但括号不能省略。

执行函数调用语句时，首先计算每个实参表达式的值，并传递给对应的形参，然后执行该函数的函数体，函数体执行后返回到主调函数中调用语句的下一语句继续执行。

4.3.2　函数调用的方式

按函数在程序中出现的位置来分，可以有以下三种函数调用方式。

1. 函数语句

把函数调用作为一个语句。如：

```
fun1();
printf("\n I am happy!");
scanf("%d",&n);
```

以上三个语句都是函数调用作为一个语句，只不过后面两个是调用标准函数。以上三个函数调用语句不要求带回值，只要求函数完成一定的操作。

2. 函数表达式

函数出现在一个表达式中，这种表达式称为函数表达式。这时要求函数带回一个确定的值以参加表达式的运算。

【例 4-3】　计算组合 $p = C_m^n$。

求解该计算问题需计算 3 个阶乘：m!、n! 和 (m−n)!，为此定义函数 fun() 实现阶乘计算的功能。在主函数完成两个正整数的输入，调用函数 fun() 完成计算问题。

程序代码：

```
#include <stdio.h>
long fun(int x)
{
    int n;
    long t = 1;
    for(n = 1; n <= x; n++)
        t = t * n;
    return (t);
}
void main()
{
    int m,n,p;
    scanf("%d%d",&m,&n);
    p = fun(m)/(fun(n) * fun(m−n));            // 3 次函数调用 fun
    printf("p = %d\n",p);
}
```

输入：

10 3↙

运行结果：

p = 120

通过例 4-3 可以看到,在程序设计时恰当地定义函数使整个程序结构清晰,便于阅读理解,还可以减少程序代码数量,fun()函数用于计算一个数的阶乘,可以反复被调用,在这里被 3 次调用。

【例 4-4】 求 2 到 100 之间的素数之和。

程序代码:

```c
#include <stdio.h>
int fun(int x)                    // 判定 x 是否为素数,如是返回 x,否则返回 0
{
    if(x < 2) return 0;
    int k;
    for(k = 2;k <= x/2;k++)
    {
        if(x % k == 0)
        {
            x = 0;
            break;
        }
    }
    return x;
}
void main()
{
    int k,sum = 0;
    for(k = 2;k < 101;k++)
        sum = sum + fun(k);
    printf("sum = % d\n",sum);
}
```

运行结果:

sum = 1060

函数调用 fun(k)是表达式的一部分。

3. 函数参数

将函数调用返回值作为下一次函数调用的参数。实际上,函数调用作为函数的参数,也是函数表达式的一种形式,是函数表达式出现在函数的实参中,看下面的例子。

【例 4-5】 输入三个整数,输出其最大值。

程序代码:

```c
#include <stdio.h>
int max(int x,int y)                  // 求 x、y 中的较大者并返回
{
    if(x >= y) return x ;
    else return y;
}
void main()
{
    int a,b,c;
    scanf("% d % d % d",&a,&b,&c);
    printf("max = % d\n",max(max(a,b),c)); // 函数调用返回值作为实参
}
```

输入：

12,100,88↙

运行结果：

max = 100

阅读下面的程序代码，观察是否能够完成"输入两个整数，交换后输出"。

程序代码：

```c
#include <stdio.h>
void swap(int a, int b)
{
    int t;
    t = a;
    a = b;
    b = t;
}
void main()
{
    int x,y;
    scanf("%d%d",&x,&y);
    printf("%d, %d\n",x,y);
    swap(x,y);
    printf("%d, %d\n",x,y);
}
```

swap()函数试图完成 a、b 的交换，但由于实参变量对形参变量的数据传递是"值传递"，在调用 swap()时，实参 x 和 y 的值相当于拷贝一份副本传递给形参 a、b，因此 a 和 b 的交换只在 swap()函数内有效，对 x 和 y 没有影响，如图 4-3 所示。那么如何实现两个数的交换呢？我们在学完指针相关的知识后再进行讲解。

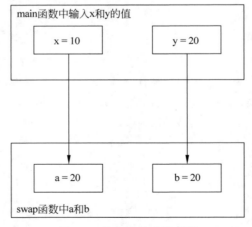

图 4-3   单向值传递示意图

4.3.3   函数的嵌套调用

在一个函数内部不可以定义另一个函数，即函数不可以嵌套定义。但函数可以进行嵌套调用,即可以在一个函数内部调用其他函数。

如图 4-4 所示,主函数 main()调用函数 a(),而函数 a()又调用函数 b(),这种函数间的调用是常见的,称为函数嵌套调用。

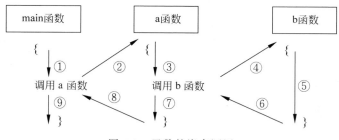

图 4-4 函数的嵌套调用

【例 4-6】 求 $p=1^1+2^2+3^3+\cdots\cdots+n^n$ 的值。

程序代码:

```c
# include < stdio. h>
long fun1(int x)                    // 函数 fun1()的功能为计算 x^x
{
    int k;
    long t = 1;
    for(k = 1;k <= x;k++)
        t = t * x;
    return t;
}
long fun2(int n)
{
    int k;
    long s = 0;
    for(k = 1;k <= n;k++)
        s = s + fun1(k);            // 函数 fun2()调用函数 fun1()
    return s;
}
void main()
{
    int n;
    scanf(" % d",&n);
    printf("p = % ld\n",fun2(n)); // 主函数 main()调用函数 fun2()
}
```

输入:

5

运行结果:

p = 3413

本例中主函数 main()调用 fun2()函数,fun2()函数调用 fun1()函数,是函数嵌套调用的情形。

【例 4-7】 求两个数的最大值(注意函数的类型和返回值的类型)。

```c
# include < stdio. h>
```

```
int max(float x, float y)            // 函数类型为整型,返回值 z 为浮点型
{
    float z;
    z = x > y?x:y;
    return(z);
}
void main()
{
    float a,b,c;
    scanf("%f%f",&a,&b);
    c = max(a,b);
    printf("Max is %f\n",c);
}
```

输入：

1.5,2.5↙

运行结果：

```
Max is 2.000000
```

程序运行时输入的是浮点型数,函数调用时的参数传递过程及在函数 max()中的处理结果 z=2.5 都是浮点型数,但返回值是整型数 2,原因是函数 max()的类型为整型。

（4）如果被调用函数中没有 return 语句,则执行完该函数体的最后一条语句返回主调函数。此时也带回一个数值,但这是一个不确定的值。

（5）为了明确表示"不带回值",可以用"void"定义函数为"空类型"。为使程序减少出错,保证正确调用,凡不要求带回值的函数,应定义为"void"类型。这样系统就保证不使函数带回任何值,也禁止在主调函数中使用函数的返回值。

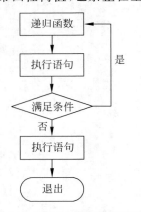

图 4-5　递归函数执行流程图

4.3.4　函数的递归调用

递归是一种简化复杂问题求解过程的手段,所采用的办法是先将问题逐步简化,但在简化过程中保持问题的本质不变,直到问题最简,然后通过最简问题的解答逐步得到原来问题的解。

在 C 语言中,递归求解的过程是通过函数的递归调用来实现的。如果在调用函数的过程中出现直接或间接地调用该函数本身,称为函数的递归调用。如函数在本函数体内直接调用本函数,则称为直接递归调用;如函数调用其他函数,其他函数又调用了本函数,则称为间接递归调用,执行流程图如图 4-5 所示。

直接递归调用和间接递归调用的形式如下：

（1）直接递归调用。

```
void fun()
{ ...
    if(表达式)fun();           // 函数 fun()中调用 fun(), 直接递归调用
    ...
}
```

（2）间接递归调用。

```
void f()
{ ...
    g();                                    // 函数 f()中调用函数 g()
    ...
}
void g()
{ ...
    if(表达式)f();                          // 函数 g()中调用函数 f()，间接递归调用
    ...
}
```

直接递归调用和间接递归调用有一个共同点：形成一个无终止的循环调用。程序设计中不允许出现这种无限循环，这可以在递归函数体内用 if 语句来控制，当某条件成立时继续递归调用，否则不再继续。递归的过程可以这样描述：

```
if(递归终止条件) return (终止条件下的值);
else return (递归公式);
```

C 语言系统允许函数进行递归调用。看下面递归调用的例子。

【例 4-8】　用递归方法求 n!。

用递归方法求解的思路如下。

n!是 1～n 的乘积，即：n!＝1×2×3×…×(n−1)×n，可以用前面的循环方法求得，但对计算 n!更有效的方法是利用(n−1)!的结果，即通过 n!＝n×(n−1)!得到对计算阶乘过程的重新定义：

$$n!=\begin{cases}1 & n=1 \\ n\times(n-1)! & n>0\end{cases}$$

这种新的定义形式实际上就是递归算法，其本质在于将问题分解为一些更小的子问题，对子问题可以用同样的算法求解。当子问题可以直接得到答案时，问题的分解过程结束，进而可以由这些子问题逐步得到原来问题的解。

例如，求 5!的递归过程：

$$5!=5\times4!$$
$$4!=4\times3!$$
$$3!=3\times2!$$
$$2!=2\times1!$$
$$1!=1\times0!$$
$$0!=1$$

按上述相反的过程回溯计算，就得到 5! 的计算结果：

$$0!=1$$
$$1!=1\times0!=1$$
$$2!=2\times1!=2$$
$$3!=3\times2!=6$$
$$4!=4\times3!=24$$
$$5!=5\times4!=120$$

计算过程如图 4-6 所示。

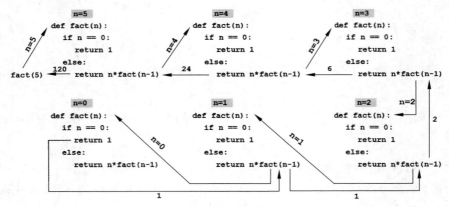

图 4-6　递归方法计算 5 的阶乘

程序代码：

```
#include <stdio.h>
long jc(int n)
{
    long t;
    if(n==0) t=1;
    else t=n*jc(n-1);                    // 直接递归调用
    return t;
}
void main()
{
    int n;
    long p;
    scanf("%d",&n);
    p=jc(n);
    printf("%d!=%ld\n",n,p);
}
```

输入：

5 ↙

运行结果：

5!= 120

分析函数 jc() 的调用过程：当 n＞0 时，函数调用 jc(5) 转化为函数 jc(4) 的调用，直到调用 jc(0) 得到结果 1 时递归过程结束，之后，jc(1) 通过 1 * jc(0) 得到……jc(5) 通过 5 * jc(4) 得到，这是一个回溯过程。

4.4　变量的作用域与存储属性

变量的作用域是指变量的有效范围，它分为两类：变量仅在函数内有效（局部变量）和在整个程序中有效（全局变量）。而变量的存储属性是指变量在内存中的存储方式，变量的存储有两种不同的方式：静态存储方式和动态存储方式。

4.4.1 局部变量与全局变量

1. 局部变量

在一个函数内部定义的变量是内部变量,它只在本函数范围内有效,也就是说只有在本函数内才能使用它们,在此函数以外是不能使用这些变量的,这样的变量称为"局部变量"。

例如:

```
int fun (int x)
{
    int y,z;      x、y、z 有效
    … …
}
void main()
{
    int p,x,y;    p、x、y 有效
    … …
}
```

上述程序段中定义的变量都是在函数的内部定义的,都是局部变量。

【说明】

(1) 主函数 main()中定义的变量也只在主函数中有效,不会因为在主函数中定义而在整个文件或程序中有效。主函数也不能使用其他函数中定义的变量。

(2) 不同函数中可以使用相同名字的变量,它们代表不同的对象,互不干扰。

(3) 形式参数也是局部变量,其他函数不能使用。

(4) 在一个函数的内部,可以在复合语句中定义变量,这些变量只在本复合语句中有效,这种复合语句也可称为"分程序"或"程序块"。

```
# include < stdio.h >
void main()
{
    float x,y;
    scanf(" % f, % f ",&x,&y);
    if(x < y)
    {
        float t;
        t = x;      t 在此范围内有效
        x = y;
        y = t;
    }
    printf(" % f, % f\n ",x,y);
}
```

变量 t 只在复合语句中有效,离开复合语句该变量就无效,释放内存单元。

2. 全局变量

在函数之外定义的变量称为外部变量,外部变量也称为全局变量。全局变量可以为本文件中的其他函数所共用。它的有效范围为:从定义变量的位置开始到本源文件的结束。

例如：

```
int m = 3, n = 6;                    // 定义全局变量 m、n
float fun1(int a)
{
    int b, c;
    …
}
int s, t;                            // 定义全局变量 s、t
int fun2(int x, int y)
{
    int i, j;
    …
}
void main()
{
    int m, n;
    …
}
```

m、n、s、t 都是全局变量，但它们的作用范围不同，在函数 main() 和 fun2() 中可以使用全局变量 m、n、s、t，但在函数 fun1() 中只能使用全局变量 m、n，而不能使用全局变量 s、t。

【说明】

(1) 设全局变量的作用：增加了函数间数据联系的渠道。由于函数的调用只能带回一个返回值，因此有时可以利用全局变量增加与函数联系的渠道，从函数调用中得到一个以上的值。请看下面的例子。

【例 4-9】 写一个函数，求出三个数的平均值、最大值和最小值。

```
#include < stdio. h>
float max, min;                      // 定义 max、min 两个全局变量
float fun(float x, float y, float z)
{
    float average;
    average = (x + y + z)/3;
    if(x > y) {max = x; min = y; }
    else {max = y; min = x; }
    if(z > max)
        max = z;
    if(z < min)
        min = z;
    return average;
}
void main()
{
    float a, b, c, aver;
    scanf("% f % f % f", &a, &b, &c);
    aver = fun(a, b, c);
    printf("max = % .2f\nmin = % .2f\naver = % .2f\n", max, min, aver);
}
```

输入：

3 5 7 ↙

运行结果：

max = 7.00
min = 3.00
average = 6.00

上面的例子是利用全局变量,经函数调用得到一个以上的值。其方法是利用全局变量的全程有效性,将在函数调用过程中得到的、主调函数需要的、多于一个的值保存到全局变量中,如本例将得到的最大值、最小值分别保存到全局变量 max、min 中。函数调用结束后,主调函数再引用全局变量即可实现获得多个值。

（2）如果全局变量在文件开头定义,则在整个文件范围内都可以使用该全局变量,如果不在文件开头定义,按上面规定的作用范围只限于定义点到文件终了。

全局变量定义和外部变量说明的区别如下。

① 全局变量的定义只能有一次,它的位置在所有函数之外,而同一文件中的全局变量的说明可以有多次,它的位置在函数之内（哪个函数要用就在哪个函数中说明）。

② 系统根据全局变量的定义（而不是根据外部变量的说明）分配存储单元。对全局变量的初始化只能在"定义"时进行,而不能在"说明"中进行。

③ 所谓"说明"的作用是:声明该变量是一个已在外部定义过的变量,仅仅是为了引用该变量而做的"声明"。原则上,所有函数都应当对所有的外部变量做说明（用 extern）,只是为了简单起见,允许在全局变量的定义点之后的函数省略这个"说明"。

（3）如果在同一个源文件中,全局变量与局部变量同名,则在局部变量的作用范围内,全局变量不起作用。看下面的程序段:

```
# include < stdio. h >
int m = 5;
int fun( int x)
{
    int t,n = 3,m = 9;
    t = m + n + x;                 // 表达式中的 m 为局部变量,值为 9
    return t;
}
void main( )
{
    int n = 1,sum;
    sum = fun( n + m);             // 实参中的 m 为全局变量,值为 5
    printf("sum = % d\n",sum);
}
```

运行结果:

sum = 18

本程序的目的是说明全局变量与局部变量同名时,在局部变量的作用范围内,全局变量不起作用,使用的是局部变量。

4.4.2　变量的存储属性

从变量值存在的时间（即生存期）角度来分,变量的存储分为静态存储方式和动态存储方式两种。

所谓静态存储方式是指在程序运行期间分配固定的存储空间的方式,而动态存储方式则是在程序运行期间,根据需要进行动态的分配空间的方式。

C语言程序占用的存储空间通常分为三部分,分别称为程序区、静态存储区、动态存储区。程序区主要是用于存放执行程序的代码,静态存储区主要是用于存放静态变量、全局变量和外部变量,在编译时就分配了存储空间,在整个程序的运行期间,该变量占有固定的存储单元,程序结束后,这部分空间才释放,变量的值在整个程序中始终存在。动态存储区主要是用于存放函数形式参数、自动变量、函数调用时的现场保护和返回地址等,在程序的运行过程中,只有当变量所在的函数被调用时,编译系统才临时为该变量分配一段内存单元,函数调用结束,该变量空间释放,变量的值只在函数调用期间存在。

在 C 语言中,变量的定义包括三方面的内容：变量的存储类型,即变量在内存中的存储方式,将影响变量值存在的时间(生存期),如 static、auto 等；变量的数据类型,如 int、char 和 float 等；变量的作用域,即变量起作用的范围,如前所述分为局部变量和全局变量,是由定义变量的位置决定的。

因此,变量定义的完整格式为：

存储类别 数据类型 变量名[= 初始化表达式], …

例如：

```
static int a = 100;              // 定义静态局部变量 a,并置初值 100
auto float x,y;                  // 定义自动局部变量 x、y
```

所以,C 语言中的变量有数据类型和存储类别两种属性,而存储类别共有四种：自动型(auto)、静态型(static)、外部型(extern)、寄存器型(register)。

4.4.3 局部变量的声明

如前所述,在一个函数内部定义的变量是局部变量,它只在本函数范围内有效。局部变量的存储类型有自动型(auto)、静态型(static)、寄存器型(register)三种。

1. 自动变量(auto)

函数中的局部变量,如不专门声明为 static 存储类别,都是动态地分配存储空间,数据存储在动态存储区中。函数中的形参和在函数中定义的变量,在调用函数时系统给它们分配存储空间,在函数调用结束时就释放这些存储空间,因此这类局部变量称为自动变量。自动变量用关键字 auto 做存储类型的说明。例如：

```
int fun( int x)
{
    auto int a,b = 5;              // 定义为自动变量
    … …
}
```

其中 x 为形参,a、b 为自动变量。执行完函数 fun()后,自动释放 x、a、b 所占的存储单元。

实际上,关键字"auto"可以省略,省略则隐含为"自动存储类型",属于动态存储方式。程序中的大多数变量属于自动变量,前面介绍的函数中,定义的变量都没有声明为 auto,其实都属于自动变量。

2. 静态局部变量(static)

如果希望在函数调用结束后仍然保留函数中定义的局部变量的值,则可以将该局部变

量定义为静态局部变量。定义静态局部变量时,在所定义变量的类型标识符前用关键字
static 加以说明。其定义的一般格式为:

static 类型标识符 变量名表;

例如:

static int a,b;

对局部静态变量的说明如下。

(1)局部静态变量属于静态存储类别,在静态存储区内分配存储单元,在程序整个运行
期间都不释放。而自动变量(即局部动态变量)属于动态存储类别,占动态存储区空间,函数
调用结束后即释放。

(2)局部静态变量是在编译时赋初值的,即只赋初值一次,在程序运行时它已有初值,
以后每次调用函数时不再重新赋初值,而只是保留上次函数调用结束时的值,其值保持连续
性。对自动变量赋初值不是在编译时进行的,而是在函数调用时进行,每调用一次函数重新
赋给一次初值,相当于执行一次赋值语句。

(3)如果在定义静态局部变量时不赋初值的话,则编译时系统自动赋初值为 0,而对自
动变量来说,如果不赋初值,则它的值是一个不确定的值。

(4)虽然静态局部变量在函数调用结束后仍然存在,但其他函数是不能引用它的。

通过下面的简单例子来了解静态局部变量的特点。

【例 4-10】 观察静态局部变量的值。

```c
# include < stdio. h >
int fun( int x)
{
    static int y;
    int z = 1;
    z += 2;
    y += x + z;
    return(y);
}
void main( )
{
    int k;
    for(k = 1;k < = 3;k++)
        printf(" % - 3d",fun(k));
}
```

运行结果:

4 9 15

在第 1 次调用函数 fun()时,静态局部变量 y 由系统自动赋初值为 0,调用结束时 y=4。
由于 y 是静态局部变量,在调用结束后它不释放,仍保留 y=4,但自动变量 x、z 在调用结束
后被释放。在第 2 次调用函数 fun()时,自动变量 z 重新定义并赋初值 1,而静态局部变量
不重新定义,其值为第 1 次调用结束时的值 4,所以第 2 次调用函数 fun()结束时 y=9。同
样的道理,第 3 次调用函数 fun()结束时 y=15。

3. 寄存器变量(register)

一般情况下,变量(包括动态存储方式和静态存储方式)的值存放在内存中。当程序中

用到一个变量的值时，由控制器发出指令将内存中的值送到运算器中，经过运算器进行运算，如果需要存数，再从运算器将数据送到内存中存放。

如果有一些变量使用频繁，为提高执行效率，C语言允许将局部变量的值放在CPU中的寄存器中，需要时直接从寄存器取出参加运算，不必再到内存中去存储。由于对寄存器的存取速度远高于对内存的存取速度，这样就可以提高执行效率。这种变量叫作"寄存器变量"，用关键字register做说明。下面的例子中用到了寄存器变量。

【例4-11】 计算并输出1~n阶乘的值。

```
# include < stdio. h>
long fac( int x)
{
    register long k,t = 1;              // 定义寄存器变量
    for(k = 1;k < = x; k++)
        t = t * k;
    return t;
}
void main()
{
    int n,i;
    scanf(" % d",&n);
    for(i = 1;i < = n;i++)
        printf(" % d!= % ld\n",i,fac(i));
}
```

在函数fac中定义的局部变量k、t是寄存器变量，如果x的值较大，则能节省执行时间。关于寄存器变量需做如下说明。

(1) 程序中只能定义整型寄存器变量（包括char型）。

(2) 只有局部自动变量和形式参数可以定义为寄存器变量，局部静态变量和全局变量不可以定义为寄存器变量。

(3) 一个计算机CPU中的寄存器数量有限，不能定义任意多个寄存器变量。

4.4.4 全局变量的声明

在函数外部定义的变量是全局变量，它的作用域是从变量的定义处开始的，到本程序文件的末尾。全局变量有用extern声明的外部变量和用static声明的全局变量两种。当未对全局变量指定存储类别时，隐含为extern类别。用extern和static声明的全局变量都是静态存储方式（存放在静态存储区），都是在编译时分配内存的。

1. 用extern声明的外部变量

用extern声明的外部变量可以扩展外部变量的作用域。如果外部变量不是在文件的开头定义，其有效的作用范围是从变量的定义处到本程序文件的结束。如果在定义点之前的函数想引用该外部变量，则应该在引用之前用关键字extern对该外部变量做"外部变量声明"，表示该变量是一个已经定义的外部变量，这样就可以从"声明"处起合法地使用该外部变量。

【例4-12】 用extern声明外部变量，扩展外部变量的作用域。

```
# include < stdio. h>
```

```
void fun( )
{
    extern int x,y;                    // 声明 x、y 为外部变量
    int a = 15,b = 10;
    x += a + b;
    y += a − b;
}
int x,y;                               // 定义全局变量 x、y
void main()
{
    int a = 8,b = 5;
    x = a + b;
    y = a − b;
    fun();
    printf(" % d, % d\n",x,y);
}
```

运行结果：

38,8

定义外部变量 x、y 的位置虽然在函数 fun()之后，但在函数 fun()中引用前用 extern 做了声明，这样就可以合法使用全局变量 x 和 y 了。

如果一个程序包含两个文件，在两个文件中都要用到同一个外部变量 ext，不能分别在两个文件中各自定义一个外部变量 ext，否则在进行程序连接时会出现"重复定义"的错误。正确的做法是：在任意一个文件中定义外部变量 ext，而在另一个文件中用 extern 对 ext 做"外部变量声明"，即通过语句"extern ext；"声明，就实现了将另一文件中就定义的外部变量 ext 的作用域扩展到本文件，在文件中就可以合法使用外部变量 ext 了。

2．用 static 声明的全局变量

有时在程序设计中希望某些外部变量只限于被本文件引用，而不能被其他文件引用，这时可以在定义外部变量时加一个 static 声明。

例如：

```
/ * file1.c * /
# include < stdio. h >
static int a;                      // 只限于 file1.c 引用
void main( )
{
    … …
}
… …
```

加上 static 声明、只限于本文件引用的外部变量称为静态外部变量。在程序设计中，常由若干人分别完成各个模块，每个人可以独立地在其设计的文件中使用相同的外部变量名而互不干扰，只需在每个文件中的外部变量前加上 static 即可。这样，既为程序的模块化、通用性提供了方便，也可避免外部变量被其他文件误用，产生麻烦。

变量存储类别可修饰范围如表 4-2 所示，auto 和 register 存储类别一般只能用来修饰局部变量，extern 存储类别用来修饰全局变量，而 static 存储类别既可以修饰局部变量也可以修饰全局变量。

表 4-2　变量存储类别和作用域关系

变量存储类别	局 部 变 量	全 局 变 量
auto	√	
static	√	√
extern		√
register	√	

4.5　函数的其他问题

4.5.1　函数的声明

在一个函数中调用某一已定义的函数（即被调用函数）时，在调用之前一般需要对被调用函数进行声明（说明）。函数声明的作用是告知编译程序本函数将要调用某个函数的函数名、函数类型、参数类型及个数。

函数声明一般格式为：

① 函数类型 函数名(参数类型 1,参数类型 2,…);
② 函数类型 函数名(参数类型 1 参数名 1,参数类型 2 参数名 2,…);

对函数的声明与该函数定义时函数的函数名、函数类型、参数类型及次序一致。例如在例 4-12 的主函数 main() 中，可以对函数 fun() 做声明：

```
long jc(int);
```

也可以对函数 fun() 做如下声明：

```
long jc(int z);
```

其中的参数名 z 可以和函数定义时的对应形式参数名不同。

C 语言规定，在调用函数前，以下 3 种情况可以不对被调函数做声明。

（1）如果被调函数的值（函数的返回值）是整型或字符型，不必进行声明，系统对它们自动按整型声明。

（2）如果被调函数的定义出现在主调函数之前，不必加以声明。因为编译系统已经知道了已定义的函数类型，会自动处理。

（3）如果已在所有函数定义之前，在文件的开头声明了函数类型，则在各个函数中不必对所调用的函数再做类型声明。

【例 4-13】　求 2 个数的最大值并输出。

```
# include < stdio. h >
int max( int x, int y);               // 函数声明
void main()
{
    int num1,num2;
    scanf("% d % d",&num1,&num2);
    printf("最大值是:% d\n",max(num1,num2));
}
int max( int x, int y)               // 函数定义
```

```
{
    return x > y ? x : y;
}
```

【注意】　对函数的"定义"和"声明"是两件完全不同的事情。函数的定义是指对函数功能的确立,包括指定函数的名字、函数值类型、形参及其类型、函数体等,它是一个完整的、独立的函数单位。而函数声明的作用是把将要调用的某个函数的函数名、函数类型、参数的类型、个数及顺序通知编译系统,以便在调用该函数时,系统按此进行对照检查。

4.5.2　内部函数和外部函数

一个 C 程序可以由多个函数组成,通常这些函数保存在多个程序文件中。函数本质上是全局的,因为一个函数要被另外的函数调用,但是,也可以指定函数不能被其他文件调用。根据函数能否被其他文件调用,将函数分为内部函数和外部函数。

1．内部函数

如果一个函数只能被本文件中的其他函数所调用,则称它为内部函数,内部函数又称为静态函数。在定义内部函数时,在函数名和函数类型前加 static,即内部函数定义格式为：

static 类型标识符 函数名(形参表)
{ 函数体 }

使用内部函数,可以使函数的作用域只局限于所在文件,在不同的文件中有同名的内部函数,互不干扰。这样不同的人可以分别编写不同的函数,而不必担心所用函数是否与其他文件中的函数同名,通常把只能由同一文件使用的函数和外部变量放在一个文件中,在它们前面加上 static 使其局部化,其他文件不能使用。

2．外部函数

除内部函数外,其余的函数都可以被其他文件中的函数所调用,同时在调用函数的文件中应加上 extern 关键字说明。外部函数定义格式为：

extern 类型标识符 函数名(形参表)
{ 函数体 }

C 语言规定,如果在定义函数时省略 extern,则隐含为外部函数。因此,本书前面定义的函数都是外部函数。static 和 extern 关键字可以用来修饰变量还可以用来修饰函数。

4.6　程序举例

【例 4-14】　求给定正整数 m 以内的素数之和。例如：当 m＝20 时,函数值为 77。

```
# include < stdio. h >
int fun(int m)
{
    int i,k,s = 0;
    for(i = 2;i < = m;i++)
    {
        for(k = 2;k < i;k++)
            if(i % k == 0)
```

```
                        break;
            if(k > = i)
                s = s + i;
        }
    return s;
}
void main()
{
    int y;
    y = fun(20);
    printf("y = % d\n",y);
}
```

【例 4-15】 求一个四位数的各位数字的立方和。

```
# include < stdio. h >
int fun( int n)
{
    int d,s = 0;
    while (n > 0)
    {
        d = n % 10;
        s += d * d * d;
        n / = 10;
    }
    return s;
}
void main()
{
    int k;
    k = fun(1234);
    printf("k = % d\n",k);
}
```

【例 4-16】 从低位开始取出长整型变量 s 奇数位上的数，依次构成一个新数放在 t 中。例如：当 s 中的数为 7654321 时，t 中的数为 7531。

```
# include < stdio. h >
long fun (long s)
{
    long jz = 1,t = 0;
    do
    {
        t += s % 10 * jz;
        jz = jz * 10;
        s = s / 100;
    }while(s > 0);
    return t;
}
void main()
{
    long s,t;
    printf("Please enter s:");
    scanf(" % ld", &s);
    t = fun(s);
```

```
    printf("The result is: % ld\n", t);
}
```

【例 4-17】 编写函数判断一个整数 m 的各位数字之和能否被 7 整除，可以被 7 整除则返回 1，否则返回 0。调用该函数找出 100～200 满足条件的所有数。

```
# include < stdio. h >
int fun( int m)
{
    int s = 0;
    while(m != 0)
    {
        s += m % 10;
        m / = 10;
    }
    if(s % 7 == 0)
        return 1;
    return 0;
}
void main( )
{
    int i;
    for(i = 100 ; i <= 200 ; i++)
        if(fun(i) == 1)
            printf(" % - 4d",i);
}
```

【例 4-18】 编写函数 fun( )计算斐波那契数列的第 n 项值，n 作为函数形参，在主函数中调用 fun( )函数输出前 20 项。

```
# include < stdio. h >
int fun( int n)
{
    if(n == 1 || n == 2)
        return 1;
    else
        return fun(n - 2) + fun(n - 1);
}
void main( )
{
    int i;
    for(i = 1; i <= 20; i++)
        printf(" % d\n",fun(i));
}
```

【例 4-19】 调用函数 fun( )判断一个三位数是否为"水仙花数"。在 main( )函数中从键盘输入一个三位数，并输出判断结果。

```
# include < stdio. h >
int fun( int n)
{
    int bw,sw,gw;
    bw = n / 100;
    sw = n / 10 % 10;
    gw = n % 10;
```

```
    if(n == bw * bw * bw + sw * sw * sw + gw * gw * gw)
        return 1;
    else
        return 0;
}
void main()
{
    int n;
    scanf("%d",&n);
    if(fun(n) == 1)
        printf("%d 是水仙花数\n",n);
    else
        printf("%d 不是水仙花数\n",n);
}
```

【例 4-20】 将一个正整数分解质因数。例如：输入 90，打印出 90＝2＊3＊3＊5。

```
# include < stdio. h>
void fun(int n)
{
    int i;
    printf("%d = ",n);
    for(i = 2; i <= n; i++)
    {
        while(n% i == 0)
        {
            printf("%d",i);
            n /= i;
            if(n != 1) printf("*");
        }
    }
    printf("\n");
}
void main()
{
    int num;
    scanf("%d",&num);
    fun(num);
}
```

本章小结

　　模块化是现代程序设计的重要原则，一个复杂问题总是被分解为多个简单模块才能使问题求解更加方便，各个子模块之间需要尽量保持独立，模块之间的联系通过函数参数和返回值及全局变量实现。

　　C 语言实现模块化的途径是函数。在程序中使用函数，增加了程序的可读性，使程序在编写时更加简单，模块性更强。本章详细介绍了在 C 程序中使用函数的基本方法。

　　函数定义及调用部分介绍了函数定义的格式，主要有无参和有参两种，在调用时强调函数返回值应与函数类型说明一致，若无返回值应定义为 void 类型。

　　数据的存储类别分为两大类，分别是静态存储类和动态存储类。函数中的局部变量如不做特殊说明,都是动态分配存储空间的,如做 static 说明,将成为局部静态存储变量。函数中的全局变量在函数外部定义,编译时分配在静态存储区。

对于函数的递归调用,理解其解决问题的思想很关键。递归是一种简化复杂问题求解过程的方法,将所要求解的问题逐步简化,但在简化过程中保持问题的本质不变,直到问题最简(最简问题的求解显而易见),然后通过最简问题的解答逐步得到原来问题的求解。

关于内部函数和外部函数,内部函数用 static 做说明,只能被本文件中的其他函数所引用,外部函数用 extern 做说明,可以省略,外部函数可以被其他文件所引用。

本章章节知识脉络如图 4-7 所示。

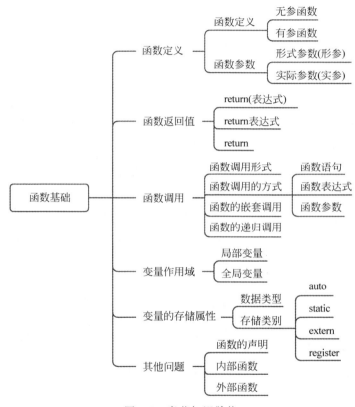

图 4-7　章节知识脉络

习题 4

1. 选择题

(1) 设有如下函数定义:

```
int fun( int k)
{
    if (k < 1) return 0;
    else if(k == 1) return 1;
    else return fun(k − 1) + 1;
}
```

若执行调用语句 n＝fun(3);，则函数 fun()总共被调用的次数是（　　　）。

    A. 2   B. 3   C. 4   D. 5

（2）有如下程序：

```c
#include<stdio.h>
int fun(int x,int y)
{
    if(x!= y) return((x + y)/2);
    else return(x);
}
void main()
{
    int a = 4,b = 5,c = 6;
    printf("%d\n",fun(2 * a,fun(b,c)));
}
```

程序运营后的输出成果是（　　　）。

    A. 3   B. 6   C. 8   D. 12

（3）有如下程序：

```c
#include<stdio.h>
int fun()
{
    static int x = 1;
    x * = 2;
    return x;
}
void main()
{
    int i,s = 1;
    for(i = 1;i < = 3;i++)s * = fun();
    printf("%d\n",s);
}
```

程序运营后的输出成果是（　　　）。

    A. 0   B. 10   C. 30   D. 64

（4）若有以下程序：

```c
#include<stdio.h>
void main()
{
    int a = - 2,b = 0;
    while(a++)
        ++b;
    printf("%d,%d\n",a,b);
}
```

则程序的输出结果是（　　　）。

    A. 0,2   B. 1,2   C. 1,3   D. 2,3

（5）有以下程序：

```c
#include<stdio.h>
int f(int x, int y)
```

```
{
    return((y - x) * x);
}
void main()
{
    int a = 3, b = 4, c = 5, d;
    d = f (f(a,b), f(a,c));
    printf("%d\n",d);
}
```

程序运行后的输出结果是(   )。

    A. 10   B. 8   C. 9   D. 7

（6）有以下程序：

```
# include < stdio. h >
int fun (int a, int b)
{
    if (b == 0)
        return a;
    else return (fun( -- a, -- b));
}
void main()
{
    printf("%d\n",fun(4,2));
}
```

程序的运行结果是(   )。

    A. 1   B. 2   C. 3   D. 4

（7）有以下程序：

```
# include < stdio. h >
void fun2 (char a, char b)
{
    printf("%c%c", a, b);
}
char a = 'A', b = 'B';
void fun1()
{
    a = 'C'; b = 'D';
}
void main()
{
    fun1();
    printf("%c%c",a,b);
    fun2('E','F');
}
```

程序的运行结果是(   )。

    A. ABEF   B. CDEF   C. ABCD   D. CDAB

（8）有以下程序：

```
# include < stdio. h >
int d = 1;
void fun (int p)
```

```
{
    int d = 5;
    d += p++;
    printf("%d",d);
}
void main()
{
    int a = 3;
    fun(a);
    d += a++;
    printf("%d\n", d);
}
```

程序的输出结果是（　　　）。

    A. 96　　　　　　　　　B. 94　　　　　　　C. 84　　　　　　　D. 85

（9）有以下程序：

```
#include<stdio.h>
int fun (int x)
{
    int p;
    if(x==0||x==1)
        return(3);
    p = x - fun(x - 2);
    return p;
}
void main()
{
    printf("%d\n",fun(7));
}
```

执行后的输出结果是（　　　）。

    A. 3　　　　　　　　　B. 7　　　　　　　　C. 0　　　　　　　D. 2

（10）有以下程序：

```
#include<stdio.h>
int f(int x);
void main()
{
    int a, b = 0;
    for(a = 0;a < 3;a++)
    {
        b = b + f(a);
        putchar('A' + b);
    }
}
int f (int x)
{
    return x * x + 1;
}
```

程序运行后的输出结果是（　　　）。

    A. BCD　　　　　　　B. BDI　　　　　　C. ABE　　　　　　D. BCF

2. 简答题

（1）编写一个函数，判断整数 m 的各位数字之和能否被 7 整除。

（2）编写一个函数，求正整数 m 以内的最大素数。

（3）编写一个函数，计算整数 n 的所有因子之和（不包括 1 与自身）。

（4）编写一个函数，输入一个八进制数，返回其对应的十进制数。

（5）编写一个函数，求表达式的和（n 的值由主函数输入）。

$$1 - 1/2 + 1/3 - 1/4 + \ldots + 1/m$$

第 5 章

数 组

在解决实际问题的过程中,常会遇到对大量类型相同的数据进行统一处理的情况。例如:对班级全体学生的考试成绩进行排序处理;对若干个统计数据做均值、方差计算等。在解决这类问题的时候,如果每个学生的成绩都用简单变量来存储,就需要很多变量,程序中引用这些变量比较烦琐,给程序设计带来极大的不便。

本章将介绍一种重要的数据类型——数组。数组是具有相同数据类型且按一定次序排列的一组变量的集合,这些变量在内存中的存储位置是连续的,称为数组元素。数组有统一的名字叫作数组名,用数组名和下标来唯一确定数组中的元素。按照下标数量,数组分为一维数组、二维数组和多维数组,本章只介绍一维数组和二维数组。

本章要点

➤ 一维数组、二维数组及字符数组的定义、初始化及元素引用方法。

➤ 求最大值、最小值及排序、查找等常用算法。

➤ 字符数组的输入与输出、字符串处理函数及对字符串处理的算法。

5.1 一维数组的定义和引用

数组是数据类型相同的一组数,和变量一样,数组也必须先定义后使用。本节主要介绍数组的定义、初始化及引用方法。

5.1.1 一维数组的定义

一维数组的定义格式为:

数据类型 数组名[常量表达式];

例如:

int a[10];

它表示定义了一个名称为 a 的数组,该数组有 10 个元素,即数组的长度为 10。这 10 个元素分别为 a[0],a[1],a[2],a[3],…,a[9],其存放的数据类型为整型。

例如:

float b[15];

所定义的数组 b 有 15 个元素,元素分别为 b[0],b[1],b[2],…,b[14],相当于同时定义了 15 个单精度浮点型变量。

【说明】

（1）数据类型用来说明数组元素的类型：int、float、double 或 char。

（2）数组的命名应遵守标识符的命名规则。

（3）数组名后用方括号括起常量表达式。常量表达式表示的是数组元素的个数，即数组的长度。常量表达式中可以包括常量和符号常量，但是不能包含变量，因为 C 语言规定数组不能动态定义。例如，下面都是正确的数组定义：

```
#define N 10
int a[4 + 11],b[3 * 10],c[N],d[N * 2];
```

而下列数组定义是非法的：

```
int n = 5;
int a[n],b[n + 2];
```

（4）数组元素的下标从 0 开始。例如，在前面定义的数组 a，该数组有 10 个元素，第一个元素是 a[0]，而不是 a[1]，最后一个元素是 a[9]，而不是 a[10]。

（5）数组元素在内存中是连续存储的。例如，在前面定义的数组 a，其在内存中的存储形式如下：

a[0]	a[1]	a[2]	a[3]	a[4]	a[5]	a[6]	a[7]	a[8]	a[9]

数组所占用的内存空间的字节数为：

$$数组长度 \times sizeof(数据类型)$$

例如，在前面定义的数组 a 在内存中占的空间为：

$$10 \times sizeof(int) = 10 \times 4B = 40B$$

（6）数组名是地址常量，代表着整个数组中的所有元素在内存中存储的起始地址，称为数组的首地址。

5.1.2　一维数组的初始化

数组的初始化是指在定义数组的同时给数组元素赋初值。当系统为所定义的数组在内存中开辟连续存储单元时，这些存储单元中并没有确定的数值，欲使数组元素有一个确定的值，可以在程序中用赋值语句或输入函数来实现，也可以在定义数组时给数组元素指定初始值。

一维数组初始化的格式为：

数据类型　数组名[常量表达式] = {初值列表};

例如：

```
int a[5] = {11,12,13,14,15};
```

其作用是在定义数组的同时将常量 11、12、13、14、15 分别存入数组元素 a[0]、a[1]、a[2]、a[3]、a[4]中。

【说明】

（1）初值必须依次放在花括号{}内，各值之间用半角逗号隔开。

（2）可以只给部分数组元素赋初值。例如：

```
int a[10] = {1,3,5,7,9};
```

数组 a 有 10 个元素，但只提供 5 个初值分别赋给前 5 个数组元素，后 5 个数组元素由系统自动赋值 0。

（3）在进行数组初始化时，{}中值的个数不能超过数组长度。例如，下面是一种错误的数组初始化方式：

```
int a[5] = {10,20,30,40,50,60,70};
```

（4）在给所有数组元素赋初值时，可以不指定数组长度，由系统根据初值的个数来确定数组的长度。例如：

```
int a[] = {2,4,6,8,10};
```

系统会自动定义数组 a 的长度为 5。

（5）若定义数组时不进行初始化，则该数组元素的值是不确定的。如果想将所有数组元素的初值置为 0，可以采用如下方式：

```
int a[10] = {0};
```

5.1.3　一维数组元素的引用

C 语言规定数组不能以整体形式参与数据处理，只能逐个引用数组元素。一维数组元素的引用方式为：

数组名[下标表达式]

其中，"下标表达式"可以是整型常量、整型变量或整型表达式，其值表示数组中某一元素的顺序号。假如有定义：

```
int a[10] = {11,13,15,17,19},i = 2;
a[0] = 12;
a[2 * 4] = 8;
a[i + 5] = 20;
a[9] = a[1] + a[i + 1] + a[i * 3];
```

以上都是正确的表达式。

如果想将 1,2,3,…,10 依次存入数组 a 中，可通过下面的循环来实现：

```
for(i = 0;i < 10;i++)
    a[i] = i + 1;
```

也可以通过下面的循环来实现对数组 a 中元素的输入：

```
for(i = 0;i < 10;i++)
    scanf(" % d",&a[i]);
```

通过上述关于数组元素的引用，可以发现对多个数据类型相同的数据进行操作时，使用数组是比较方便的。

【说明】

（1）只能逐个引用数组元素，而不能一次引用整个数组。

（2）可以像使用普通变量一样使用数组元素，数组元素可以出现在表达式的任何位置。

在使用各数组元素时,可以利用循环控制下标表达式的值来操作数组。例如:

```
int a[5] = {10,20,30,40,50},i,s = 0;
for(i = 0;i < 5;i++)
    s = s + a[i];
```

以此实现对数组 a 中所有数组元素求和。

(3) 数组的长度和下标是两个完全不同的概念。如,int a[10];表示数组 a 有 10 个数组元素,只能有效引用 a[0],a[1],a[2],…,a[9]这 10 个数组元素。如果程序中出现对 a[10]的引用,这时 C 语言的编译系统不会出错,但 a[10]的值是不确定的,也不是用户所需要的。这一点对初学者来说在应用中经常出错,要格外注意。

(4) 数组中的数组元素相当于一个变量,同变量一样可以作为函数的实参。用数组元素做实参,是将数组元素的值传递给对应的形参。

(5) 数组名不同于数组元素。数组名代表整个数组的所有元素在内存中存储的起始地址,称为数组的首地址,是地址常量。数组名可以作为函数的实参,函数调用时是把数组的首地址传给被调函数,此时要求实参数组与对应的形参数组数据类型必须相同,而形参数组可以不指定大小。

5.1.4 一维数组应用举例

【例 5-1】 编写用户自定义函数实现素数判断,求已知数组 a[8]＝{2,4,8,9,11,17,19,35}中的所有素数之和。

算法设计如下。

定义一个函数实现素数的判定,如果是素数,返回值为 1;如果不是素数,返回值为 0。在主函数 main()中依次使用数组 a 的元素作为实参进行函数调用,即可实现对数组 a 中的素数求和。

程序代码:

```
# include < stdio. h>
int fun( int x)                        /* 判定 x 是否为素数,如是返回 1,否则返回 0 */
{
    int k;
    for(k = 2;k < = x/2;k++)
        if(x % k == 0) return 0;
    return 1;
}
void main()
{
    int a[8] = { 2,4,8,9,11,17,19,35},i,s = 0;
    for(i = 0;i < 8;i++)
        if(fun(a[i]) == 1) s += a[i];     /* 数组元素做函数实参 */
    printf("s = % d\n",s);
}
```

运行结果:

s = 49

如同本例,用数组元素做函数实参,一般是通过多次调用函数将数组元素分别传递到被调函数,进行某种分析处理,并返回所要的结果。

【例 5-2】 计算 n 个数 $x_1, x_2 \cdots x_n$ 的方差 S^2。方差公式如下:

$$S^2 = ((x_1 - x_0)^2 + (x_2 - x_0)^2 + \ldots + (x_n - x_0)^2)/n$$

其中 $x_0 = (x_1 + x_2 + \ldots x_n)/n$

方差是各个数据分别与其平均数之差的平方和的平均数,是一组数据离散程度的度量。在许多实际问题中,研究方差即偏离程度有着重要意义,方差越小,代表这组数据越稳定,方差越大,代表这组数据越不稳定。

算法设计如下。

(1) 在主函数 main()中定义包含 n 个数组元素的一维数组 a,输入 n 个数存入其中。

(2) 在函数 fun()中先利用公式求 $x_0 = (x_1 + x_2 + \cdots x_n)/n$,再利用公式求 $S = ((x_1 - x_0)^2 + (x_2 - x_0)^2 + \cdots + (x_n - x_0)^2)/n$,最后将 S 返回主函数 main()。

(3) 在主函数 main()中输出 S 的值。

这里假设求 10(n=10)个实数的方差。

程序代码:

```c
# include < stdio. h>
float fun(float x[], int n)
{
    float x0 = 0, S = 0;                  /* 用变量 S 代表方差 S2 */
    int k;
    for(k = 0; k < 10; k++)
        x0 = x0 + x[k];
    x0 = x0/n;
    for(k = 0; k < 10; k++)
        S = S + (x[k] - x0) * (x[k] - x0);
    S = S/n;
    return(S);
}
void main()
{
    float a[10], FC = 0;                  /* 用变量 FC 代表方差 S2 */
    int i;
    printf("input 10 numbers:\n");
    for(i = 0; i < 10; i++)
        scanf(" % f", &a[i]);
    FC = fun(a, 10);
    printf("FC = % f\n", FC);
}
```

运行结果:

```
input 10 numbers:
76.0 87.5 90.0 77.5 92.5 91.0 81.0 80.5 88.0 91.0 ↙
FC = 33.950000
```

【例 5-3】 通过键盘输入 10 个整数存入数组中,找出其中的最大值。

算法设计如下。

(1) 在主函数 main()中定义含 10 个数组元素的一维数组 a,输入 10 个整数存入其中。

(2) 在函数 fun()中实现求最大值:先假设第一个数组元素 x[0]为最大值元素存入

max 中,然后将数组余下元素 x[k](k=1,2,3,…,9)依次与 max 比较,如 x[k]的值比 max 的值大就进行赋值 max=x[k],最终 max 的值即为最大值,并返回主函数 main()。

(3) 在主函数 main()中输出 max 的值。

程序代码:

```
# include < stdio.h >
int fun(int x[ ], int n)                   /* 形参数组 x 不需指定大小 */
{
    int k,max;
    max = x[0];
    for(k = 1;k < n;k++)
        if(x[k]> max) max = x[k];
    return(max);
}
void main()
{
    int a[10],max,i;
    printf("input 10 numbers:\n");
    for(i = 0;i < 10;i++)
        scanf(" % d",&a[i]);
    max = fun(a,10);                        /* 数组名 a 作为函数实参 */
    printf("the max number:\nmax = % d\n",max);
}
```

运行结果:

```
input 10 numbers:
23 11 67 9 8 14 65 9 21 17 ↙
the max number:
max = 67
```

求若干个数的最大值问题,好比是若干个人打擂台,先一人上台(暂时为擂主,max = x[0]),余下的人依次攻擂,每次的胜者暂时为擂主(if(x[k]>max) max=x[k];),最后留在台上的人为真正的擂主(最终保留在 max 中的值为这些数的最大值)。

求若干个数的最小值的算法类似,请读者自己完成。

【例 5-4】 数组 a 中保存由大到小排好顺序的 10 个整数。输入一个整数 x,用二分法查找 x 是数组 a 中第几个元素的值。如果 x 不在数组 a 中,则输出"无此数"。

算法设计如下。

(1) 在主函数 main()中定义含 10 个数组元素的一维数组 a,输入 10 个整数存入其中。

(2) 在函数 fun()中实现求最大值:先假设第一个数组元素 x[0]为最大值元素存入 max 中,然后将数组余下元素 x[k](k=1,2,3,…,9)依次与 max 比较,如 x[k]的值比 max 的值大就进行赋值 max=x[k],最终 max 的值即为最大值,并返回主函数 main()。

(3) 在主函数 main()中输出 max 的值。

程序代码:

```
# include < stdio.h >
int bsearch(int a[ ], int n, int x)
{
    int low = 0, high = n - 1, mid = 0, count = 0;
    while(low < = high)
```

```
        {
            count++;
            mid = (low + high)/2;
            if(x < a[mid])
                low = mid + 1;
            else if(x > a[mid])
                high = mid - 1;
            else if(x == a[mid])
                return mid;
        }
        return - 1;
    }
    void main()
    {
        int x,a[10] = {10,9,8,7,6,5,4,3,2,1},t;
        printf("Input x:");
        scanf(" % d",&x);
        t = bsearch(a,10,x);
        if(t == - 1) printf("无此数!\n");
        else printf(" % d 是数组中的第 % d 个数\n",x,t + 1);
    }
```

【例 5-5】 输出 Fibonacci 数列：1,1,2,3,5,8,13…前 30 项。

Fibonacci 数列的规律是：前两个数据项都是 1，从第 3 项开始，当前项是它前面相邻两个数据项之和。解决该问题的思想是：根据 Fibonacci 数列的规律，依次生成各数据项存入数组中，然后输出数组中的元素。

算法设计如下。

(1) 定义包含 30 个数组元素的一维数组 a，并对 a[0]、a[1] 赋初值 1。

(2) 利用递推关系 a[k]＝a[k－1]＋a[k－2]（k＞＝2）生成数组的其他元素。

(3) 按每行 5 个数输出数组中的元素。

程序代码：

```
# include < stdio. h>
void Fib(long x[ ], int n)
{
    int k;
    x[0] = x[1] = 1;                     /* 前两项都是 1 */
    for(k = 2;k < n;k++)
        x[k] = x[k - 2] + x[k - 1];
}
void main()
{
    int i;
    long f[30];
    Fib(f,30);
    for(i = 0;i < 30;i++)
    {
        printf(" % 10ld", f[i]);
        if(i % 5 == 4) printf("\n");     /* 控制每行输出 5 个数 */
    }
}
```

运行结果：

1	1	2	3	5
8	13	21	34	55
89	144	233	377	610
987	1597	2584	4181	6765
10946	17711	28657	46368	75025
121393	196418	317811	514229	832040

循环输出 30 个数组元素值的过程中,用语句 if(i%5==4) printf ("\n");控制每行输出 5 个数,这是常用的做法。如想改变每行输出数的个数,只做相应的变动即可。如用语句：

```
if(i%8==7) printf("\n");
```
控制每行输出数 8 个数.

【例 5-6】 通过键盘输入 n(0<n≤10)个整数存入数组,编写程序使前面的数顺序向后移 m(0<m<10)个位置,最后 m 个数变成最前面 m 个数,如图 5-1 所示。

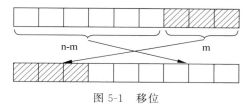

图 5-1 移位

算法设计如下。

(1) 在主函数 main()中输入 n 值确定数组实际长度,输入 m 值确定移动个数,输入 n 个整数保存在数组中。

(2) 在自定义函数 fun()中,将 a[1]至 a[n−1]共 n−1 个数组元素依次前移,然后将 a[0]存入 a[n−1]中;将上述方法重复 m 次,实现题目要求。

(3) 在主函数 main()中输出移动后的数组。

程序代码：

```
#include<stdio.h>
void fun(int a[],int n,int m)
{
    int i,j,t;
    for(i=1;i<=m;i++)
    {
        t=a[0];
        for(j=1;j<n;j++)
            a[j-1]=a[j];
        a[n-1]=t;
    }
}
void main()
{
    int i,n,m,a[10];
    printf("Input n(0<n<=10):");
    scanf("%d",&n);
```

```
    for(i = 0;i < n;i++)
        scanf(" % d",&a[i]);
    printf("Input m(0 < m < 10):");
    scanf(" % d",&m);
    fun(a,n,m);
    printf("The result number:");
    for(i = 0;i < n;i++)
        printf(" % d\t",a[i]);
    printf("\n");
}
```

【例 5-7】 用交换法对 10 个整数由小到大进行排序。

交换法排序的基本思想是：将当前数依次和后面位置的数进行比较，如果后面的数比当前第 1 个位置上的数小就交换，否则不交换。

用交换法对 n 个整数由小到大进行排序的过程如下。

(1) 将第 1 个位置上的数依次和后面位置上的数进行比较，如果后面的数比第 1 个位置上的数小就交换，否则不交换——这样 1 轮的操作就会把 n 个数中的最小者交换到最前面（第 1 个位置）。

(2) 按照(1)的做法，对后 n−1 个位置上的数进行第 2 轮操作，就会把后 n−1 个位置上的数中的最小者交换到第 2 个位置。

(3) 重复上述操作，共经过 n−1 轮的操作结束排序。

例如，对 5 个整数 4、3、2、5、1 用交换法由小到大进行排序，排序过程如下。

原顺序：4　　3　　2　　5　　1
第 1 轮：1　　4　　3　　5　　2
第 2 轮：1　　2　　4　　5　　3
第 3 轮：1　　2　　3　　5　　4
第 4 轮：1　　2　　3　　4　　5

对 10 个整数用交换法由小到大进行排序的程序代码：

```
# include < stdio. h>
void fun( int x[ ], int n)
{
    int i,j,t;
    for(i = 0;i < n − 1;i++)
        for(j = i + 1;j < n;j++)
            if(x[ j]< x[ i]) {t = x[ i];x[ i] = x[ j];x[ j] = t;}
}
void main()
{
    int i,a[10];
    printf("Input 10 numbers:\n");
    for(i = 0;i < 10;i++)
        scanf (" % d", &a[ i]);
    fun(a,10);
    printf("The sorted numbers;\n");
    for(i = 0;i < 10;i++)
        printf(" % 4d",a[i]);
    printf("\n");
}
```

运行结果：

```
Input 10 numbers:
3 6 2 12 34 11 17 25 9 33 ↙
the sorted numbers:
    2 3 6 9 11 12 17 25 33 34
```

对若干个数进行排序是非常典型、重要的问题，人们为此进行了多种算法设计。除了本例介绍的交换法外，还有选择法、冒泡法等。下面将介绍冒泡法、选择法的排序算法及程序设计。

【例 5-8】 用冒泡法对 10 个整数由小到大进行排序。

冒泡法排序的基本思想是：对每相邻的两个数进行比较，如果前面的数比后面的数大就交换两个数的位置，否则不交换。

用冒泡法对 n 个整数由小到大进行排序的过程如下。

（1）对 n 个数从头到尾进行相邻两个数的比较，如果前面的数比后面的数大就交换两个数的位置——第 1 轮的操作就会把 n 个数中的最大者移到最后（第 n 个位置）。

（2）对前 n−1 个数从头到尾进行第 2 轮操作，就会把前 n−1 个数中的最大者移到第 n−1 个位置上。

（3）重复上述操作，共经过 n−1 轮次的操作结束排序。

例如，对 5 个整数 6、3、8、5、1 用冒泡法由小到大进行排序，排序过程如下。

```
原顺序：6    3    8    5    1
第 1 轮：3    6    5    1    8
第 2 轮：3    5    1    6    8
第 3 轮：3    1    5    6    8
第 4 轮：1    3    5    6    8
```

对 10 个整数用冒泡法由小到大进行排序的程序代码：

```c
#include <stdio.h>
void fun(int x[],int n)
{
    int i,j,t;
    for(i=0;i<n-1;i++)
        for(j=0;j<n-1-i;j++)
            if(x[j]>x[j+1]) {t=x[j]; x[j]=x[j+1]; x[j+1]=t;}
}
void main()
{
    int k,a[10];
    printf("Input 10 numbers:\n");
    for(k=0;k<10; k++)
        scanf("%d", &a[k]);
    fun(a,10);
    printf("the sorted numbers:\n");
    for(k=0;k<10;k++)
        printf("%4d", a[k]);
    printf("\n");
}
```

运行结果：

```
Input 10 numbers:
11 56 3 78 24 32 75 81 9 18 ↙
the sorted numbers:
   3 9 11 18 24 32 56 75 78 81
```

【例 5-9】 用选择法对 10 个整数由小到大进行排序。

选择法排序的基本思想是：先找到数组中元素的最小值，将其与第一个元素互换，以此类推。

用选择法对 n 个整数由小到大进行排序的过程如下。

（1）首先从 n 个数中找到最小的数，与第 1 个位置上的数交换——这样 1 轮的操作就会把 n 个数中的最小者交换到最前面（第 1 个位置）。

（2）按照（1）的做法，对后 n−1 个位置上的数进行第 2 轮的操作，就会把后 n−1 个位置上的数中的最小者交换到第 2 个位置。

（3）重复上述操作，共经过 n−1 轮次的操作结束排序。

例如，对 5 个整数 2、6、7、4、1 用选择法由小到大进行排序，排序过程如下。

```
原顺序：2    6    7    4    1
第 1 轮：1    6    7    4    2
第 2 轮：1    2    7    4    6
第 3 轮：1    2    4    7    6
第 4 轮：1    2    4    6    7
```

对 10 个整数用选择法由小到大进行排序的程序代码：

```c
#include <stdio.h>
void fun(int a[],int n)
{
    int i,j,temp,max;
    for(i=0;i<n-1;i++)
        {
            max=i;
            for(j=i+1;j<n;j++)
                if(a[max]>a[j]) max=j;
            if(max!=i){temp=a[i];a[i]=a[max];a[max]=temp;}
        }
}
void main()
{
    int i,a[10];
    printf("Input 10 numbers:\n");
    for(i=0;i<10;i++)
        scanf("%d",&a[i]);
    fun(a,10);
    printf("the sorted numbers:\n");
    for(i=0;i<10;i++)
        printf("%4d",a[i]);
    printf("\n");
}
```

运行结果：

```
Input 10 numbers:
65 34 21 16 87 43 22 59 71 15 ↙
the sorted numbers:
    15 16 21 22 34 43 59 65 71 87
```

在以上三个例子的程序代码中,要弄清实现排序的循环嵌套以及外循环控制排序的轮次,如果 n 个数参加排序,则外循环要被执行 n−1 次。内循环实现数的交换,而且随着外循环的进程,内循环被执行的次数越来越少。

在以上一维数组的应用举例中,涉及了数组名做函数参数的问题,这里进行以下几点说明。

(1) 用数组名做函数参数,应该在主调函数和被调用函数中分别定义数组,不能只在一方定义。

(2) 实参数组与形参数组类型应该一致,如不一致,结果将出错。

(3) 实参数组和形参数组大小可以一致也可以不一致,C 编译对形参数组大小不做检查,只是将实参数组的首地址传给形参数组。

(4) 形参数组可以不指定大小。定义形参数组时,在数组名后面跟一个空的方括号。为了在被调用函数中处理数组元素,可以另设一个参数,传递数组元素的个数。

(5) 数组名做函数参数时,进行的不是"值传送",而是把实参数组的首地址传递给形参数组,即"地址传递"。两个数组共占同一段内存单元,实际上形参数组就是实参数组,因此在被调函数中表面上看是形参数组元素的值发生改变,实际上改变的是对应实参数组元素的值,具体见例 5-2 至例 5-9。

5.2　二维数组的定义与引用

在实际应用中,经常处理由多行、多列数据组成的矩形数据表(矩阵)。在 C 语言中,通常用二维数组来存储这种形式的数据。与一维数组相同,二维数组也必须先定义,后使用。

5.2.1　二维数组的定义

二维数组的定义格式为:

数据类型 数组名[常量表达式 1][常量表达式 2];

例如:

int x[3][4];

定义 x 为 3 行 4 列的整型二维数组,该数组包含 12 个数组元素,相当于定义了 12 个整型变量,它们分别为: x[0][0]、x[0][1]、x[0][2]、x[0][3]、x[1][0]、x[1][1]、x[1][2]、x[1][3]、x[2][0]、x[2][1]、x[2][2]、x[2][3]。这 12 个数组元素在逻辑上是按 3 行 4 列的位置排列的,即:

$$x[0][0] \quad x[0][1] \quad x[0][2] \quad x[0][3]$$
$$x[1][0] \quad x[1][1] \quad x[1][2] \quad x[1][3]$$
$$x[2][0] \quad x[2][1] \quad x[2][2] \quad x[2][3]$$

但实际在内存中,12个数组元素是按行的顺序逐行连续存储的。

【说明】

（1）数据类型、数组名、常量表达式的意义与一维数组相同。

（2）注意定义二维数组时的格式,必须分别用方括号把表示行、列的常量表达式括起来。而不能写成:

```
int x[3,4];
```

或

```
int x(3,4);
```

（3）二维数组的数组元素在内存中按行的顺序存放,即在内存中先顺序存放第一行数组元素,再存放第二行数组元素,以此类推。

例如:

```
int a[3][3];
```

数组 a 的元素在内存中的存储形式为:

a[0][0]	a[0][1]	a[0][2]	a[1][0]	a[1][1]	a[1][2]	a[2][0]	a[2][1]	a[2][2]

第一行　　　　　　　　　第二行　　　　　　　　　第三行

（4）二维数组可以看成是特殊的一维数组,例如:

```
float t[4][5];
```

可以把数组 t 看成是包含 4 个元素的一维数组,即由 t[0]、t[1]、t[2]、t[3]组成的一维数组。但这里的 4 个元素 t[0]、t[1]、t[2]、t[3]又都是包含 5 个元素的一维数组的名字。

了解了一维数组、二维数组的定义,就可以类推出多维数组的定义。例如:

```
int a[4][3][2];              /* 定义了三维数组 a */
float s[3][3][2][3];         /* 定义了四维数组 s */
```

在进行多维数组的定义时,第一个[]称为第一维,第二个[]称为第二维,数组的维从左到右以此类推。

5.2.2　二维数组的初始化

与一维数组相同,二维数组也可以在定义时对数组元素赋初值。可以用以下方法对二维数组进行初始化。

（1）按行赋初值。每一行的初始化值用"{ }"括起来,用","将不同行的初始化值分开,总体再加一对"{ }"括起来。例如:

```
int a[3][3] = {{1,2,3},{4,5,6},{7,8,9}};
```

（2）二维数组是按行连续存储的,因此可以用一维数组的初始化方式来初始化二维数组。例如：

```
int b[2][3] = {11,12,13,14,15,16};
```

通过定义初始化,11、12、13 分别赋给第 1 行的数组元素,14、15、16 分别赋给第 2 行的数组元素。

（3）可以只对一部分数组元素赋初值。例如：

```
int c[3][4] = {{1,2,3},{0},{8,9}};
```

通过定义使 c[0][0]=1、c[0][1]=2、c[0][2]=3、c[2][0]=8、c[2][1]=9,数组的其余元素值都为 0。例如：

```
int d[2][3] = {9,8,7,6};
```

通过定义使 d[0][0]=9、d[0][1]=8、d[0][2]=7、d[1][0]=6,数组的其余元素值都为 0。

（4）如果对数组的全部元素都赋初值,则定义数组时可以不指定数组的第一维长度,但第二维长度不可以省略。例如：

```
int t[3][3] = {1,2,3,4,5,6,7,8,9};
```

可以写成：

```
int t[][3] = {1,2,3,4,5,6,7,8,9};
```

int x[][3]={1,2,3,4,5,6,7,8};也是正确的二维数组定义。二维数组的存储是按行自左至右的顺序存储的。由于每行有 3 个数组元素,要 3 行才能存储下 8 个整数,系统定义数组 x 为 3 行。但是,int x[3][]={1,2,3,4,5,6,7,8};是错误的,因为系统无法确定二维数组 x 每行有多少个数组元素。

5.2.3　二维数组元素的引用

无论是一维数组还是二维数组,都不能对其进行整体引用,只能对具体数组元素进行引用。与一维数组元素的引用类似,二维数组元素的引用方式为：

数组名[下标 1][下标 2]

其中下标可以是整型常量、整型变量或整型表达式。习惯上,下标 1 称为行标,下标 2 称为列标。无论行标还是列标,下标均从 0 开始变化,其值分别小于数组定义中的[常量表达式 1]与[常量表达式 2]。

在对二维数组进行引用时,一般通过双重循环来实现。例如：

```
int a[4][4],i,j,s = 0;
for(i = 0;i < 4;i++)                    /* 双循环实现对二维数组 a 的各元素进行赋值 */
    for(j = 0;j < 4;j++)
        a[i][j] = i + j + 1;
```

赋值之后二维数组 a 中各元素的值为：

```
1 2 3 4
2 3 4 5
```

```
3 4 5 6
4 5 6 7
```

外循环 for(i＝0；i＜4；i＋＋)中的控制变量 i 的取值决定对哪一行元素进行操作,内循环 for(j＝0；j＜4；j＋＋)中的控制变量 j 的取值决定对某行中的各列元素进行操作。通过双循环实现了对二维数组 a 的各行各列所有元素进行赋值。

当只对二维数组中的一部分元素进行引用时,应注意对所引用元素的下标的正确表示。例如,对主对角线上的数组元素进行求和:

```
for(s = 0,j = 0;j < 4;j++)
    s = s + a[j][j];                        /* 主对角线上数组元素下标的特点是行标与列标相等 */
```

对主对角线及下方数组元素进行求和:

```
for(s = 0,i = 0;i < 4;i++)
    for(j = 0;j <= i;j++)                   /* 主对角线及下方数组元素下标的特点是列标 <= 行标 */
        s = s + a[i][j];
```

还有对周边元素进行求和等。

5.2.4　二维数组应用举例

【例 5-10】　求一个 3 行 3 列的整数数组中的最大值。

求二维数组中的最大值与求一维数组中的最大值的方法相同,只是要逐行逐列进行比较。

程序代码:

```
# include < stdio. h >
int fun(int x[][3])                         /* 形参为二维数组,可以省略第一维下标 */
{
    int i,j,t;
    t = x[0][0];
    for(i = 0;i < 3;i++)
        for(j = 0;j < 3;j++)
            if(x[i][j]> t) t = x[i][j];
    return(t);
}
void main()
{
    int a[3][3] = {{5,7,8},{19,9,2},{7,37,11}},max;
    max = fun(a);                           /* 二维数组名做参数 */
    printf("max value is % d\n", max);
}
```

运行结果:

```
max value is 37
```

【例 5-11】　某班级有 10 名学生,本学期每名学生均有 5 门课的考试成绩,分别求出每门课的平均分数。

算法设计如下。

(1) 定义数组 score[10][5]及数组 ave[5],并对 ave[5]赋初值。

（2）输入 10 名学生的 5 门课成绩存入数组 score 中。

（3）按列对数组 score 求平均值存入数组 ave 中。

（4）输出数组 ave 中的元素值。

程序代码：

```
# include < stdio. h>
void fun(float x[ ][5],float y[ ],int n)
{
    int i,j;
    for(i = 0;i < 5;i++)
    {
        for(j = 0;j < n;j++)
            y[i] += x[j][i];
        y[i]/ = n;
    }
}
void main( )
{
    float score[10][5],ave[5] = {0};
    int m,n;
    for(m = 0;m < 10;m++)
        for(n = 0;n < 5;n++)
            scanf(" % f",&score[m][n]);
    fun(score,ave,10);
    printf("average of scores:\n");
    for(m = 0;m < 5;m++)
        printf(" % d: % 6.2f\n",m + 1,ave[m]);
}
```

执行程序时，依次输入每名学生的 5 门成绩，各科成绩数据间用空格分开。请读者自拟成绩数据运行该程序。

以上两个例子中涉及二维数组作为函数参数的问题。实参数组与形参数组的数据类型应该相同，形参数组的第一维下标可以省略。实际上，形参数组的结构与大小都可以与实参数组的结构不同，只要形参数组的元素个数不超过实参数组的元素个数即可。下面将例 5-10 改成如下代码：

```
# include < stdio. h>
int fun(int x[2][2]) / * 注意:形参数组 x 与实参数组 a 的行、列都不同  * /
{
    int i,j,t;
    t = x[0][0];
    for(i = 0;i < 2;i++)
        for(j = 0;j < 2;j++)
            if(x[i][j]> t) t = x[i][j];
    return(t);
}
void main( )
{
    int a[3][3] = {{5,7,8},{19,9,2},{7,37,11}},max;
    max = fun(a);                    / * 二维数组名做参数  * /
    printf("max value is % d\n", max);
}
```

运行结果：

```
max value is 37
```

在这段代码中，形参数组 x 与实参数组 a 的结构与大小不同，实参数组 a 含有 9 个数组元素，而形参数组 x 只含有 4 个数组元素。由于二维数组的元素在内存中是按行连续存储的，函数调用时，实参数组 a 的首地址传递给形参数组 x，形参数组 x 只取实参数组 a 的前 4 个数组元素：a[0][0]、a[0][1]、a[0][2]、a[1][0]，其余部分不起作用。

5.3　字符数组与字符串

字符数组是数据类型为字符型的数组，是用于存储多个字符数据或字符串的。字符数组的每一个数组元素用于存放一个字符型数据，在内存中占一个字节。一般情况下，一维字符数组用于存储一个字符串，而二维字符数组用于存储多个字符串。

5.3.1　字符数组的定义与引用

1. 字符数组的定义

字符数组的定义格式：

```
char 数组名[常量表达式];
char 数组名[常量表达式 1][常量表达式 2];
```

例如：

```
char s[5];
char t[4][5];
```

s 为一维字符数组，该数组包含 5 个数组元素，最多可以存放 5 个字符型数据。t 为二维字符数组，该数组有 4 行，每行 5 列，最多可以存放 20 个字符型数据。

2. 字符数组的初始化

字符数组的初始化方式与其他类型数组的初始化方式类似。

（1）逐个数组元素赋初值。例如：

```
char a[5] = {'C','h','i','n','a'};
```

（2）如果初值的个数大于数组长度，则按语法错误处理。例如：

```
char b[4] = {'C','h','i','n','a'};
```

C 编译系统将给出错误提示。

（3）如果初值的个数小于数组长度，则 C 编译系统自动将未赋初值的元素定为空字符（即 ASCII 码值为 0 的字符——'\0'）。例如：

```
char c[10] = {'C','h','i','n','a'};
```

则数组 c 中元素的初值为：

C	h	i	n	a	\0	\0	\0	\0	\0

（4）如果省略数组的长度，C 编译系统会自动根据初值个数来确定数组长度。例如：

```
char d[ ] = {'H','o','w',' ','a','r','e',' ','y','o','u','?'};
```

通过字符数组定义初始化,数组 d 的长度自动设定为 12。

（5）二维字符数组也可以进行初始化。见例 5-13,定义并赋初值,二维字符数组 c[5][5]中元素的初值为：

□	□	*	\0	\0
□	*	*	*	\0
*	*	*	*	*
□	*	*	*	\0
□	□	*	\0	\0

其中"□"表示空格。

3．字符数组的引用

字符数组元素中存储的是字符型数据,引用一个数组元素将得到一个字符。其引用方法与前面介绍的一维、二维数组元素引用方法相同。具体引用情况看下面的例子。

【例 5-12】　输出一个字符串。

算法设计如下。

（1）定义一个字符数组并把字符串中的每个字符通过赋初值存入字符数组中。

（2）逐个输出数组中的元素。

程序代码：

```
# include < stdio.h >
void main()
{
    char c[10] = {'I',' ','a','m',' ','h','a','p','p','y'};
    int i;
    for(i = 0;i < 10;i++)
        printf(" % c",c[i]);                    /* 逐个输出数组中的元素 */
    printf("\n");
}
```

运行结果：

```
I am happy
```

【例 5-13】　输出菱形图形。

算法设计如下。

该问题的处理方法同例 5-12,首先定义二维字符数组并赋初值,然后逐个输出数组中的元素。

程序代码：

```
# include < stdio.h >
void main()
{
    char c[5][5] = {{' ',' ','*'},{' ','*','*','*'},{'*','*','*','*','*'},{' ','*','*',
'*'},{' ',' ','*'}};
    int i,j;
    for(i = 0;i < 5;i++)
```

```
    {
        for(j = 0;j < 5;j++)
            printf(" % c",c[i][j]);
        printf ("\n");
    }
}
```

运行结果：

```
  *
 ***
*****
 ***
  *
```

上面两个例子介绍了用字符数组处理字符串的简单应用,通过对字符数组元素的逐个引用,每引用一个元素得到一个字符数据。通过上述例子发现,对二维字符数组元素进行引用时比较烦琐。C语言系统提供了专门用于字符串处理的函数,用于解决字符串的输入输出及运算问题。

5.3.2　字符串与字符数组

1．字符串的定义

字符串是由若干个有效字符组成且以字符'\0'为结束标志的字符序列。字符串常量是用双引号括起来的若干个字符。例如："a ** b8d"、"a"、"123"、"8"都是字符串常量。

C编译系统在处理字符串时,在其末尾自动添加一个'\0'作为结束符,'\0'称为字符串结束标志。'\0'代表ASCII码为0的字符,是不可以显示的字符,是一个"空操作字符",即它不引起任何控制动作。

在C语言中,对字符串进行处理时遇到'\0',则表示字符串结束,即'\0'前面的字符组成的字符序列才是有效的,是系统处理的对象。

2．字符串与字符数组

C语言中没有字符串数据类型,所以不能使用字符串变量。字符串是通过字符数组来存储的。一维字符数组可存放一个字符串,二维字符数组可存放多个字符串。

在存储字符串时,字符串结束标志'\0'占用一个字节的存储单元,但是它不计入字符串的实际长度。

前面曾用下面的方法对字符数组赋值：

```
char s[15] = {'I',' ','a','m',' ','h','a','p','p','y'};
```

这样处理虽然也实现了将字符串保存到数组 s 中,但比较麻烦。在实际应用中,通常将字符串看成一个整体来处理,即用字符串常量来直接初始化字符数组,例如：

```
char s[15] = {"I am happy"};
```

系统将字符串中的字符依次赋给字符数组中的各个元素,并自动在末尾补上字符串结束标志'\0',一起存到字符数组中。数组 s 中有 15 个元素,余下的数组元素系统自动补上字符串结束标志'\0'。其存储形式为：

I		a	m		h	a	p	p	y	\0	\0	\0	\0	\0

对字符数组初始化可以省略大括号而直接用字符串常量来进行。例如：

```
char c[] = "I am happy";
```

这与上面的定义完全等价。

也可以将多个字符串存入二维字符数组中，例如：

```
char t[3][15] = {"ABCDEF","123456789","xyz789"}
```

其存储形式为：

A	B	C	D	E	F	\0	\0	\0	\0	\0	\0	\0	\0	\0
1	2	3	4	5	6	7	8	9	\0	\0	\0	\0	\0	\0
x	y	z	7	8	9	\0	\0	\0	\0	\0	\0	\0	\0	\0

每个字符串在内存中都占用连续的存储空间，而且这段连续的存储空间有唯一确定的首地址。如果它只是一个字符串常量，那么这个字符串常量本身代表的就是该字符串在内存中所占连续存储空间的首地址，是一个地址常量；如果将字符串赋值给一个一维字符数组，那么这个一维字符数组的名字就代表这个首地址。

关于字符串有以下几点说明。

（1）字符串结束标志'\0'用于判断字符串是否结束，输出字符串时不输出'\0'。

（2）字符串结束标志'\0'占用一个字节内存空间，但不计入字符串的有效字符。例如：

```
char a[] = "china";
```

数组 a 的大小为 6，而不是 5。

（3）用字符串来初始化字符数组时，有效的字符个数至少比数组长度少 1，否则系统提示错误。例如：

```
char a[5] = "china";
```

是错误的。而如下定义：

```
char b[5] = {'c','h','i','n','a'};
```

是正确的，请注意前后的不同。但不能将 b 当作字符串使用，原因是数组 b 中的字符序列尾部没有'\0'。

5.3.3　字符数组的输入与输出

1. 用格式符"％c"逐个输入与输出字符数组元素

用格式符"％c"逐个输入、输出字符数组元素，例如：

```
char s[10];
int i;
for(i = 0;i < 10;i++)
{
    scanf("％c",&s[i]);              /＊ 输入一个字符存入数组元素 s[i] ＊/
    printf("％c",s[i]);               /＊ 输出数组元素 s[i]中的字符 ＊/
}
```

2. 用格式符"%s"对字符数组进行输入或输出

用格式符"%s"，可将输入的字符串存入字符数组中，也可对存储在字符数组中的字符串进行整体输出。例如：

```
char str[100];
scanf("%s",str);                  /* 输入一个字符串存入数组 str */
printf("%s",str);                 /* 输出存储在数组 str 中的字符串 */
```

【例 5-14】 从键盘读入一串字符，将其中的大写字母转换成小写字母后输出该字符串。

算法设计：大写字母比其对应的小写字母的 ASCII 码值小 32，在 C 语言中允许字符数据与整数直接进行算术运算，即'A'＋32 就可得到小写字母数据'a'。

程序代码：

```
# include < stdio. h>
void fun(char x[])
{
    int i;
    for(i = 0;x[i]!= '\0';i++)
        if(x[i]> = 'A'&&x[i]< = 'Z') x[i] += 32;
}
void main()
{
    char str[100];
    scanf("%s",str);              /* 输入一个字符串存入数组 str */
    fun(str);
    printf("%s\n",str);           /* 输出存储在数组 str 中的字符串 */
}
```

运行该程序两次。

第一次输入：

ProGram↙

运行结果：

program

第二次输入：

HOW DO YOU DO?↙

运行结果：

how do you do?

在实际应用中，经常会遇到对字符数组中的字符串进行逐个字符处理的问题。应理解并掌握相应的循环控制，即循环 for(i=0；x[i]!='\0'；i＋＋)中的判定表达式 x[i]!='\0'，其功能是从字符数组中的第一个字符开始，逐个验证其是否为字符结束标志'\0'，是就结束循环。实际上，循环 for(i=0；x[i]!='\0'；i++)可以写成 for(i=0；x[i]；i++)，原因是当前字符为字符结束标志'\0'时，x[i]的值为数 0，循环结束。

【注意】

（1）用"%s"格式符输入字符串时，scanf 函数中的地址项是数组名，不要在数组名前加地址运算符"&",因为数组名本身就是地址。

（2）用"%s"格式符输出字符串时,printf 函数中的输出项是字符数组名,而不是数组元素。如果写成下面的格式是错误的：

printf ("%s", str[0]);

（3）以 scanf ("%s",数组名);形式读入字符串时,遇空格或回车都表示字符串结束,系统只是将第一个空格或回车前的字符置于数组中。例如：

char s[20];
scanf ("%s",s);

若输入为：

How are you?↙

则系统只是将字符串 How 存入数组 s 中。因此,若想将含有空格的字符串输入一维字符数组中,用"%s"格式符是无法实现的。实际应用时,常用下面介绍的字符串输入函数 gets()来完成。

3. 用库函数 gets()与 puts()实现字符数组的输入和输出

（1）字符串输入函数：gets()。

一般格式：

gets(字符数组名);

功能：从终端输入一个字符串到字符数组。使用该函数可以输入空格,遇回车结束输入。

例如：

char str[20];
gets(str);
puts(str);

输入：

I am happy↙

运行结果：

I am happy

（2）字符串输出函数：puts()。

一般格式：

puts(字符数组名);

功能：将一个字符串输出到终端,字符串中可以包含转义字符。

例如：

char str[] = "China\nBeijing";
puts(str);

运行结果：

China
Beijing

【注意】

puts 函数输出字符串后，自动产生换行。

5.3.4　字符串处理函数

C 系统的库函数中提供了一些字符串函数，使用它们可以方便地实现对字符串的处理，如字符串的连接、拷贝、比较、测试长度等。使用这些函数时要包含头文件"string. h"，即应在程序的开始做如下包含处理：

♯ include < string. h >

1. 字符串连接函数：strcat()

格式：

strcat (字符数组 1,字符数组 2);

功能：将字符数组 2 中的字符串连接到字符数组 1 中的字符串的后面，结果放在字符数组 1 中。

例如：

```
char str1[14] = "China",str2[] = "Beijing";
strcat(str1, str2);
printf(" % s", str1);
```

输出结果为：

ChinaBeijing

说明：使用 strcat 函数时，字符数组 1 应足够大，以便能容纳连接后的新字符串。

2. 字符串拷贝（复制）函数：strcpy()和 strncpy()

格式：

strcpy(字符数组 1,字符数组 2);

功能：将字符数组 2 中的字符串拷贝到字符数组 1 中。

例如：

```
char str1[10],str2[] = "China";
strcpy(str1,str2);
puts(str1);
```

运行结果：

China

【说明】

(1) 字符数组 1 的长度应大于或等于字符数组 2 的长度，以便容纳被复制的字符串。

(2) 字符数组 1 必须写成数组名的形式（如上例中的 str1），字符数组 2 可以是一个字符串常量。例如：

```
char str1[10];
strcpy(str1,"China");
```

其结果与 strcpy(s1,s2)相同。

（3）执行 strcpy 函数后，字符数组 1 中原来的内容将被字符数组 2 的内容（或字符串）所代替。

（4）不能用赋值语句将一个字符串常量或字符数组直接赋给另一个字符数组。下面的用法是错误的：

```
str1 = str2;
```

在进行字符串的整体赋值时，必须使用 strcpy 函数。

（5）函数 strncpy 的功能是将字符串 2 中的前 n 个字符复制到字符数组 1 中去。例如：

```
char str1[20] = "ABCDEFGH",str2[10] = "12345";
strncpy(str1,str2,3);
```

执行代码将 str2 最前面的 3 个字符复制到字符数组 str1 中，取代 str1 最前面的 3 个字符。

【注意】

复制的字符个数 n 应该小于 str1 的数组长度。

执行后输出字符数组 str1：

```
puts(str1);
```

运行结果：

```
123DEFGH
```

3. 字符串比较函数：strcmp( )

格式：

```
strcmp(字符串 1,字符串 2)
```

功能：比较两个字符串的大小，比较的结果由函数值带回。其规则如下。

（1）如果字符串 1 等于字符串 2，函数值为 0。

（2）如果字符串 1 大于字符串 2，函数值为一个正整数。

（3）如果字符串 1 小于字符串 2，函数值为一个负整数。

例如：

```
char str1[10] = "Beijing",str2[10] = "Shanghai";
int t;
t = strcmp(str1,str2);
printf(" % d\n",t);
```

运行结果：

```
-1                  /* 函数值为一个负整数, 说明字符串 s1 小于字符串 s2 */
```

例如：

```
t = strcmp("China","Beijing");
printf(" % d\n",t);
```

函数值为一个正整数，说明字符串"China"大于字符串"Beijing"。

两个字符串比较时，自左至右逐个字符相比较（按 ASCII 码值大小比较），直到出现不同的字符或遇到'\0'为止。如果全部字符相同，则认为两个字符串相等；若出现不相同字符,则以第一个不相同的字符的比较结果为准。

值得注意的是：比较两个字符串时,不能使用关系运算符（＞、＞＝、＜、＜＝、＝＝、!＝)进行比较。例如,判定两个字符串是否相等时,以下格式：

```
if(s1 == s2) printf("yes\n");
```

是错误的。应使用：

```
if(strcmp(s1,s2) == 0) printf("yes\n");
```

4. 字符串长度测试函数：strlen()

格式：

```
strlen(字符数组名)
```

功能：测试字符串的长度。函数返回值为字符数组中第一个'\0'前的字符的个数(不包括'\0')。

例如：

```
char str[10] = "China";
printf("%d\n",strlen(str));
```

运行结果：

```
5
```

5. 字符串小写函数：strlwr()

格式：

```
strlwr(字符串);
```

功能：将字符串中的大写字母转换成小写字母。

例如：

```
char str[30] = "Ab2c * 3 ** aBC56";
strlwr(str);
printf("%s",str);
```

运行结果：

```
ab2c * 3 ** abc56
```

6. 字符串大写函数：strupr()

格式：

```
strupr(字符串);
```

功能：将字符串中的小写字母转换成大写字母。

例如：

```
char str[30] = "Ab2c * 3 ** aBC56";
strupr(str);
puts(str);
```

运行结果：

```
AB2C * 3 ** ABC56
```

5.3.5 字符数组应用举例

【例5-15】 通过键盘输入两个字符串,编程实现两个字符串的连接(不使用 strcat 函数)。

算法设计如下。

(1) 定义两个字符数组 s1、s2,并输入两个字符串存入其中。

(2) 找到 s1 中字符串的结束位置(结束标志'\0'的下标),其目的是确定 s2 中的字符串接到 s1 中的起始位置。

(3) 将 s2 中的字符依次接到 s1 中的字符后面,并在 s1 中的有效字符后加上结束标志'\0'。

(4) 输出字符数组 s1。

程序代码:

```
# include < stdio. h >
# include < string. h >
void Lj(char str1[],char str2[])    /* 形参数组类型须与实参数组类型相同 */
{
    int i,n;
    n = strlen(str1);   /* 表达式 strlen(str1)的值是 str1 中字符串结束标志'\0'的下标 */
    for(i = 0;str2[i]!= '\0';i++)
        str1[n++] = str2[i];      /* 将 str2 中的字符依次接到 str1 的字符串后面 */
    str1[n] = '\0';               /* 在 str1 中的有效字符后加上结束标志'\0' */
}
void main()
{
    char s1[100],s2[50];
    gets(s1);
    gets(s2);
    Lj(s1,s2);                    /* 数组名 s1、s2 做实参,调用函数 Lj()实现字符串连接 */
    puts(s1);
}
```

输入:

```
China↙
2022↙
```

运行结果:

```
China2022
```

【注意】

程序中语句 str1[n] = '\0'; 是不可缺少的。因为将 str2 中的字符串连接到 str1 中的字符串后面,必须加上结束标志'\0',str1 中的字符串才是确定的。

【例5-16】 编程判断输入的字符串是否为"回文",所谓"回文"是指顺读和倒读都是一样的字符串。例如:level

算法设计如下。

（1）在主函数 main()中定义字符数组 str，输入字符串存入数组 str，调用函数 fun()实现判断。

（2）在函数 fun()中对字符数组 s 进行如下操作：i=0 表示字符数组 s 首字符的下标，j=strlen(s)−1 表示字符数组尾字符的下标，若首尾字符相同则继续判断，直至循环条件数组首尾下标 i<j 不成立，循环结束后返回 1；若判断的过程中出现首尾字符不相同的情况，则返回 0，函数判断结束。

（3）在主函数 main()中输出"回文"结论。

程序代码：

```c
#include<stdio.h>
#include<string.h>
int fun(char s[])
{
    int i,j;
    for(i=0,j=strlen(s)-1;i<j;i++,j--)
        if(s[i]!=s[j])
            return 0;
    return 1;
}
void main()
{
    char str[100];
    printf("Input string:");
    gets(str);
    if(fun(str)) printf("%s是回文字符串!\n",str);
    else printf("%s不是回文字符串!\n",str);
}
```

【例 5-17】　通过键盘输入一个字符串存入 str1 数组中，找出字符串中下标为奇数，同时 ASCII 值也为奇数的字符，将其从字符串中删除，剩余的字符形成一个新字符串存入数组 str2 中。

算法设计如下。

（1）在主函数 main()中定义两个字符数组 str1 和 str2，输入字符串存入数组 str1，调用函数 fun()实现符合条件字符的删除。

（2）在函数 fun()中对字符数组 s1 中的所有元素做如下处理：下标和 ASCII 值同时为奇数的字符不写入数组 s2 中，其余字符写入数组 s2 中，实现相应字符的删除。

程序代码：

```c
#include<stdio.h>
void fun(char s1[],char s2[])
{
    int i,j=0;
    for(i=0;s1[i];i++)
        if(i%2==1&&s1[i]%2==1) continue; /*下标和ASCII同为奇数的字符不写入数组s2中*/
        else s2[j++]=s1[i];
    s2[j]='\0';
```

```
}
void main()
{
    char str1[100],str2[100];
    scanf("%s",str1);
    fun(str1,str2);
    puts(str2);
}
```

输入：

AABBCCDD↙

运行结果：

ABBCDD

该程序是删除字符串中的某些字符,剩余字符存到另一字符数组中,原字符数组中的字符串没有被改变。若例题题干改为：将字符串中下标为奇数,同时 ASCII 值也为奇数的字符删除,则需要改变原字符数组中的字符串。常用的解决方法有以下两种。

方法一：如同例题实现,先将剩余字符存到另一个字符数组中,然后再覆盖原字符数组中的字符串。代码如下：

```
for(i = 0;s1[i];i++)
    if(i%2 == 1&&s1[i]%2 == 1) continue;
    else s2[j++] = s1[i];
s2[j] = '\0';
strcpy(s1,s2);
```

方法二：直接删除字符数组中符合条件的字符串,即把需要保留的字符重新组织存到原字符数组中,而要删除的字符不保存。代码如下：

```
for(i = 0;s1[i];i++)
    if(i%2 == 1&&s1[i]%2 == 1) continue;
    else s1[j++] = s1[i];
s1[j] = '\0';
```

【例 5-18】 通过键盘输入包含字母和 * 号的字符串,将字符串头部连续的 * 号全部移到字符串的尾部。

算法设计如下。

(1) 定义字符数组 str,输入符合规则的字符串存入 str 数组中。

(2) 统计保存在数组 str 中的字符串,其头部连续 * 号的个数,将统计结果存入变量 n 中。

(3) 删除保存在数组 str 中的字符串的头部连续 * 号。

(4) 在数组 str 中的字符串的尾部补充 n 个 * 号。

(5) 输出字符数组 str。

程序代码：

```
#include <stdio.h>
void fun(char str[])
{
```

```
        int i = 0,n = 0,j = 0;
        while(str[n] == '*')    /*统计保存在数组 str 中的字符串头部连续 * 号的个数,存入 n 中*/
            n++;
        i = n;
        while(str[i]) /*将 str 中的字符串前移,覆盖掉头部 n 个连续 * 号*/
        {
            str[j++] = str[i];
            i++;
        }
        while(n!= 0)                /*在 str 中的字符串的后面补充 n 个 * 号*/
        {
            str[j] = '*';
            j++;
            n--;
        }
}
void main()
{
    char str[100];
    gets(str);
    fun(str);
    puts(str);
}
```

输入：

****a**b**cd**✎

运行结果：

a**b**cd******

程序说明如下。

(1) 循环语句 while(str[n]=='*') n++;的功能是统计字符串头部的所有连续'*'号的个数 n,同时记录字符串从前数第 1 个不是'*'的字符下标。

(2) 循环语句 while(str[i])的{str[j++]=str[i];i++;}的作用是将下标从 i 开始的字符向前移动,即将字符串头部所有连续'*'号覆盖掉。

(3) 循环语句 while(n!=0){str[j]='*';j++;n--;}的作用是在已被前移的字符后填补 n 个'*'号。

【例 5-19】 输入 5 个字符串,找出字符串中的最大值并输出。

算法设计如下。

找若干个字符串中的最大值或最小值,如同求若干个数中的最大值或最小值(见例 5-3),其算法相同,但要注意的是字符数组之间的赋值与比较必须用字符串函数进行。

程序代码：

```
#include <string.h>
#include <stdio.h>
void fun(char x[][50],char y[])                /* 形参数组 x 是二维数组的,可省略第一维下标 */
{
```

```
    int i;
    strcpy(y,x[0]);                      /* 将数组 x 中的第 1 个字符串存入字符数组 y 中 */
    for(i = 1;i < 5;i++)
        if(strcmp(x[i],y)> 0) strcpy(y,x[i]);
}
void main()
{
    char str[5][50], maxstr[50];
    int i;
    for(i = 0;i < 5;i++)                  /* 输入 5 个字符串存入字符数组 str 中 */
        gets(str[i]);
    fun(str,maxstr);                     /* 字符数组名做参数 */
    printf("The largest string is: % s\n",maxstr);
}
```

输入：

CHINA ↙
AMERICA ↙
ENGLAND ↙
AUSTRALIA ↙
JAPAN ↙

运行结果：

The largest string is:JAPAN

本章小结

本章主要学习了数组这种构造数据类型。数组是类型相同数据的集合，每个数组元素的数据类型都是相同的。通过本章的学习，掌握一维数组、二维数组及字符数组的定义、初始化及元素引用方法。通过应用实例介绍了一些常用算法，如排序、求最值等，还包括对字符串进行查询、统计、删除、插入等操作的实现算法。

对数组元素的引用是通过下标表达式进行的，操作时一是要注意数组元素的下标从 0 开始。另外一个要注意的问题是 C 编译系统对数组元素的下标不做边界检查。例如：

int a[5];

只能有效引用 a[0]、a[1]、a[2]、a[3]、a[4]这 5 个元素，如果程序中出现对 a[5]的引用，C 语言的编译系统不会报错，但 a[5]的值是不确定的，也不是用户所需要的。

在 C 语言中，字符串是使用字符数组进行存储的。一般情况下，一维字符数组用来存储一个字符串，二维字符数组用来存储多个字符串。在对字符串进行复制、比较、连接等操作时，不能直接使用关系运算符和赋值运算符，必须使用字符串处理函数来实现。

数组作为函数参数时，有两种形式：一种是数组元素做函数实参，用法与变量相同；另一种是数组名做实参和形参，传递的是数组的首地址。

本章章节知识脉络如图 5-2 所示。

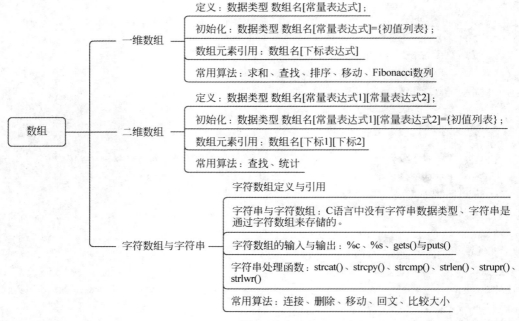

图 5-2　章节知识脉络

习题 5

1. 选择题

（1）以下叙述中错误的是（　　）。

    A. 对于 double 类型数组，不可以直接用数组名对数组进行整体输入或输出

    B. 数组名代表的是数组所占存储区的首地址，其值不可改变

    C. 当程序执行过程中，数组元素的下标超出所定义的下标范围时，系统将给出"下标越界"的出错信息

    D. 可以通过赋初值的方式确定数组元素的个数

（2）假设 int 类型变量占用两个字节，通过定义语句 int x[10]＝{0,2.4};，则数组 x 在内存中所占字节数是（　　）。

    A. 3　　　　　　　　B. 6　　　　　　　　C. 10　　　　　　　　D. 20

（3）执行下面的代码后，变量 k 的值是（　　）。

```
int k = 10,s[2];
s[0] = k;k = s[1] * 10;
```

    A. 100　　　　　　　B. 30　　　　　　　　C. 10　　　　　　　　D. 不定值

（4）在定义 int a[5][4];之后，对 a 的引用正确的是（　　）。

    A. a[2][4]　　　　　B. a[1,3]　　　　　　C. a[4][3]　　　　　　D. a[5][0]

（5）若有定义语句 int m[ ][3]＝{1,2,3,4,5,6,7};，则与该语句等价的是（　　）。

    A. int m[ ][3]＝{{1,2,3},{4,5,6},{7}};

B. int m[ ][3]={{1,2},{3,4 },{5,6,7}};

C. int m[ ][3]={{1,2,3},{4,5},{6,7}};

D. int m[ ][3]={{1},{2,3,4},{5,6,7}};

(6) 若要求从键盘读入含有空格字符的字符串,应使用函数(   )。

  A. scanf( )   B. getc( )   C. getchar( )   D. gets( )

(7) 以下叙述中正确的是(   )。

  A. 字符串常量"str1"的类型是字符串数据类型

  B. char str1[]="str1";定义的数组包含 4 个元素

  C. char str1[]={'g','o','o','d','\0'};用赋初值方式来定义字符串

  D. 字符数组的每个元素中可存放一个字符,并且最后一个元素值必须是'\0'字符

(8) 以下叙述中正确的是(   )。

  A. 函数 strlen( )会返回字符串实际占用内存的大小

  B. C 语言本身没有提供对字符串进行整体操作的运算符

  C. 两个字符串可以用关系运算符进行大小比较

  D. 当两个字符串进行拼接时,结果字符串占用的内存空间是两个原串占用空间之和

(9) 以下叙述中正确的是(   )。

  A. 系统自动在字符串常量"hello!"最后加入'\0'字符,表示串结尾

  B. 语句 char str[10] = "hello!";和 char str[10] = {"hello!"};并不等价

  C. 对于一维字符数组,不能使用字符串常量来赋初值

  D. 在语句 char str[] = "hello!";中,数组 str 的大小与字符串的长度相等

(10) 如下代码段的输出结果是(   )。

```
char str[] = "Hello";
printf("%d,%d",sizeof(str),strlen(str));
```

  A. 5,5   B. 5,6   C. 6,5   D. 6,6

2. 简答题

(1) 通过键盘输入 10 个整数存入一维数组,编程实现将数组的最大值和最小值交换并将输出新的数组。

(2) 生成并输出下面形式的 5 行 5 列二维数组。

$$1\ 2\ 3\ 4\ 5$$
$$2\ 3\ 4\ 5\ 6$$
$$3\ 4\ 5\ 6\ 7$$
$$4\ 5\ 6\ 7\ 8$$
$$5\ 6\ 7\ 8\ 9$$

(3) 从键盘输入一字符串存入数组 str 中,统计其中大写元音字母 A、E、I、O、U 出现的次数并输出。

(4) 输入一字符串存入数组中,逆序存放并输出。

(5) 设计一个函数,模拟字符串比较函数 strcmp(str1,str2)。

第6章

指 针

指针是 C 语言中一个重要的概念,也是 C 语言区别于其他程序设计语言的重要特征之一。利用指针可以直接对内存地址中的数据进行快速处理,实现函数间的数据通信,并且能方便地使用数组和字符串。熟练地使用指针可以使 C 语言编写的程序简洁、紧凑、高效、应用效果好。本章将深入学习有关函数和指针之间的相关知识,主要介绍指针做函数参数和函数类型为指针型等问题。

本章要点

➤ 指针变量的定义和使用。
➤ 利用指针使用数组和字符串的方法。
➤ 利用指针做函数参数实现函数调用获得多个值的方法。
➤ 利用数组指针做参数实现函数调用的方法。
➤ 返回值为指针型的函数定义方法。

6.1 指针的定义与运算

指针是对数据堆的集中管理,而且可以动态管理内存,不需要连续的内存空间来存储数据,可以将内存碎片有效地利用起来以存储数据。利用指针变量可以表示各种数据结构,能很方便地使用数组和字符串,还能直接地处理内存地址,从而编出精练而高效的程序。指针是 C 语言学习中最重要的一个环节,也是我们学习中的一个难点,每一个想学好 C 语言的人都有必要深入学习和掌握指针的概念和应用。

6.1.1 指针变量的定义

1. 指针概念

计算机中所有的数据都存放在存储器中,存储器中的 1 字节(一般为 8 位)称为一个内存单元。在编译时系统给程序中定义的每个变量分配内存空间,系统要根据变量的类型确定分配给每个变量内存空间的大小。例如,许多微机的 C 语言系统为字符型变量分配 1 字节空间,为单精度浮点型变量分配连续 4 字节的空间。系统对内存中的每字节都进行了编号,这个编号就称为地址。根据一个内存单元的编号即可准确地找到该内存单元,地址类似于宾馆的房间号码,在地址所标志的单元中存放的数据类似于房间中的房客,千万不要混淆内存单元的地址(房间号码)与内存单元内容(房中房客)这两个概念。每个编号或地址都指向某个存储单元,根据它可以找到所需的内存单元,所以通常也把这个地址称为指针。

在 C 语言中,允许用一个变量来存放指针(地址),这种变量称为指针变量。因此,一个指针变量的值就是某个内存单元的地址或称为某内存单元的指针。

假设内存中存放了字符型数据 a、整型数据 b 和单精度浮点型数据 c,如图 6-1 所示。编译时系统将地址为 4000 的单字节分配给字符变量 a,将地址为 4001、4002 这 2 字节分配给整型变量 b,将地址为 4003～4006 这 4 字节分配给单精度浮点型变量 c,系统是通过它们的地址进行输入或输出的。

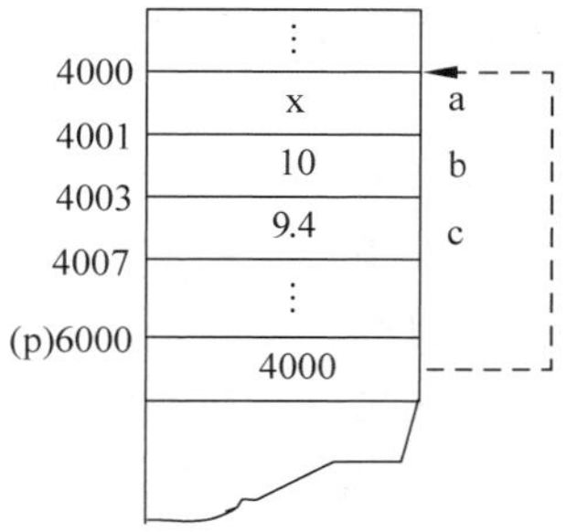

例如:

scanf(" % f",&c);

就把键盘输入的值 9.4 送入变量 c 的地址(4003),这种按照变量地址存取变量值的方式称为直接访问方式。

图 6-1　内存中存储数据示意图

此外,还有一种访问内存的方法称为间接访问方式。这种方式通过定义一种特殊的变量专门存放内存或变量的地址,然后根据该地址值再去访问相应的存储单元。如图 6-2 所示,变量 a 的地址(4000)放入另一内存单元 p,即其内容为 a 的地址,此时要存取变量 a 的值,首先要找到 a 的地址值 4000,然后再由 a 的地址去寻找 a 的值。正如你到房间 6000 去寻找某个朋友,但发现一张留言条,告诉你他已去 4000 房间,那么你得到的将是一个地址,再根据这个地址到 4000 房间找到你的朋友。

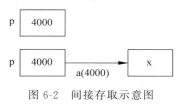

图 6-2　间接存取示意图

严格地说,一个指针是一个地址,是一个常量。例如,地址 4000 是变量 a 的指针。而一个指针变量却可以被赋予不同的指针值,是变量。

在不引起混淆的情况下,常把指针变量简称为指针。为了避免混淆,我们约定:“指针”是指地址,是常量,“指针变量”是指取值为地址的变量。定义指针的目的是通过指针去访问内存单元。一定要区分指针和指针变量的不同概念。

所谓指向就是通过地址来体现的。例如,指针变量 P 中的值是变量 a 的地址(4000),这样就在指针变量 p 和变量 a 之间建立起一种联系,即通过 P 能知道 a 的地址,从而找到变量 a 的内存单元,图 6-2 中用箭头来表示这种“指向”关系。如果一个指针变量中存放了一个字符型变量的地址,例如指针变量 P,则称这个变量是指向字符型变量的指针变量。

2. 指针变量的定义

C 语言规定所有变量在使用之前必须定义,指针类型变量的定义也不例外,仍遵循“先定义,后使用”的原则。

定义指针变量的一般格式为:

类型说明符 * 指针变量名;

例如:

```
char * s, * t;          /* 定义 s、t 为指向字符型变量的指针变量 */
int * p, * q;           /* 定义 p、q 为指向整型变量的指针变量 */
float * f;              /* 定义 f 为指向单精度浮点型变量的指针变量 */
```

其中，* 表示这是一个指针变量，s、t、p、q、f 定义指针变量名，指针变量名与普通变量一样，必须使用合法的标识符。char、int、float 分别称为指针变量的类型说明符，类型说明符表示本指针变量所指向的变量的数据类型。应该注意的是，一个指针变量一旦被定义就只能指向同类型的变量，也就是说只能存储同种类型变量的地址，如指针变量 s、t 只能指向字符变量，即存储字符型变量的地址；指针变量 p、q 只能指向整型变量，即存储整型变量的地址；指针变量 f 只能指向单精度浮点型变量，即存储单精度浮点型变量的地址。

既然指针变量是存放地址的，那么只需要指定其为指针变量即可，为什么还需要指定类型说明符呢？原因是不同的数据类型在内存中占用的字节数是不同的，因此涉及下节介绍的指针变量的移动和运算结果是不同的。例如，在 Visual C++环境中，字符型数据占用 1 字节，整型数据占用 4 字节，而双精度浮点型数据占用 8 字节。如果指向字符型数据的指针变量移动一个位置，意味着该地址移动 1 字节，如果指向整型数据的指针变量移动一个位置，意味着该地址移动 4 字节，如果是双精度浮点型数据则移动 8 字节。因此必须指定指针变量的类型说明符。

6.1.2　指针变量的引用

指针变量在使用之前不仅要定义说明，而且必须赋予具体的值。指针变量的赋值只能赋予地址，绝不能赋予任何其他数据，否则将引起错误。在 C 语言中，变量的地址是由编译系统分配的，用户并不知道变量的具体地址，而且每次编译系统分配的结果也会不同，可以通过 C 语言系统提供的取地址运算获取变量的地址。

引用指针变量时的两个有关运算符如下。

1. 取地址运算符

取地址运算符(&)是一个单目运算符，右结合一个变量从而获取该变量的地址。其使用格式为：

&变量名

例如：

```
int a = 100, * p;
p = &a;
```

语句 p=&a；的功能是将变量 a 在内存中的地址存入指针变量 p 中。在程序设计过程中，如想得到一个变量或数组元素的地址，必须通过取地址运算符(&)来获取地址。

2. 间接访问运算符

间接访问运算符(*)有时称为指针运算符，也是一个单目运算符。右结合一个指针变量，其表达式的值是该指针变量所指内存空间的值。其使用格式为：

* 指针变量名

例如：

```
int a = 10,b, * p;
p = &a;
b = * p;
```

　　语句 b＝ * p；的功能是将指针变量 p 所指内存空间（变量 a 的存储空间）的值（变量 a 的值）读取出来赋给变量 b。 * p 是间接访问运算，即借助指针变量 p 访问变量 a 的存储空间而获得变量 a 的值。

　　再看下面的例子：

```
int a, * p;
p = &a;
 * p = 100;
```

　　语句 * p＝100；的功能是将常量 100 存（写）入指针变量 p 所指向的内存空间（变量 a 的存储空间），相当于语句 a＝100；的功能。通过以上例子可以看出，表达式 * (＆a) 就是变量 a 的值。

6.1.3　指针变量的运算

1. 指针变量赋值

　　指针变量是用来存放地址的。用指针做访问运算前必须使指针变量指向确定的内存空间，否则会出错，甚至会出现计算机系统瘫痪的严重后果，必须慎重。

　　设有指向整型变量的指针变量 p，如要把整型变量 a 的地址赋予 p，可以使用以下两种方式。

　　（1）变量地址初始化指针变量。

```
int a = 10, * p;
 * p = &a;
```

　　以上语句也可直接写成：

```
int a = 10, * p = &a;
```

　　通过指针变量的赋值建立了如图 6-3 所示的逻辑关系。

　　当有语句 p＝＆a；时，scanf("％d",＆a) 和 scanf("％d",p) 是等价的。

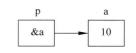

图 6-3　指针变量赋值示意图

　　（2）通过数组给指针变量赋值。

　　数组名表示数组的首地址，故可将数组名赋予指向数组的指针变量 p，也可将一个数组元素的地址赋值给指针变量。

　　例如下面的操作是程序设计中经常用到的：

```
int a[10], * p;
p = a;
```

　　或

```
int a[10], * p = a;
int a[10], * p = &a[0];
int a[10], * p = &a[1];
```

　　根据数组在内存中连续存储的特点，可以用指针变量指向数组，然后通过指针的移动指向数组元素。

　　（3）通过 NULL 给指针变量赋空值。

```
p = NULL;
```

NULL 是在 stdio. h 头文件中定义的预定义标识符，因此在使用 NULL 时，应该在程序的前面出现预定义行：#include < stdio. h>，NULL 的代码值为 0，表示它指向内存中第 0 字节的位置，第 0 字节的内存处于存放系统内核的区域内，用户不能直接访问和读写。

需要特别注意的是，不允许把一个常数或普通变量及它们的表达式赋予指针变量，下面的赋值是错误的：

```
int * p,a = 5;
p = 4000;
p = a;
p = a + 4000;
```

被赋值的指针变量前不能再加 * 说明符，如写为 * p＝&a 也是错误的。

（4）指针变量间赋值。

基类相同的指针变量之间可以进行赋值运算，即可以将一个指针变量中的地址值赋给另一个指针变量，从而使这两个指针变量指向同一地址。例如有如下语句：

```
int a = 10, * p, * q;
p = &a;
q = p;
```

语句 p＝&a；使指针变量 p 指向变量 a，即存放了变量 a 的地址，语句 q＝p；使指针变量 q 中也存放了变量 a 的地址，也就是说指针变量 p 和 q 都指向了整型变量 a。

使用时应注意：赋值号两边指针变量的基类型必须相同，否则应该做强制类型转换。看下面的语句：

```
int a = 261, * p = &a;
char * q;
q = (char * )p;                    /* 基类不同的指针变量间赋值要强制类型转换 */
printf(" % d, % d\n", * p, * q);
```

运行结果：

```
261,5
```

请读者自己验证以上程序段的运行情况，并探究其输出结果为什么是 261,5 而不是 261,261。

2. 指针变量的算术运算

（1）指针变量与整数的加减运算。

对于指向数组的指针变量，可以加上或减去一个整数 n。设 p 是指向数组 a 的指针变量，则 p+n,p−n,p++,++p,p−−,−−p 运算都是合法的。指针变量加（p+n）或减（p−n）一个整数 n 是指相对于指针 p 的后 n 个位置的地址和前 n 个位置的地址。应该注意，不同类型的指针变量向前或向后移动一个位置和地址加 1 或减 1 在概念上是不同的。因为各种类型的数组元素所占的字节长度是不同的。如指针变量加 1，即向后移动 1 个位置表示指针变量指向下一个数据元素的首地址，而不是在原地址基础上加 1，指针变量的值（地址）应增加或减少"n×sizeof（指针类型）"。

例如：

```
float a[10], * p, * q;
p = a; (p指向数组 a,也是指向数组的第一个元素 a[0])
```

p＝p+4;(p指向 a[4],p的值为 a[4]的地址,即 &a[4])

q＝&a[9];(q指向数组 a 的尾部,也就是指向数组的最后一个元素 a[9])

q＝q-3;(q指向 a[6],q的值为 a[6]的地址,即 &a[6])

指针变量在数组中的变化和对应关系如图 6-4 所示。

下标引用	a[0]	a[1]	a[2]	a[3]	a[4]	a[5]	a[6]	a[7]	a[8]	a[9]
数组a	1	2	3	4	5	6	7	8	9	10
指针引用	p				p+4		q-3			q

图 6-4　数组指针变量赋值示意图

指针变量的加减整数运算只能对数组指针变量进行,对指向其他类型变量的指针变量做加减运算是没有意义的。

(2) 两指针变量相减运算。

两个指针变量可以进行相减运算,假设有两指针变量 p 和 q 指向数组 a,如图 6-4 所示,q-p 所得结果是两个指针所指数组元素之间包含的元素个数,实际上是两个指针值(地址)相减之差再除以该数组元素的长度(字节数)。设 p 的值为 2000H,q 的值为 2036H,浮点数组每个元素占 4 字节,所以 q-p 的结果为(2036H-2000H)/4＝9,表示 p 和 q 之间包含 9 个元素。

两个指针变量不能进行加法运算,p+q 是没有实际意义的。只有指向同一数组的两个指针变量之间才能进行相减运算,否则 q-p 也毫无意义。

(3) 两指针变量进行关系运算。

指向同一数组的两指针变量进行关系运算可表示它们所指数组元素之间的位置关系。例如:

p1==p2 表示 p1 和 p2 指向同一数组元素;

p1>p2 表示 p1 处于高地址位置;

p1<p2 表示 p2 处于低地址位置。

指针变量还可以与 0 比较。设 p 为指针变量,当 p==0 时说明 p 是空指针,即不指向任何变量;空指针是对指针变量赋予 0 值得到的,在前面已经提到过。

例如:

```
#define NULL 0
int * p = NULL;
```

对指针变量赋 0 值和不赋值是不同的。指针变量赋 0 值时,表示它不指向具体的变量。而指针变量未赋值时,可以是任意值,是不能使用的,或者说使用起来是危险的。

6.1.4　指针的简单应用

指针变量可以和指针运算符"*"结合使用,实现间接访问指针变量指向的值。假设已做如下定义:

```
int a = 20,b = 30, * p;
p = &a;
```

即指针变量 p 指向了整型变量 a,则 printf("%d",a)和 printf("%d", * p)是等价的。

```
* p = b;
```

表示将 b 变量的值赋值给指针 p 所指向的变量（等价于"a＝b"），"b ＝ * p；"表示将指针 p
所指向的变量的值赋值给变量 b（等价于"b＝a"）。

【例 6-1】 通过指针访问变量。

```
# include < stdio. h >
void main( )
{
    int a, b, * p1, * p2, c;
    a = 5; b = 10;
    p1 = &a;                    /* 把变量 a 的地址赋给指针变量 p1 */
    p2 = &b;                    /* 把变量 b 的地址赋给指针变量 p2 */
    c = * p1 + * p2;            /* 把 p1 指向的值与 p2 指向的值相加后赋值给变量 c */
    printf(" % d, % d, % d\n", a, b, c);
                                /* 通过变量直接输出 */
    printf(" % d, % d\n", * p1, * p2);
                                /* 通过指针变量间接输出 */
}
```

运行结果：

```
5,10,15
5,10
```

程序说明如下。

（1）在程序中定义了两个整型变量 a、b 和两个整型指针变量 p1、p2。语句"p1＝&a；"
和"p2＝&b；"将两个整型变量 a 和 b 的地址分别赋给了指针变量 p1 和 p2，使 p1 和 p2 分
别指向了变量 a 和 b。

（2）语句"printf("%d,%d\n", * p1, * p2)；"输出的是 * p1 和 * p2，即指针变量 p1、
p2 所指变量，也就是变量 a 和 b。因此，它与语句"printf("%d,%d\n",a,b)；"的功能是相
同的。

（3）在程序中前后三次出现 * p1 和 * p2，它们的意义是不同的。语句"int a,b, * p1,
* p2；"中的 * p1 和 * p2 表示定义了两个指针变量，它们前面的" * "表示 p1 和 p2 是两个
指针变量。而语句"c＝ * p1 ＋ * p2；"和"printf("%d,%d\n", * p1, * p2)；"中出现的
* p1 和 * p2 是访问运算表达式，表示 p1 和 p2 所指向的存储单元的内容，即变量 a 和 b 的值。

【例 6-2】 交换两个指针变量所指向的变量的值。

```
# include < stdio. h >
void main( )
{ int * p1, * p2,a = 10,b = 20,t;
  p1 = &a;p2 = &b;
  printf("a = % d, * p1 = % d;b = % d, * p2 = % d\n",a, * p1,b, * p2);
  t = * p1; * p1 = * p2; * p2 = t;
  printf("a = % d, * p1 = % d;b = % d, * p2 = % d\n",a, * p1,b, * p2);
}
```

运行结果：

```
a = 10 , * p1 = 10 ;b = 20 , * p2 = 20
a = 20 , * p1 = 20 ;b = 10 , * p2 = 10
```

程序说明：这个程序实际上是交换了变量 a 和 b 的值，而且是通过交换两个指针所指

向单元的内容(＊p1 和＊p2)来实现的。交换时用了一个中间变量 t。

【例 6-3】　通过指针变量输出变量 a、b 中的最大值和最小值。

```c
#include <stdio.h>
void main()
{
    int a, b, *p1, *p2, *p;
    scanf("%d, %d", &a, &b);
    p1 = &a;
    p2 = &b;
    if(a < b) {p = p1; p1 = p2; p2 = p;}
    printf ("\na = %d,b = %d\n", a, b);
    printf ("max = %d, min = %d\n", *p1, *p2);
}
```

输入：

5,10 ↙

运行结果：

a = 5, b = 10
max = 10, min = 5

程序说明如下。

(1) 在程序中定义了两个整型变量 a、b 和两个整型指针变量 p1、p2。语句"p1＝&a;"和"p2＝&b;"将两个整型变量 a 和 b 的地址分别赋给了指针变量 p1 和 p2,使 p1 和 p2 分别指向了变量 a 和 b。

(2) 语句"{p＝p1; p1＝p2; p2＝p;}"将指针变量 p1 和 p2 中存放的变量 a 和 b 地址进行交换,也就是说 p1 不再指向变量 a 而指向变量 b,p2 不再指向变量 b 而指向变量 a。交换的过程如图 6-5 所示。

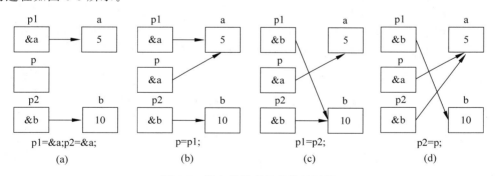

图 6-5　两个指针变量交换的过程

通过以上两例可以看到,交换地址和交换所指变量的值有着本质上的区别。

6.2　指针与数组

在 C 语言中无论一维数组还是二维数组,在内存中都是连续存储的。根据数组的存储特点,可以用指针变量指向数组元素,通过指针变量的移动来引用数组的每个元素。

6.2.1 指向一维数组的指针

C语言中，指针和数组有着密切的联系，既然每个数组元素相当于一个变量，那么指针变量既可以指向一般的变量也可以指向数组元素，因此关于数组下标的操作皆可以用指针来实现。那么如何定义一个指针变量，并使其指向数组呢？请看例6-4。

【例6-4】 通过指针变量对数组输入输出。

```c
#include<stdio.h>
void main()
{
    int *p,i,a[10];
    p = &a[0];                    /*指针指向数组中的第一个元素*/
    for(i = 0;i<10;i++,p++)
    scanf("%d",p);                /*采用指针法输入数组中的元素*/
    p = a;                        /*指针指向数组中的第一个元素,同p = &a[0];*/
    for(i = 0;i<10;i++,p++)
        printf("%5d",*p);         /*采用指针法输出数组中的元素*/
    printf("\n");
}
```

程序说明如下。

(1) 语句 p＝&a[0];是将数组元素 a[0]的地址赋给指针变量 p，使指针 p 指向了 a[0] 这个元素，即指向了数组的首地址，如图 6-6 所示。由于在 C 语言中数组名代表数组的首地址（起始地址），因此下列两条语句等价：

```c
p = &a[0];
p = a;
```

(2) 程序中的第一个循环是将 10 个数读入数组 a 中，第二个循环将数组 a 中的元素输出。p＋＋的作用是每次自加后指向下一个元素，因为 p＋＋等价于 p＝p+1。

(3) 语句"scanf("%d",p);"不能写成"scanf("%d",&p);"，因为指针变量 p 已经表示一个变量的地址了，就不能在 p 的前面加取地址运算符 & 了。

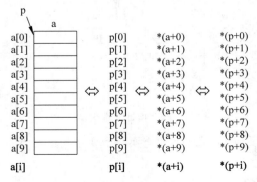

图 6-6　数组下标引用和指针引用的对应关系

图 6-6 中表示了采用数组下标法和指针法引用数组元素的对应关系。如果 p 的初值为 &a[0]，可以用语句 p＝&a[0];或 p＝a;实现，则有以下结论。

(1) a＋i 和 p＋i 就是 a[i]的地址，或者说它们指向 a 数组的第 i 个元素。

(2) ＊(a＋i)或＊(p＋i)就是 a＋i 或 p＋i 所指向的数组元素,即 a[i]。例如,＊(p＋3)或＊(a＋3)就是 a[3]。

(3) 指向数组的指针变量也可以带下标表示数组元素,＊(p＋i) 可以写成 p[i],如 p[i]与＊(a＋i)、＊(p＋i)或 a[i]等价。

【例 6-5】 通过指针变量作为循环控制变量。

```
# include < stdio. h>
void main()
{
    int a[10],  * p;
    for(p = a; p - a < 10;p++)
        scanf(" % d",p);
    for(p = a; p - a < 10; p++)
        printf(" % 5d", * p);
    printf("\n");
}
```

下面介绍一下指针变量的自增和自减运算。

(1) p＋＋等价于 p＝p＋1,即指针变量 p 向高地址移动,指针指向当前元素的下一个元素。

【注意】

语句 int a[10];定义了数组 a,则 a＋＋(a＝a＋1)是错误的,因为 a 是数组的首地址是常量,其值不能改变。

(2) ＊p＋＋:由于＋＋和＊优先级相同,结合方向自右而左,即＊(p＋＋),等价于{＊p 和 p＋＋}。

(3) ＊(p＋＋)与＊(＋＋p)作用不同。例如:

语句体(1)中的＊(p＋＋)等价于{＊p 和 p＋＋},因此输出的是 a[0]的值,即 1;

语句体(2)中的＊(＋＋p)等价于{p＋＋和 ＊p},因此输出的是 a[1]的值,即 2。

语句体(1)

```
int a[5] = {1,2,3,4,5}, * p
p = a;
printf(" % 5d * n", * (p++))
```

语句体(2)

```
int a[5] = {1,2,3,4,5}, * p

p = a;
printf(" % 5d * n", * (++p))
```

(4) (＊p)＋＋表示 p 所指向的元素值加 1,等价于＊p＝＊p＋1。

将数组 a 和指向数组的指针 p 之间的联系归纳如表 6-1 所示。

表 6-1　指针与一维数组的联系

表　达　式	含　　义
&a[i],a+i,p+i	数组元素 a[i]的地址
a[i], * (a+i), * (p+i),p[i]	数组元素 a[i]的值

表　达　式	含　　义
p++,p－－	使 p 后移或前移一个存储单元
p++,(p++)	先得到 p 指向的变量的值(*p),再使 p 后移一个存储单元
*(++p)	先使 p 后移一个存储单元,再得到 p 指向的变量的值(*p)
(*p)++	使 p 指向的变量值加 1,即 *p＝*p+1

【例 6-6】 实现对一维数组 a 中元素的值逆序存放。

程序代码：

```
#include<stdio.h>
void fun(int x[],int n)
{int *front,*rear,t;
    front=x;
    rear=x+n-1;
    while(front<rear)
        {
            t=*front;
            *front=*rear;
            *rear=t;
            front++;
            rear--;
        }
}
void main()
    {int a[10]={0,1,2,3,4,5,6,7,8,9},*p;
        fun(a,10);
        p=a;
        while(p-a<10)
        printf("%3d",*p++);
        printf("\n");
}
```

运行结果：

```
9 8 7 6 5 4 3 2 1 0
```

程序说明如下。

(1) 定义两个指针变量 front、rear,并分别指向数组 a 的第一个元素(front＝x)和最后一个元素(rear＝x+n-1)。

(2) while 循环的执行条件为 front<rear,此表达式为两个指针变量间的比较。

(3) 循环体中通过中间变量 t 交换指针 front 和 rear 指向的数据,然后 front 后移,rear 前移,直至 front>＝rear,交换结束。

(4) 程序最后使用地址 a+10 表示数组元素以外的第 11 个单元,用来作为 while 循环的结束条件,这在 C 语言编译中不认为非法。

(5) *p++等同于 *p 和 p++。

6.2.2　指向二维数组的指针

指针变量可以指向多维数组,这里以二维数组为例介绍多维数组的指针变量。设有单精度浮点型二维数组 a[3][3]，数据如下：

```
1    2    3
4    5    6
7    8    9
```

该数组的定义与初始化语句为：

```
float a[3][3] = {{1,2,3},{4,5,6},{7,8,9}};
```

设二维数组 a 的首地址为 2000，数组的逻辑结构和物理结构如图 6-7 所示。

对于二维数组 a[3][3]，可以看成由三个一维数组 a[0]，a[1]，a[2] 构成，每个一维数组又含有三个元素，可以认为二维数组是"数组的数组"，数组的逻辑结构如图 6-7(a) 所示。

对于 a[0] 数组：

含有 a[0][0]、a[0][1]、a[0][2] 三个元素。

对于 a[1] 数组：

含有 a[1][0]、a[1][1]、a[1][2] 三个元素。

对于 a[2] 数组：

含有 a[2][0]、a[2][1]、a[2][2] 三个元素。

二维数组 a 在内存中的物理存储形式如图 6-7(b) 所示。

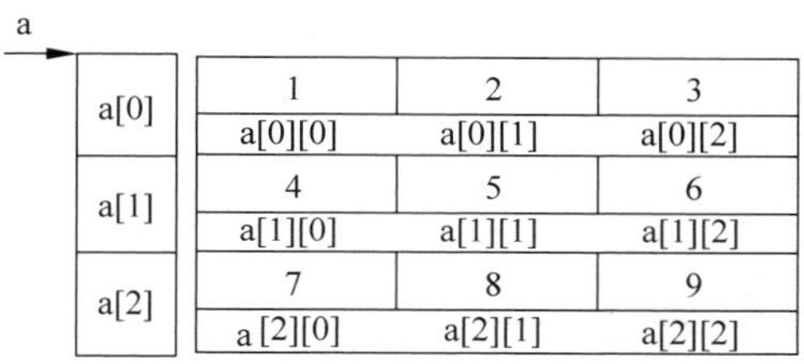

(a) 逻辑结构 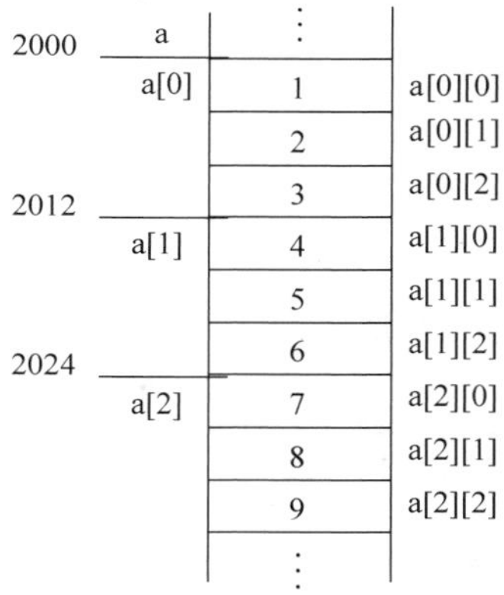   (b) 物理结构

图 6-7　二维数组的逻辑结构与物理结构

如果有以下定义：

```
float a[3][3], * p;
p = a[0];                   /* 等价于 p = &a[0][0]; */
```

设数组 a 的首地址为 2000，则有以下结论。

(1) a+i 代表第 i 行首地址 &a[i]。

从二维数组的角度来看，a 代表二维数组的首元素的地址，现在首元素不是一个简单变量，而是由 3 个元素所组成的一维数组，因此 a 代表的是首行（第 0 行）的首地址，a+1 代表的是第 1 行的首地址，a+1 为 2012，因为第 0 行有 3 个浮点型数据，因此 a+1 的含义是 a[1] 地址，即 &a[1]，a+2 代表的是 a[2] 的地址，即 &a[2]。

(2) a[i] 代表第 i 行第一个元素的地址 &a[i][0]。

a[0]，a[1]，a[2] 既然是一维数组名，而 C 语言又规定了数组名代表数组首元素地址，因此 a[0]代表一维数组 a[0]中第一个元素的地址,即 &a[0][0]。a[1]的值是 &a[1][0],a[2]的值是 &a[2][0]。

(3) a[i]+j 和 *(a+i)+j 代表第 i 行第 j 列的地址 &a[i][j]。

在一维数组中曾提到过,假设 b 为一维数组,b[0]和 *(b+0)等价,b[1]和 *(b+1)等价,b[i]和 *(b+i)等价。而在二维数组中类推成立,a[0]+1 和 *(a+0)+1 的值都是 &a[0][1],a[1]+2 和 *(a+1)+2 的值都是 &a[1][2]。

(4) *(a[i]+j)或 *(*(a+i)+j)代表 a[i][j]的值。

既然 a[0]+1 和 *(m+0)+1 的值都是 a[0][1]的地址,那么 *(a[0]+1)就是 a[0][1]的值。同理, *(*(a+0)+1)是 a[0][1]的值, *(a[i]+j)或 *(*(a+i)+j)是 a[i][j]的值。

(5) p+1 表示 a[0][1]的地址,等于 2004。

不要把 &a[i]理解为 a[i]的物理地址,因为并不存在变量 a[i],它只表明了一种地址的计算方法,以得到 i 行的首地址。在二维数组 a 中,a+i=a[i]= *(a+i)=&a[i]=&a[i][0],即它们的地址值是相等的,如图 6-8 所示。

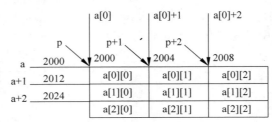

图 6-8　二维数组的指针

有关二维数组的各种写法及其含义总结如表 6-2 所示,其中的 i 和 j 代表整数。

表 6-2　二维数组中的各种表达式及其含义

表 达 式	等 价 写 法	含 义
a	&a[0]	第 0 行的地址
a+i	&a[i]	第 i 行的地址
*a	a[0]、&a[0][0]	第 0 行第 0 列元素的地址
*(a+i)	a[i]、&a[i][0]	第 i 行第 0 列元素的地址
*a+j	a[0]+j、&a[0][j]	第 0 行第 j 列元素的地址
*(a+i)+j	a[i]+j、&a[i][j]	第 i 行第 j 列元素的地址
*(a[i]+j)	a[i][j]	第 i 行第 j 列的元素
((a+i)+j)	a[i][j]	第 i 行第 j 列的元素

【例 6-7】　用指针变量输出多维组数的元素值。

程序代码:

```
#include <stdio.h>
void main()
{
    static int a[3][3] = {1,2,3,4,5,6,7,8,9};
    int *p;                    /*定义指针 p,注意是一个整数的指针变量*/
    p = a[0];                  /*也可写成 p = &a[0][0]*/
    for(;p < a[0]+9;p++)
```

```
    {
        if((p - a[0]) % 3 == 0) printf("\n");
        printf("%4d", *p);
    }
}
```

运行结果：

```
1    2    3
4    5    6
7    8    9
```

本例是顺序输出数组 a 中的各个元素,比较简单,如果要输出某个元素 a[i][j],可以计算相对于数组起始位置的相对位置值 i * n+j(数组为 m 行 n 列)。例如：为获得 a[2][3]的地址,可以用 * (p+2 * 3+3)表示,这里假定 p 指向数组 a 的首地址。

6.2.3　行指针与指针数组

1. 行指针

C 语言中为多维数组专门定义了一种指针变量：行指针变量。以二维数组为例,行指针变量说明的一般格式为：

类型说明符 (* 指针变量名)[二维数组的列数];

设 p 为指向二维数组 a[3][3]的指针变量,可定义为：

int a[3][3], (* p)[3];

它表示 p 是一个行指针变量,它指向每行包含 3 个元素的二维数组。若指向二维数组第一行的一维数组 a[0],其值等于 a,a[0],或 &a[0][0]等。而 p+1 则指向一维数组 a[1],同理 p+i 则指向一维数组 a[i],由此可以推出 * (p+i)+j 是二维数组 i 行 j 列元素的地址,* (* (p+i)+j)则是 i 行 j 列元素的值。

【例 6-8】　用多维指针变量输出多维组数的元素值。

程序代码：

```
# include < stdio. h>
void main()
{
    int a[3][4] = {1,1,1,1,2,2,2,2,3,3,3,3} ,i,j;
    int( * p)[4];
    p = a;
    for(i = 0;i < 3;i++)
        {
        for(j = 0;j < 4;j++)
            printf("%4d", * ( * (p + i) + j));
        printf("\n");
    }
}
```

运行结果：

```
1    1    1    1
2    2    2    2
3    3    3    3
```

2. 指针数组

数组元素值为指针的数组称为指针数组。指针数组的所有元素必须是具有相同存储类型和指向相同数据类型的指针变量。

指针数组说明的一般格式为：

类型说明符 * 数组名[数组长度];

其中类型说明符为指针值所指向的变量的类型。

例如：

char * p[10];

表示 p 是一个指针数组，它有 10 个数组元素，存储的是字符型变量的地址。

指针数组常用来存储一组字符串，这时指针数组的每个元素被赋予一个字符串的首地址。

【例 6-9】 输入 6 个英文人名并按字母顺序排列后输出。

算法分析如下。

(1) 定义字符串排序函数，函数的形参为指针数组。

(2) 定义字符串输出函数，函数的形参为指针数组。

(3) 在主函数中定义指针数组并进行初始化，然后调用排序函数和输出函数。

程序代码：

```c
# include < stdio. h>
# include < string. h>
void sort(char * name[], int n)
{
    char * p;
    int i,j,k;
    for(i = 0;i < n - 1;i++)
    {
        k = i;
        for(j = i + 1;j < n;j++)
            if(strcmp(name[k],name[j])> 0) k = j;
        if(k!= i)
        {
        p = name[i];
        name[i] = name[k];
        name[k] = p;
        }
    }
}
void output(char * name[], int n)
{
    int i;
    for (i = 0;i < n;i++) printf(" % s\n",name[i]);
}
void main()
{
    char * name[] = { "TOM","JHON","KATE",
    "JACSON","MACEAL","ROBBERT"};
    int n = 6;
    sort(name,n);
```

```
        output(name,n);
}
```

运行结果：

```
JACSON
JHON
KATE
MACEAL
ROBBERT
TOM
```

程序说明如下。

（1）函数 sort 完成字符串排序，其形参为指针数组 name，即为待排序的各字符串数组的指针，形参 n 为字符串的个数。

（2）函数 output 完成字符串输出，其形参与 sort 函数的形参相同。

（3）主函数 main 中定义了指针数组 name 并做了初始化赋值，然后分别调用 sort 函数和 output 函数完成排序和输出。值得说明的是，在 sort 函数中比较两个字符串时采用了 strcmp 函数，strcmp 函数的参数 name[k]和 name[j]均为指针变量。字符串比较后需要交换时，只交换指针数组元素的值，而不交换具体的字符串，这样将大大减少时间的开销，提高运行效率。交换的结果如图 6-9 所示。

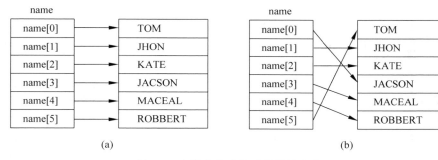

图 6-9　字符串排序前后的指针变化

需要注意的是，指针数组和二维数组指针变量虽然都可用来表示二维数组，但是表示方法和意义不同。

例如：

```
int ( * p)[5];
```

表示定义一个指向二维数组的指针变量 p。该二维数组的列数为 5 或每行一维数组的长度为 5。

```
int * p[5]
```

表示定义一个指针数组 p，该数组有 5 个指针（地址）元素，分别是 p[0]，p[1]，p[2] p[3]，p[4]，它们均为指针变量。

6.2.4　指向字符串的指针

有两种方法存取一个字符串，一种是通过字符数组的方式，另一种是通过字符串指针的方式。下面通过两个例子的对比介绍一下用两种方法实现字符串输出的过程。

1. 字符数组的方法

```
# include < stdio. h>
void main()
{
    char str[ ] = "One World One Dream!";
    printf(" % s\n",str);
}
```

2. 字符串指针的方法

```
# include < stdio. h>
void main()
{
    char * str = "One World One Dream!";
    printf(" % s\n",str);
}
```

程序说明如下。

（1）采用字符数组的方法中，语句 char str[ ]＝"One World One Dream!"；定义了数组 str，同时进行了初始化，数组的大小由字符串的长度确定，str 是数组名，它代表字符数组的首地址。

（2）采用字符串指针的方法中，语句 char * str＝"One World One Dream!"；定义了字符串指针 str，同时进行了初始化，将字符串"One World One Dream!"的首地址赋予指针变量 str。

（3）字符串指针变量的定义与字符指针变量的定义是相同的，只能通过对指针变量的赋值不同来区别。对指向字符变量的指针变量应赋予该字符变量的地址。

例如：

```
char c, * pc = &c;
```

表示 pc 是一个指向字符变量 c 的指针变量。

```
char * str = "Winter Olympics";
```

则表示 str 是一个指向字符串的指针变量。

（4）

```
char * ps = "Winter Olympics";
```

等价于：

```
char * ps;
ps = "Winter Olympics";
```

要正确理解上面赋值表达式的含义，不是将字符串"Winter Olympics"赋给了指针变量 ps，而是将该字符串的首地址赋给指针变量 ps，如图 6-10 所示。

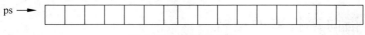

图 6-10　字符串指针

【例 6-10】 统计所输入的字符串中大写字母的个数。

```
# include < stdio. h >
int fun(char * x)
{ int n = 0;
    char * ps = x;
    for(; * ps;ps++)
        if( * ps > = 'A' && * ps < = 'Z') n++;
        return(n);
    }
void main( )
    {
        char str[50];
        gets(str);
        printf("Capital letter count = % d\n",fun(str));
    }
```

【例 6-11】 实现字符串的连接,即将 t 所指字符串复制到 s 所指字符串的尾部。例如:
s 所指字符串为 abcd,t 所指字符串为 efgh,程序执行后 s 所指字符串为 abcdefgh。

程序代码:

```
# include < stdio. h >
# include < string. h >
void fun(char * x,char * y)
{
    char * p, * q;
    p = x + strlen(x);
    q = y;
    while( * q)
        { * p++ = * q++; }
    * p = '\0';
}
void main( )
{
    char s[100],t[50];
    gets(s);
    gets(t);
    fun(s,t);
    puts(s);
}
```

程序说明如下。

(1) 程序中通过使用 x+strlen(x)来获取字符数组 s 中最后一个有效字符的下一个内存单元的地址(字符串结束标志'\0'),并将该地址赋值给指针变量 p,也就是从 p 指向的位置开始存入字符数组 t 中的字符串。

(2) while 循环的功能是:只要指针变量 q 所指向的内存单元值不为'\0',就将 q 指向的值赋值给 p 指向的内存单元,然后指针变量 p 和 q 都移动一个内存单元。

(3) 当 q 指向的内容为'\0'时,说明字符串复制完毕,最后再将'\0'赋值给指针变量 p 所指向的内存单元,作为结束标记。

6.3　指针作为函数参数

函数的参数不仅可以是整型、浮点型、字符型等类型，还可以是指针类型。指针类型参数和普通变量参数的传递方法是一样的，即实参到形参的单向值传递，它的作用是将指针变量的值（地址）传送到被调函数对应的参数。

6.3.1　指针变量作为函数参数

指针变量的值是地址，指针做函数参数和一般变量做函数参数的传递方法是一样的，即实参到形参的单向值传递，是将指针变量的值（地址）传送到被调函数对应的参数变量，要求对应的形参变量是与之相同数据类型的指针变量。看下面的例子。

【例 6-12】　用函数实现两个变量值的交换。

程序代码：

```c
#include <stdio.h>
void swap(int * q1, int * q2)
{
    int t;
    t = * q1;
    * q1 = * q2;
    * q2 = t;
}
void main()
{
    int a, b, * p1, * p2;
    scanf("% d, % d", &a, &b);
    p1 = &a; p2 = &b;
    if(a < b) swap(p1, p2);
    printf ("% d, % d\n",a,b);
}
```

运行结果：

```
15,20↙
20,15
```

程序说明如下。

（1）用户自定义函数 void swap(int * q1,int * q2)，它的作用是通过指针变量做参数实现交换两个变量（a 和 b）的值。swap 函数的形参 q1、q2 是指针变量。在主函数中通过语句 p1＝&a；p2＝&b；将 a 和 b 的地址分别赋给指针变量 p1 和 p2，如图 6-11 所示。

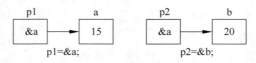

图 6-11　指针变量 p1 和 p2 分别指向变量 a 和 b

（2）if (a＜b)语句结果为真，因此调用函数 swap(p1,p2);。在函数调用时，将实参变量 p1 和 p2 的值传递给形参变量 q1 和 q2，也就是说形参 q1 的值为 &a,q2 的值为 &b。这时 p1 和 q1 同时指向变量 a, p2 和 q2 同时指向变量 b, 如图 6-12 所示。

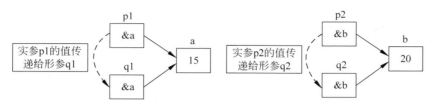

图 6-12　调用函数 swap 后的指针变量状态

（3）接着执行 swap 函数的函数体，使 * p1 和 * p2 的值互换，也就是使 a 和 b 的值互换，如图 6-13 所示。

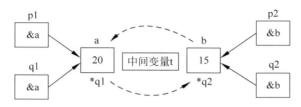

图 6-13　调用函数 swap 实现变量的交换

函数调用结束后，q1、q2 和临时中间变量 t 被释放，如图 6-14 所示，虚线表示变量已被释放。

图 6-14　函数 swap 调用结束后的变量状态

（4）如果不用指针变量作为传递参数，见以下程序段，而直接用变量作为传递参数，想一想会不会实现交换。程序的执行过程如图 6-15 所示。图 6-15（a）表示调用函数 swap 后实际参数 a、b 向形式参数值传递的过程。图 6-15（b）表示调用函数 swap 将形式参数 x、y 的内容交换，调用结束之后动态局部变量 x、y 被释放，变量 a、b 的值没有发生改变。由此可见调用函数时，不能企图通过改变形参变量的值而使实参变量的值发生变化。

```
void swap( int x, int y)
{
    int t;
    t = x; x = y; y = t;
}
void main()
{
    int a = 15, b = 20;
    if(a < b) swap(a, b);
        printf ( " % d, % d\n",a,b);
}
```

通过上面的例子可以看到，指针变量做参数时，在被调函数中可以改变主调函数中变量

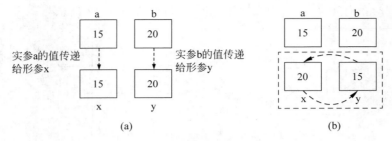

图 6-15　用变量作为形式参数的执行过程

的值。利用指针变量做参数这种方法，可以方便地实现调用一个函数得到多个值。看下面的例子。

【例 6-13】　求已知数组中的最大值、最小值和平均值。

程序代码：

```
# include < stdio. h >
void fun( int x[ ], int n, int * pd, int * px, float * pv )
{ int k, fmax, fmin;
    float fver;
    fmax = fmin = fver = x[ 0 ];
    for( k = 1; k < n; k++ )
    { fver += x[ k ];
        if( x[ k ] > fmax) fmax = x[ k ];
        else if( x[ k ] < fmin) fmin = x[ k ];
    }
    fver / = n;
    * pd = fmax;
    * px = fmin;
    * pv = fver;
}
void main()
{
    int a[8] = {7,6,9,2,10,18,3,5}, max, min;
    float ver;
    fun( a, 8, &max, &min, &ver );                    /* 数组指针、变量指针做参数 */
    printf( "Max = % d Min = % d Ver = % f\n", max, min, ver );
}56678
```

运行结果：

```
Max = 18 Min = 2 Ver = 7. 500000
```

程序说明如下。

（1）在主函数中将变量 max、min、ver 的地址传给被调函数 fun，为函数 fun 的运行结果数据回写到主函数的变量中做准备。

（2）在函数 fun 中，先用我们熟悉的办法求得数组中的最大值、最小值和平均值，再将获得的值用指针访问运算的方法存入主函数的相应变量中。

通过这一熟悉的问题，我们也体会了通过指针做函数参数如何实现函数调用获得多个值的方法。

6.3.2 一维数组指针作为函数参数

在前一章的例题中介绍过数组名作为函数的参数,由于数组名代表数组的首地址,因此数组名作为函数的参数时,主调函数与被调函数间传递的是数组的首地址。所以,数组名作为函数参数时,被调函数对应的参数是一个基类相同的指针变量即可。看下面几种情况。

(1) 实参为数组,形参既可以用数组也可以用指针变量。

【例 6-14】 用指针法实现对一维数组求最大值。

```c
# include < stdio. h >
int fun( int * x, int n)
{
    int * p,m;
    m = * x;
    for(p = x + 1;x - p < n; p++)
        if( * p > m)m = * p;
    return(m);
}
void main( )
{
    int i,a[10],max;
    printf("enter 10 integer numbers:\n");
    for(i = 0;i < 10;i++)
        scanf(" % d",&a[ i]);
    max = fun(a,10);
    printf("max = % d\n",max);
}
```

实参 a 是数组名,形参 x 是指针变量,通过函数调用将 a 数组的首地址传递给指针变量 x,x 的初始值也是 &a[0],通过 x 变化也可访问数组 a 的任何一个元素。

【例 6-15】 用选择法对数组中的 10 个整数按由大到小的顺序排序。

所谓选择法排序就是:假设 10 个整数存放在 a 中,首先选择出数组中的最大值元素将其与 a[0]对换;再选择 a[1]到 a[9]中的最大值元素将其与 a[1]对换……每一轮中,选择出一个未经排序的数组中的最大值元素,将其与相应元素对换。共进行 9 轮就完成排序了。

例如对 5 个整数 2、4、9、6、8 由大到小进行排序:

	a[0]	a[1]	a[2]	a[3]	a[4]	
原顺序:	2	4	9	6	8	
第 1 轮:	9		2			5 个元素中的最大值 a[2]与 a[0]对换
第 2 轮:		8			4	余下 4 个元素中的最大值 a[4]与 a[1]对换
第 3 轮:			6	2		余下 3 个元素中的最大值 a[3]与 a[2]对换
第 4 轮:				4	2	余下 2 个元素中的最大值 a[4]与 a[3]对换

对 10 个整数由大到小进行排序的程序代码:

```c
# include < stdio. h >
void sort( int x[ ], int n)
{ int i,m,k,t;
    for(i = 0;i < n - 1;i++)
```

```
        {k = i;
        for(m = i + 1;m < n;m++)
            if(x[m]> x[k]) k = m;
        if(k!= i) {t = x[k];x[k] = x[i];x[i] = t;}
        }
    }
void main()
{
    int a[10],i;
    printf("enter the array:\n");
    for(i = 0;i < 10;i++)
        scanf(" % d",&a[i]);
    sort(a,10);
    printf("the sorted array :\n");
    for(i = 0;i < 10;i++)
        printf(" % 4d",a[i]);
    printf("\n");
}
```

输入：

```
enter the array:
    5  21  35  11  8  4  13  9  16  28✔
```

运行结果：

```
the sorted array:
    35  28  21  16  13  11  9  8  5  4
```

程序说明如下。

本例中输入 10 个无序的整数存入数组 a 中，执行调用函数 sort(a,10)，而函数 sort 是对形参数组 x 采用选择法按由大到小的顺序进行排序。调用结束后输出数组 a，结果数组 a 中的元素变为由大到小的顺序，说明形参数组 x 的改变使实参数组 a 随之改变，也印证了形参数组与实参数组在内存中共占同一存储单元，是同一数组，只是数组名不同罢了。

函数 sort 用数组名作为形参，也可改为用指针变量，这时函数可以改为：

```
void sort(int * x, int n)
{
    int i,j,k,t;
    for(i = 0;i < n - 1;i++)
    {
        k = i;
        for(j = i + 1;j < n;j++)
            if(x[j]< x[k])k = j;
        if(k!= i)
            {t = x[i];x[i] = x[k];x[k] = t;}
    }
}
```

（2）实参、形参都用指针变量。

【例 6-16】　用函数实现字符串反序存放。

```
void fun(char * str,int n)
{
    char ch, * p, * q;
```

```
        for(p = str,q = str + n - 1;p < q;p++,q-- )
        {ch = * p;
         * p = * q;
         * q = ch;
        }
}
void main()
{   char s[100], * pt; int len;
    printf("input a string:");
    gets(s);
    len = strlen(s);
    pt = s;
    fun(pt,len);
    printf("The new string is :");
    puts(s);
}
```

实参 pt 和形参 str 都是指针变量,先使 pt 指向数组 s,p 的值为 &s[0],然后将 p 值传递给 str,str 的初始值也是 &s[0],通过 str 的变化也可访问数组 s 的任何一个元素。

【例 6-17】 用一函数实现字符串的复制。

```
# include < stdio. h>
void copys(char * from,char * to)
{
    while(( * to = * from)!= '\0')
    {   from++;
        to++;
        }
        * to = '\0';
}
void main()
{
    char * pa = "One World One Dream!", * pb, b[50];
    pb = b;
    copys(pa, pb);
    printf("\n string – a = % s \n string – b = % s\n",pa,pb);
}
```

程序说明如下。

(1) 在 while 语句中把赋值语句和判定语句合二为一,先赋值再判定,因此当最后一个字符'\0'赋予 * to 后,结束循环,因而不必再加上 * to= '\0';语句。该语句简化为:

```
while(( * to++ = * from++)!= '\0');
```

(2)由于字符可用 ASCII 码值来代替,'\0'的 ASCII 码为 0,在 while 中 0 代表"假",非 0 代表"真",因此可进一步简化为:

```
while( * to++ = * from++);
```

请读者尝试修改上面的程序并加以验证。

【例 6-18】 在一整型数组中找出其中最大的数及其下标。

程序代码:

```
# include < stdio. h>
```

```
#define N 10
int fun(int *a,int *b,int n)           /* 前两个参数为指针变量,第 3 个参数为数组长度 */
{
    int *t,max = *a;
    for(t = a + 1;t < a + n;t++)
        if( *t > max)                  /* 记录最大值及其下标 */
        {
            max = *t;
            *b = t - a;
        }
    return max;                         /* 返回最大值 */
}
void main()
{
    int a[N],i,max,p = 0;
    printf("please enter 10 integers:\n");
    for(i = 0;i < N;i++)
        scanf("%d",&a[i]);
    max = fun(a,&p,N);                  /* 调用函数 fun */
    printf("max = %d,position = %d",max,p);
}
```

运行结果：

Please enter 10 integers:
18 32 65 78 97 40 44 59 80 29
Max = 97,position = 5

程序说明如下。

（1）本程序在 main 函数中定义了一个长度为 10 的一维数组,并通过 scanf 函数为一维数组 a 赋初值,此处的数组长度 N 为之前定义的符号常量,其值为 10。

（2）函数调用语句 fun(a,&p,N)包含三个参数；第一个参数 a 为数组名（数组首地址）；第二个参数为 &p,即整型变量 p 的内存地址,用来记录数组最大值的下标；第三个参数为数组长度 N。

（3）函数 fun 中有 3 个形参。最后一个形参为整型变量,用来接收数组长度值,前两个参数"int *a,int *b"都是指向整型数据的指针变量,但二者是有区别的。指针变量 a 用来指向数组的首地址,与实参数组名 a（数组首地址）相对应,而指针变量 b 用来存放最大值的下标,与实参 &p（整型变量 p 的内存地址）相对应。

（4）fun 函数体中定义了一个指针变量"int *t",在 for 循环中 t 的初值被定义为 t＝a＋1,即数组中的第二个元素的内存地址,循环执行的条件为"t＜a＋n"。此处用到指针变量的比较,数组中最后一个元素的内存地址为 a＋n－1,即指针变量 t 要在 a＋1 和 a＋n－1 两个地址之间移动,不能越界。"t＋＋"说明每次循环处理完指针后移一位。

（5）for 循环体中,如果指针变量 c 指向的元素值比 max 大,就记录当前的最大值及下标,下标通过两个指针相减得到,即 t－a,并把得到的下标记录到指针变量 b 中,最后返回最大值。

6.3.3　二维数组指针作为函数参数

在第 6.2 节中我们介绍了二维数组的指针,二维数组名也代表着二维数组在内存中的首地址。但二维数组名与一维数组名所表示的指针是不同的,二维数组名代表着二维数组第一行所有元素的首地址,即它是行指针。因此,二维数组名作为实参时,被调用函数中对应的形参可以是行指针变量。看下面的例子。

【例 6-19】 求二维数组每行元素中的最大值。

```
# include < stdio. h >
# define M 3
# define N 4
void fun( int ( * x)[4], int * y, int m, int n)        /* 形参 x 为行指针变量 */
{ int k, i;
    for(k = 0; k < m; k++)
    { y[k] = x[k][0];
        for(i = 1; i < n; i++)
            if(x[k][i] > y[k]) y[k] = x[k][i];
    }
}
void main( )
{ int a[M][N] = {{5,7,19,8},{3,12,6,4},{7,18,37,22}}, max[3], i, j;;
    for(i = 0; i < M; i++)
    {for(j = 0; j < N; j++)
        printf(" % 4d", a[i][j]);
    printf("\n");
    }
    fun(a, max, M, N);                              /* 二维数组名 a 作为实参 */
    for(i = 0; i < M; i++)
        printf("The % d Line max_alue is % d\n", i + 1, max[i]);
    printf("\n");
}
```

运行结果:

```
5   7   19  8
3   12  6   4
7   18  37  22
The 1 Line max_alue is 19
The 2 Line max_alue is 12
The 3 Line max_alue is 37
```

6.4 指针型函数与函数指针

指针型函数是指函数值的类型是指针型,即函数的返回值是指针。而函数指针是指函数本身在内存中所占连续存储空间的起始地址。

6.4.1 指针型函数

C 语言中允许一个函数的返回值是一个指针(即地址),这种返回指针值的函数称为指针型函数。指针型函数定义的一般格式为:

```
类型说明符  * 函数名([形参列表])
    {
        函数体
    }
```

其中函数名之前加了 ＊ 号,表明函数的返回值是一个指针,也就是说它是一个指针型函数,类型说明符表示了返回的指针值所指向的数据类型。

【例 6-20】　通过指针型函数返回数组中最大值元素的指针。

```
# include < stdio. h>
# define N 10
int * fun( int * x,int n)
{ int k, * m;
    m = x;
    for(k = 1;k < n;k++)
        if( * (x + k)> = * m) m = x + k;
    return m;
}
void main()
{
    int a[N],k, * p;
    printf("please enter 10 integers:\n");
    for(k = 0;k < N;k++)
        scanf(" % d",&a[k]);
    p = fun(a,N);
    printf("max = % d\n", * p);
}
```

函数 int ＊ fun(＊ x,int n)的功能是求指针变量 x 所指数组中最大值元素的地址,并把最大值元素的地址返回。

6.4.2　函数指针

通常一个函数的代码占用一段连续的内存空间,简称函数名,实际上函数名就代表着函数的代码在内存中的起始地址。

用来存放函数地址的指针变量称为指向函数的指针变量,简称函数指针。可用函数指针来调用这个函数,但需先定义函数的指针变量并指向该函数。

函数指针变量定义的一般格式为:

类型说明符 (＊ 指针变量名)(参数表);

【说明】

(1) 其中"类型说明符"表示被指函数的返回值的类型。

(2) "(＊ 指针变量名)"表示" ＊ "后面的变量是定义的指针变量。

(3) 最后的空括号表示指针变量所指的是一个函数。

例如:

int (* pf)();

表示 pf 是一个指向函数入口地址的指针变量,该函数的返回值(函数值)是整型。

【例 6-21】　说明用指针形式实现对函数调用的方法。

```
# include < stdio. h>
int max( int a,int b)
```

```
{
    return (a>b ? a:b);
}
void main()
{
    int x,y,m;
    int (*fp)();                  /* 定义函数指针变量 */
    fp = max;                     /* 函数名就代表函数的地址 */
    printf("Input two numbers:\n");
    scanf("%d,%d",&x,&y);
    m = (*fp)(x,y); /* 用函数指针调用函数 */
    printf("max = %d",m);
}
```

程序说明如下。

(1) 语句 int (*fp)();表示定义 fp 为函数指针变量,函数的返回值为整型。

(2) 语句 fp=max;表示把被调函数的入口地址(函数名)赋予函数指针变量 fp。

(3) 语句 m=(*fp)(x,y);表示通过函数指针变量调用函数 max。

【注意】

函数指针变量不能进行算术运算,这是与数组指针变量不同的。函数调用中"(*指针变量名)"两边的括号不可少。

如果函数指针仅仅是替代函数名去调用函数,那就失去引入函数指针的意义了,如果将函数指针作为函数的参数,那么它的作用就很大了。看下面的例子。

【例 6-22】 函数指针作为函数参数。

```
#include <stdio.h>
int max(int a,int b)
{
    return a>b ? a:b;
}
int min(int a,int b)
{
    return a<b ? a:b;
}
int max_min(int (*p)(),int a,int b)
{
    return (*p)(a,b);
}
void main()
{
    int x,y,m,n,(*p)();
    scanf("%d%d",&x,&y);
    p = max;
    m = max_min(p,x,y);
    p = min;
    n = max_min(p,x,y);
    printf("max = %d,min = %d",m,n);
}
```

需要特别注意的是,函数指针变量和指针型函数这两者在写法和意义上是完全不同的。

(1) int（*p)()是一个变量说明,说明 p 是一个指向函数指针变量,该函数的返回值是整型量。

(2) int *p()是函数说明,说明 p 是一个函数,其函数返回值是一个指向整型量的指针。对于指针型函数定义,int *p()只是函数头部分,一般还应该有函数体部分。

本章小结

本章学习了指针类型,对指针、函数及两者之间的相关知识做了介绍。通过学习我们应掌握指针的含义及指针的运算,重点应学会用指针方法引用数组元素及操作字符串,理解指针变量作为函数参数、数组指针作为参数,了解指针型函数及函数指针。

指针运算的小结如下。

(1) 指针变量赋值：将一个变量的地址赋给一个指针变量。

```
int a, * p = &a;              /* 将变量 a 的地址赋给 p */
int a[10], * p = a;           /* 将数组 a 的首地址赋给 p */
int a, * p = &a, * q; q = p;  /* p 和 q 都是指针变量,将 p 的值赋给 q */
```

【注意】

不能将一个常数赋值给一个指针变量：int * p＝2000; 是错误的。

(2) 指针变量加(减)一个整数,例如：

p++、p--、p+i、p-i、p+=i、p-=i

一个指针变量加(减)的变化量是以指针变量所指向的变量类型所占用的内存单元字节数为单位的。

(3) 指针变量可以有空值,即该指针变量不指向任何变量：int * p＝NULL;。

(4) 两个指针变量相减运算：如果两个指针变量指向同一个数组的元素,则两个指针变量值之差是两个指针之间的元素个数。

(5) 两个指针变量的关系运算：如果两个指针变量指向同一个数组的元素,则两个指针变量可以进行比较。指向前面的元素的指针变量"小于"指向后面的元素的指针变量。

用指针变量作为函数参数可以实现函数调用获得多个值,是利用指针直接访问内存变量的方法,从而跨越各函数间变量的屏蔽(各函数的局部变量独立),将被调函数中所需要的值用指针访问的方法写入到主调函数中去。

数组指针作为参数函数时,主调函数向被调函数传递的是数组首地址(指针),被调函数对应的形参可以是基类相同的数组也可以是基类相同的指针变量,但实质都是告诉被调函数到内存中哪个地方(地址)去访问该数组。

指针型函数是指函数值的类型为指针型,即函数的返回值是一个地址。实际应用中要注意此时函数的定义格式：

```
类型说明符  * 函数名(形参列表)
    { 函数体 }
```

本章章节知识脉络如图 6-16 所示。

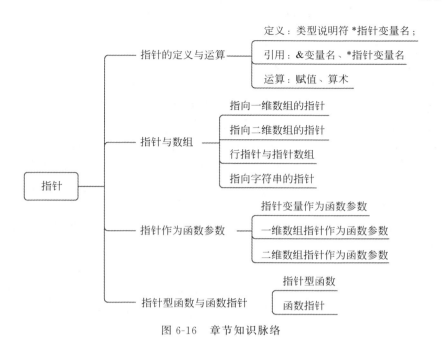

图 6-16 章节知识脉络

习题 6

1. 选择题

(1) 经过下列的语句 int j,a[10], ＊p＝a；定义后，下列语句中合法的是（ ）。

　　A. p＝p＋2；　　　　B. p＝a[5]；　　　　C. p＝a[2]＋2；　　D. p＝＆(j＋2)；

(2) 两个指针变量不可以（ ）。

　　A. 相加　　　　　　B. 比较　　　　　　C. 相减　　　　　　D. 指向同一地址

(3) 若已定义 x 为 int 类型变量，下列语句中说明指针变量 p 的正确语句是（ ）。

　　A. int p＝＆x；　　B. int ＊p＝x；　　C. int ＊p＝＆x；　　D. ＊p＝＊x；

(4) 若有定义 int a[10], ＊p＝a；,则 p＋5 表示（ ）。

　　A. 元素 a[5]的地址　B. 元素 a[5]的值　C. 元素 a[6]的地址 D. 元素 a[6]的值

(5) 若有以下定义和语句：

```
int a[10]={1,2,3,4,5,6,7,8,9,10}, *p=a;
```

不能表示 a 数组元素的表达式是（ ）。

　　A. ＊p　　　　　　　B. a[9]　　　　　　C. ＊p＋＋　　　　　D. a[＊p－a]

(6) 执行下列语句后的结果为（ ）。

```
int x=3,y;
int *px=&x;
y=*px++;
```

　　A. x＝3,y＝4　　　B. x＝3,y＝3　　　C. x＝4,y＝4　　　D. x＝3,y 不知

(7) 若有如下定义和语句：

```
int a[] = {1,2,3,4,5}, * p,i;
p = a;
```

若 0<＝i<5,则（　　）是对数值为 3 的数组元素的引用。

  A. ＊(a+2)   B. a[p-3]   C. p+2   D. a+3

(8) 若有定义 int ＊ p[3];,则以下叙述中正确的是（　　）。

  A. 定义了一个基类型为 int 的指针变量 p,该变量具有三个指针

  B. 定义了一个指针数组 p,该数组的三个元素都是基类型为 int 的指针

  C. 定义了一个名为 ＊ p 的整型数组,该数组含有三个 int 类型元素

  D. 定义了一个可指向一维数组的指针变量 p,所指一维数组应具有三个 int 类型
   元素

(9) 若定义 int　aa[8];,则以下表达式中不能代表数组元 aa[1]的地址的是（　　）。

  A. ＆aa[0]+1 B. ＆aa[1]   C. ＆aa[0]++ D. aa+1

(10) 以下程序段的输出结果是（　　）。

```
char * str[] = {"ABC","DEF","GHI"}; int j; puts(str[1]);
```

  A. ABC   B. BC   C. GHI   D. DEF

2. 改错题

(1) 功能：实现两个字符串的连接。

```
main()
{ char s1[80],s2[80];
    void scat(char s1[],char s2[]);
    gets(s1);
    gets(s2);
    scat(s1,s2);
    puts(s1);
}
void scat (char * s1,char * s2)
{ int i = 0,j = 0;
    / ********** FOUND ********** /
    while(s1[i] =  = '\0')
    i++;
    / ********** FOUND ********** /
    while(s2[j] =  = '\0')
    { / ********** FOUND ********** /
    s2[j] = s1[i];
    i++;
    j++;
    }
    / ********** FOUND ********** /
    s2[j] = '\0';
}
```

(2) 功能：先将在字符串 s 中的字符按正序存放到 t 串中,然后把 s 中的字符按逆序连接到 t 串的后面。

```
void fun(char * s,char * t)
{ int i,sl;
    sl = strlen(s);
```

```
/ ********** FOUND ********** /
for(i = 0;i < sl;i++)
t[i] = s[i];
for(i = 0;i < sl;i++)
/ ********** FOUND ********** /
t[sl + i] = s[sl - i];
/ ********** FOUND ********** /
t[sl] = '\0';}
main()
{ char s[100],t[100];
    printf("\nPlease enter string s:");scanf(" % s",s);
    fun(s,t);
    printf("The result is: % s\n",t);
}
```

3. 程序填空

(1) 功能：写一个函数，求一个字符串的长度，在 main 函数中输入字符串，并输出其长度。

```
# include < stdio. h >
void main()
{
    int length(char  * p);
    int len;
    char str[20];
    printf("please input a string:\n");
    scanf(" % s",str);
    / ********** SPACE ********** /
    len = length(【?】);
    printf("the string has % d characters.",len);
}

/ ********** SPACE ********** /
【?】(p)
char  * p;
{
    int n;
    n = 0;
    while( * p!= '\0')
    {
    / ********** SPACE ********** /
    【?】;
    / ********** SPACE ********** /
    【?】;
    }
    return n;
}
```

(2) 功能：从低位开始取出长整型变量 s 中偶数位上的数，依次构成一个新数放在 t 中。

```
# include < conio. h >
# include < stdio. h >
void fun (long s, long  * t)
```

```
{
    long sl = 10;
    s / = 10;
    / ********** SPACE ********** /
    * t = s【?】10;
    while(s > 0)
    {
        / ********** SPACE ********** /
        s = 【?】;
        / ********** SPACE ********** /
        * t = s % 10 * sl【?】;
        / ********** SPACE ********** /
        sl = sl【?】10;
    }
}
void main()
{
    long s, t;
    printf("\nPlease enter s:");
    scanf(" % ld", &s);
    fun(s, &t);
    printf("The result is: % ld\n", t);
}
```

4. 编程题

（1）编写一个使用指针的 c 函数，交换数组 a 和数组 b 中的对应元素。

（2）编写一个利用指针变量完成的程序，能够返回一个字符串的子串。例如，主串为 s＝"Program Design"，假设运行程序 t＝mystrsub(s,3,4)，应得到"ogra"。

（3）编写一函数，统计一个字符在一字符串中出现的次数。在主函数中输入字符及字符串，并输出统计结果。

（4）编写一函数，求 10 个整数的最大值和最小值的差。

（5）编写一函数，求一个二维数组中的最大值、最小值及平均值。在主函数中输入二维数组和输出计算结果（要求用全局变量）。

第7章

结构体与共用体

在实际应用中,我们常会处理这样的问题:建立班级学生信息表,包括学生的学号、姓名、性别、电话、籍贯、身份证号、家庭住址等信息,而这样的信息用前面学过的知识很难处理。如数组所处理的数据必须是相同类型的,基本数据类型更是没办法来表示这样的信息。为了解决此类问题,C语言提供了一种新的数据类型,用户可以自己建立由不同类型数据组成的数据结构,称为结构体。本章主要介绍结构体类型的定义、使用、结构体指针和链表等,并简单介绍共用体类型和枚举类型的概念。

本章要点

➤ 结构体类型、结构体变量、结构体数组的定义和使用。

➤ 结构体类型指针的概念和使用。

➤ 结构体作为函数的参数和返回值的使用。

➤ 共用体类型、共用体变量的定义和使用。

➤ 链表的概念和建立。

➤ 枚举类型的定义和使用。

7.1 结构体数据类型

前面介绍的数据类型(整型、字符型、浮点型等)都只包含一种类型的数据,即使是数组也只能包含多个同种类型的数据。但在实际问题中,往往需要将一组不同类型的数据统一进行处理。例如:一个学生的学号(整型)、姓名(字符型)、性别(字符型)、年龄(整型)、成绩(浮点型)等,这些数据是属于一个学生的,如表7-1所示。若是将这些信息定义为独立变量,则难以反映它们之间的内在联系。为了解决这个问题,C语言定义了一种构造数据类型——结构体,该类型允许用户将不同类型的数据组成一个新的数据结构。

表 7-1 学生基本信息

num(学号)	183303001	整型
name(姓名)	Liming	字符型
sex(性别)	M	字符型
age(年龄)	18	整型
score(成绩)	95.5	浮点型

7.1.1 结构体类型的定义

结构体是一种构造数据类型，结构体中包含的数据元素称为成员，一个成员可以是一个基本数据类型也可以是一个构造类型。既然结构体是一个构造类型，那么使用之前必须要先"构造"它，然后再用它定义相应的变量。

构造一个结构体类型的一般格式为：

```
struct 结构体名
{
类型说明符 1 成员名 1;
类型说明符 2 成员名 2;
. . .
类型说明符 n 成员名 n;
};
```

每个成员都是该结构体类型的一个组成部分，每个成员既可以是一个基本数据类型，也可以是一个构造类型。成员的命名应符合标识符的书写规范。

例如：建立学生基本信息的结构体类型。

```
struct student
{
    long num;                    /* 学号为整型 */
    char name[15];               /* 姓名为字符串 */
    char sex;                    /* 性别为字符型 */
    int age;                     /* 年龄为整型 */
    float score;                 /* 成绩为浮点型 */
};
```

在这个结构体定义中，struct 是定义结构体类型的保留关键字，student 为自定义的结构体名称，一般情况下，用有一定意义的单词或单词的缩写组合作为结构体的名称。num、name、sex、age 和 score 为该结构体中的 5 个成员，如表 7-1 所示。其中 num 为长整型变量；name 为字符数组；sex 为字符变量；age 为整型变量；score 为浮点型变量。结构体是一个整体，因此结构体中的每个成员都不能脱离结构体单独使用。

7.1.2 结构体类型变量的定义

构造了结构体类型后，即可用定义的类型来声明变量。以结构体 student 为例，凡定义为结构 student 的变量都由上述 5 个成员组成。成员名可以与程序中的变量名相同，两者互不干扰。

结构体变量的定义有以下三种方法。

（1）先构造结构体类型，再定义结构体变量。

例如：

```
struct student
{
    long num;
    char name[15];
    char sex;
```

```
    int age;
    float score;
};
struct student stu1,stu2;
```

我们先定义了结构体类型 student,然后用该类型定义了两个结构体变量 stu1 和 stu2。struct student 代表的是类型名,就如同定义浮点型变量时(如 float a,b;),其中 float 是类型名是一样的。stu1 和 stu2 是变量,每个变量都分别有 5 个成员,可以存放相应的数据,如表 7-2 所示。结构体类型所占有的内存字节数是所有成员的字节数的和。

表 7-2 结构体变量 stu1 和 stu2

stu1:	183303001	Li Ming	M	18	95.5
stu2:	183303002	Zhao Xin	W	18	87

(2) 在构造结构体类型的同时定义结构体变量。

例如:

```
struct student
{
    long num;
    char name[15];
    char sex;
    int age;
    float score;
} stu1,stu2;
```

这种定义结构体变量的形式是第一种形式的简化,即在定义了结构体类型的同时又定义了结构体变量。如果有必要还可以以第一种形式再定义其他变量。

例如:

```
struct student stu3;
```

以上定义的变量 stu1、stu2 和 stu3 均为结构体变量。

(3) 直接定义结构体类型的变量。

例如:

```
struct
{
    long num;
    char name[15];
    char sex;
    int age;
    float score;
}stu1,stu2;
```

第(3)种方法与第(2)种方法的区别在于,第(3)种方法中省去了结构体名,而直接给出结构体变量。因此,不能再继续定义其他变量。

在上述 student 结构体的定义中,所有的成员都是基本数据类型或数组类型。实际上成员本身也可以是一个结构体类型,例如:

```
struct date
{
```

```
    int year;
    int month;
    int day;
};
struct student
{
    long num;
    char name[15];
    char sex;
    int age;
    struct date birthday;                    /* birthday 为结构体类型 */
    float score;
}stu1,stu2,stu3;
```

本例中首先定义一个结构体类型 date，包含 year、month、day 三个成员。结构体 student 中包含了成员 birthday，成员 birthday 是 date 类型，如表 7-3 所示。

表 7-3   结构体 student

num	name	sex	age	birthday			score
				year	month	day	

需要注意的是，结构体类型与结构体变量是不同的两个概念。结构体类型相当于一个模型，并无具体的数据，系统对类型也不会分配内存空间；当我们要在程序中使用结构体类型的数据时，必须先定义所需的结构体类型的变量，由系统对变量分配相应的内存空间，来实现用户数据的存取或计算。

7.1.3   结构体变量的初始化

如果结构体变量是全局变量或静态变量，则可对它做初始化赋值，即结构体变量在定义时进行赋值。对局部或自动结构体变量不能做初始化赋值。

1. 结构体变量为全局变量的初始化

【例 7-1】 结构体变量初始化。

```
#include < stdio.h >
struct student                                          /*结构体定义类型 student */
{
    long num;
    char name[15];
    char sex;
    int age;
    float score;
}stu1;
struct student stu1 = {183303001,"Li Ming",'M',18,95.5};     /* 对变量 stu1 初始化 */
void main()
{
    printf("Num = % ld\nName = % s\n",stu1.num,stu1.name);
    printf("Sex = % c\nAge = % d\nScore = % f\n",stu1.sex,stu1.age,stu1.score);
}
```

运行结果：

```
Num = 183303001
Name = Li Ming
Sex = M
Age = 18
Score = 95.5
```

本例中,stu1 被定义为外部结构体变量,并对 stu1 做了初始化赋值,然后用两个 printf 语句输出 stu1 各成员的值。

2. 静态结构体变量的初始化

【例 7-2】 静态结构体变量初始化。

```
# include < stdio. h >
void main()
{
    static struct student                    /* 定义静态结构体 */
    {
    long num;
    char name[15];
    char sex;
    int age;
    float score;
    }stu2 = {183303002," Zhao Xin ",'W',18,87};
    printf("Num = % ld\nName = % s\n",stu2.num,stu2.name);
    printf("Sex = % c\nAge = % d\nScore = % f\n",stu2.sex,stu2.age,stu2.score);
}
```

运行结果:

```
Num = 183303002
Name = Zhao Xin
Sex = W
Age = 18
Score = 87
```

本例中,stu2 被定义为静态结构体变量,并对 stu2 做了初始化赋值,然后用两个 printf 语句输出 stu2 中各成员的值。

【说明】

(1)必须用结构体类型定义完变量后,才能初始化。

(2) 不允许直接对结构体变量赋予一组常量。

例如:

```
stu1 = {183303001,"Li Ming",'M',18,95.5};
```

(3) 如果结构体成员中包含结构体变量,则初始化时要对其各个基本成员赋予初值。

例如:

```
struct date
{
    int year;
    int month;
    int day;
};
struct student
```

```
{
    long num;
    char name[15];
    char sex;
    int age;
    struct date birthday;
    float score;
}stu1 = {183303001,"Li Ming",'M',18,2000,3,19,95.5};
```

7.1.4　结构体变量成员的引用

定义了结构体变量以后，就可以引用这个变量，在程序中使用结构变量时，往往不把它作为一个整体来使用。对结构变量的使用，包括赋值、输入、输出、运算等都是通过结构体变量的成员来实现的。表示结构体变量成员的一般格式是：

<结构体变量名>.<成员名>

其中"."是成员运算符，它在所有的运算符中优先级最高。

例如：

```
stu1.num                /*学生的学号*/
stu1.name               /*学生的姓名*/
```

如果成员本身又是一个结构体类型，则应该用若干个"."一级一级地找到最低级的成员。

例如：

```
stu1.birthday.year
stu1.birthday.month
stu1.birthday.day
```

不能将一个结构体变量作为一个整体加以引用，例如已定义了结构体变量 stu1，并且进行了初始化：

```
struct student
{
    long num;
    char name[15];
    char sex;
    int age;
    float score;
}stu1 = {183303001,"Li Ming",'M',18,95.5};
```

数据输出时不能这样引用：

```
printf("%ld,%s,%c,%d, %f",stu1);
```

而应当这样引用：

```
printf("%ld,%s,%c,%d,%f",stu1.num,stu1.name,stu1.sex,stu1.age,stu1.score);
```

对结构体成员变量可以像引用普通变量一样进行各种运算。例如：

```
stu1.num = 183303001;
stu1.name = "Gao Ling";
stu1.age++;
k = stu1.score - stu2.score;
```

【例7-3】 结构体变量的引用。

```
# include < stdio. h >
void main( )
{
    struct date
    {
        int year;
        int month;
        int day;
    };
    struct student
    {
        long num;
        char name[15];
        char sex;
        int age;
        struct date birthday;
        float score;
    }stu2,stu1 = {183303001,"Li Ming", 'M',18,2000,3,19,95.5};
    stu2 = stu1;
    stu2.age++;
    printf("Num. = % ld\nName = % s\n",stu2.num,stu2.name);
    printf("Birthday = % d - % d - % d\n",stu2.birthday.year, stu2.birthday.month,
                                    stu2.birthday.day);
    printf("Sex = % c\nAge = % d\nScore = % .2f\n",stu2.sex,stu2.age,stu2.score);
}
```

运行结果：

```
Num. = 183303001
Name = Li Ming
Birthday = 2000 - 3 - 19
Sex = M
Age = 19
Score = 95.50
```

两个相同类型的结构体变量之间是可以直接赋值的，如本例中的 stu2＝stu1。

7.2 结构体数组

在例7-3中，结构体变量stu1存储的是一个学生的信息。定义变量stu1和stu2可以存储两个学生的信息，但如果一个班级有40个学生，一个学院有2000个学生，那么就要定义40或2000个结构体变量。从理论上讲这种方法是可行的，但这显然不是一个好方法，如果使用数组就简单多了。结构体数组也是一个数组，其中的每个元素都是一个结构体类型的变量。

在实际应用中，经常用结构体数组来表示具有相同数据结构的一个数据集合，如一个班的学生档案等。

7.2.1　结构体数组的定义

结构体数组的定义方法和结构体变量的定义方法相同,可以采用三种方法定义结构体数组,本节以第二种方法为例。

例如：

```
struct student
{
    long num;
    char name[15];
    char sex;
    int age;
    float score;
    char * address;
}stu[5];
```

上面定义了一个结构体数组 stu,数组中包含 5 个元素 stu[0]～stu[4],每个数组元素都是一个结构体变量。

7.2.2　结构体数组的初始化

结构体数组可以在定义时初始化,但只能对全局的或静态存储的数组进行初始化。

例如：

```
struct student
{
    long num;
    char name[15];
    char sex;
    int age;
    float score;
    char * address;
}stu[5] = {
        {183303001,"Liu ping",'W',20,85.0,"Beijing"},
        {183303002,"Zhang bin",'M',19,72.0,"Anshan"},
        {183303003,"Han feng",'M',19,96.5,"Hefei"},
        {183303004,"Zeng li",'W',20,67.0,"Dalian"},
        {183303005,"Wang min",'W',19,57.5,"Tianjin"}};
```

当对全部元素做初始化赋值时,也可不给出数组长度。各个元素在内存中的存储形式如表 7-4 所示。

表 7-4　结构体数组元素在内存中的存储形式

stu[0]	183303001	Liu ping	W	20	85.0	Beijing
stu[1]	183303002	Zhang bin	M	19	72.0	Anshan
stu[2]	183303003	Han feng	M	19	96.5	Hefei
stu[3]	183303004	Zeng li	W	20	67.0	Dalian
stu[4]	183303005	Wang min	W	19	57.5	Tianjin

7.2.3 结构体数组的引用

结构体数组的引用类似于结构体变量的引用,只是用结构体数组元素来代替结构体变量。如第一个学生的个人信息:

```
stu[0].num
stu[0].name
stu[0].sex
stu[0].age
stu[0].score
stu[0].address
```

【注意】

同结构体变量一样,结构体数组元素不能整体输入输出,只能以单个成员为对象进行输入输出。

【例 7-4】 计算 5 名学生的平均成绩。

算法分析如下。

(1) 定义结构体数组并进行初始化。

(2) 通过循环求学生成绩的和。

(3) 求平均值然后输出。

程序代码:

```c
#include <stdio.h>
struct student
{
    long num;
    char name[15];
    char sex;
    int age;
    float score;
    char *address;
}stu[5] = {
        {183303001,"Liu ping",'W',20,85.0,"Beijing"},
        {183303002,"Zhang bin",'M',19,72.0,"Anshan"},
        {183303003,"Han feng",'M',19,96.5,"Hefei"},
        {183303004,"Zeng li",'W',20,67.0,"Dalian"},
        {183303005,"Wang min",'W',19,57.5,"Tianjin"}};
void main()
{
    int i;
    double ave,sum = 0;
    for(i = 0;i < 5;i++)
    {
        sum = sum + stu[i].score;
    }
    ave = sum/5;
    printf("Average = %.2lf\n",ave);
}
```

运行结果:

Average = 75.60

程序说明如下。

（1）程序中定义了一个外部结构体数组 stu，共 5 个元素，并进行了初始化赋值。

（2）主函数中通过 for 循环与求和语句 sum＝sum＋stu[i]. score；逐个累加每个学生的 score 成员值存于求和变量 sum 中，最后输出平均分 ave＝sum/5。

7.3　结构体指针

7.3.1　指向结构体变量的指针

指向一个结构体变量的指针变量称为结构体指针变量。一个结构体变量的指针是该结构体变量所占内存空间的首地址。通过结构体指针即可访问该结构体变量。

结构体指针变量定义的一般格式为：

struct 结构体名 ＊结构体指针变量名；

例如：

```
struct student
{
    long num;
    char name[15];
    char sex;
    int age;
    float score;
    char * address;
}stu1,stu2;
struct student * pstu;
```

【注意】

结构体指针变量赋值后才能使用。赋值是把结构体变量的首地址赋予该指针变量。

例如：

pstu = &stu1;

有了结构体指针变量，就能很方便地访问结构体变量的各个成员。

其访问的一般格式为：

（1）

（＊结构体指针变量）.成员名

例如：

（＊pstu）. num　　　　　　　　　／＊学生的学号＊／

【注意】

（＊pstu）两侧的括号不可少，因为成员符"."的优先级高于"＊"。如果括号被去掉，＊pstu. num 则等价于＊（pstu. num），表示的意义就错了。

（2）

结构体指针变量－>成员名

例如：

pstu－>name   ／＊学生的姓名＊／

下面通过例子来说明结构体指针变量的具体使用方法。

【例7-5】 通过结构体指针输出代码。

程序代码：

```
# include < stdio. h >
struct student
{
    long num;
    char name[15];
    char sex;
    int age;
    float score;
    char * address;
}stu1 = {183303001,"Liu ping",'W',20,85.0,"Beijing"}, * pstu;
void main()
{
pstu = &stu1;
printf("Num. = % ld\nName = % s\n",( * pstu). num,( * pstu). name);
    printf("Sex = % c\nScore = % f\nAddress = % s\n\n",( * pstu). sex,
        ( * pstu). score, ( * pstu). address);
    printf("Num. = % ld\nName = % s\n",pstu－> num,pstu－> name);
    printf("Sex = % c\nScore = % f\nAddress = % s\n",pstu－> sex,
                    pstu－> score, pstu－> address);
}
```

运行结果：

```
Num. = 183303001
Name = Liu ping
Sex = W
Age = 20
Score = 85.0
Address = Beijing

Num. = 183303001
Name = Liu ping
Sex = F
Age = 20
Score = 85.0
Address = Beijing
```

程序说明如下。

（1）程序定义了一个结构体 stu，定义了 stu 类型结构体变量 stu1 并做了初始化赋值，还定义了一个指向 stu 结构体的指针变量 pstu。

（2）在 main 函数中，pstu 被赋予了结构体变量 stu1 的地址，因此 pstu 指向 stu1。然后在 printf 语句内用两种形式输出 stu1 的各个成员值。

（3）从运行结果可以看出，(＊结构体指针变量).成员名和结构体指针变量->成员名这两种形式是完全等价的。

7.3.2　指向结构体数组的指针

指针变量可以指向一个结构体变量，同样也可以指向一个结构体数组，此时结构体指针变量的值是整个结构体数组的首地址。通过结构体指针变量的移动可以指向结构体数组的任意一个元素。

【例 7-6】　用指针变量输出结构体数组。

```c
# include < stdio. h>
struct student
{
    long num;
    char name[15];
    char sex;
    int age;
    float score;
    char * address;
}stu[5] = {
        {183303001,"Liu ping",'W',20,85.0,"Beijing"},
        {183303002,"Zhang bin",'M',19,72.0,"Anshan"},
        {183303003,"Han feng",'M',19,96.5,"Hefei"},
        {183303004,"Zeng li",'W',20,67.0,"Dalian"},
        {183303005,"Wang min",'W',19,57.5,"Tianjin"}};
void main()
{
    struct student * pstu;
        printf("Num.\t\tName\t\tSex\tAge\tScore\t\tAddress\n");
        for(pstu = stu;pstu < stu + 5;pstu++)
        printf("% ld\t% s\t% c\t% d\t%.2f\t% s\n",
            pstu -> num,pstu -> name,pstu -> sex,
        pstu -> age,pstu -> score, pstu -> address);
}
```

运行结果：

Num	Name	Sex	Age	Score	Address
183303001	Liu ping	W	20	85.00	Beijing
183303002	Zhang bin	M	19	72.00	Anshan
183303003	Han feng	M	19	96.50	Hefei
183303004	Zeng lili	W	20	67.00	Dalian
183303005	Wang min	W	19	57.50	Tianjin

程序说明如下。

（1）程序定义了 student 结构体类型数组 stu，并对其进行了初始化赋值。

（2）在 main 函数内定义 pstu 为指向 student 类型的指针变量。

（3）程序通过指针的控制进行了 5 次循环，输出了结构体数组的元素。

7.3.3　结构体指针变量作为函数参数

第 6 章介绍了指针变量可以作为函数参数，因此指向结构体变量的指针变量也可以作为函数参数。这时实参传递给形参的是地址，从而节约了程序运行的时间和空间。

【例 7-7】 输出一组学生中的最高成绩。

```c
#include <stdio.h>
struct student
{
    long num;
    char name[15];
    char sex;
    int age;
    float score;
    char * address;
}stu[5] = {
            {183303001,"Liu ping",'W',20,85.0,"Beijing"},
            {183303002,"Zhang bin",'M',19,72.0,"Anshan"},
            {183303003,"Han feng",'M',19,96.5,"Hefei"},
            {183303004,"Zeng li",'W',20,67.0,"Dalian"},
            {183303005,"Wang min",'W',19,57.5,"Tianjin"}};
void main()
{
    struct student * pstu;
        float max(struct student * pstu);
        pstu = stu;
        printf("Max = %.2f",max(pstu));
}
float max(struct student * p)
{
    int i;
    float max;
    max = p -> score;
    for(i = 1;i < 5;i++,p++)
    {
            if(p -> score > max)
            max =  p -> score;
    }
    return max;
}
```

运行结果：

Max = 96.50

程序说明如下。

（1）程序中定义了函数 float max(struct student * p)，其形参为结构体指针变量 p。

（2）stu 被定义为结构体数组，并做了初始化。

（3）语句 pstu＝stu; 把 stu 的首地址赋予 pstu，使 pstu 指向 stu 数组。

（4）以 pstu 作为实参进行函数调用 printf("Max＝%.2f",max(pstu));并输出。

7.3.4　结构体指针变量作为函数返回值

前面介绍了函数的返回值可以是整型、浮点型、字符型、指针型及无返回值类型等，函数的返回值还允许是结构体指针类型。

【例 7-8】 输出一组学生中成绩最高学生的学号、姓名和成绩。

算法分析如下。

（1）定义结构体数组并进行初始化。

（2）编写函数查找数组中学生成绩最高的结构体元素。

（3）在主函数中调用函数并输出结果。

程序代码：

```c
# include < stdio. h>
struct student
{
    long num;
    char name[15];
    char sex;
    int age;
    float score;
    char * address;
}stu[5] = {
                {183303001,"Liu ping",'W',20,85.0,"Beijing"},
                {183303002,"Zhang bin",'M',19,72.0,"Anshan"},
                {183303003,"Han feng",'M',19,96.5,"Hefei"},
                {183303004,"Zeng li",'W',20,67.0,"Dalian"},
                {183303005,"Wang min",'W',19,57.5,"Tianjin"}};
void main()
{
    struct student * pstu, * q;
    struct student * max(struct student * pstu);
    pstu = stu;
    q = max(pstu);
    printf("Num.\t\tName\t \tScore \n");
    printf(" % ld\t % s\t % .2f\n",q - > num,q - > name,q - > score);
}
struct student * max(struct student * p)
{
    int i,k = 0;
    float max;
    max = p - > score;
    for(i = 1;i < 5;i++)
    {
        if((p + i) - > score > max)
            k = i;
    }
return p + k;
}
```

运行结果：

Num.	Name	Score
183303003	Han feng	96.50

程序说明如下。

（1）程序中定义了函数 struct student * max(struct student * p)，其形参为结构体指针变量 p，函数的返回值也为结构体指针变量。

（2）stu 被定义为结构体数组，并做了初始化。

（3）语句 pstu＝stu；把 stu 的首地址赋予 pstu，使 pstu 指向 stu 数组。

（4）以 pstu 作为实参进行函数调用 q＝max(pstu)；，并将结果返回给结构体指针变量 q。

7.4　链表

7.4.1　动态存储分配

在 C 语言中不允许动态定义数组类型，也就是说数组的长度一旦定义后就不可改变。但是在实际的应用中，有些问题的数据量的大小无法预先确定，并且在程序的运行过程中数据的个数是动态改变的，为了解决此类问题，C 语言提供了一些内存管理函数，这些内存管理函数可以根据需要动态地增加或减少内存空间。C 语言中提供了 4 个有关动态存储分配的函数，即 malloc()、calloc()、free() 和 realloc()。

常用的两个函数是 malloc() 和 free()。

1. 分配内存空间函数 malloc()

函数原形：

```
void * malloc(unsigned size)
```

功能：在内存的动态存储区中分配一块长度为"size"字节的连续存储区，函数的返回值为该区域的首地址。malloc() 函数经常和 sizeof() 一起使用。

例如：

```
p = (int *)malloc(50);
```

表示分配 50 个字节的内存空间，并强制转换为整型数据类型数组，函数的返回值为指向该整型数组的指针，把该指针赋予指针变量 p。

2. 释放内存空间函数 free()

函数原形：

```
void free(void * p);
```

功能：释放 p 所指向的一块连续内存存储空间，p 指向被释放区域的首地址。被释放区必须是由 malloc 或 calloc 函数所分配的区域。

7.4.2　链表的操作

C 语言中动态内存管理函数的引入提高了系统内存的使用效率，链表是实现动态内存分配的解决方案，它是在程序的执行过程中根据需要向系统要求申请存储空间，使用结束就释放内存空间，绝不构成对存储区的浪费。链表是一种复杂的数据结构，其数据之间的相互关系使链表分成三种：单链表、循环链表、双向链表。本小节主要介绍单链表的建立、插入、删除等操作。

链表采用动态分配的办法为一个结构体分配内存空间，称之为一个结点。每个结点存放一个对象的数据信息,有多少个对象就应该申请分配多少个结构体内存空间,也就是说要建立多少个结点,当对象增加或减少时动态地添加或释放存储空间(结点)。

如建立一个学生学籍管理系统,有一个学生就分配一个结点,结点之间的联系用指针来实现,如果某学生退学,可删去该结点,并释放该结点占用的存储空间。使用动态分配时,各个结点在内存中占用的存储空间可以是不连续的。在结点结构中定义一个成员项用来存放下一结点的起始地址,称为指针域。在第一个结点的指针域内存入第二个结点的起始地址,在第二个结点的指针域内又存放第三个结点的起始地址,如此下去直到最后一个结点。最后一个结点因无后续结点连接,指针域可以赋值为 NULL。这样一种存储管理方式,在数据结构中称为"链表"。图 7-1 为学生学籍管理单链表的示意图,图中每个结点是一个结构体,结构体的定义如下:

```
struct student
{
    long num;
    char name[15];
    char sex;
    int age;
    float score;
};
```

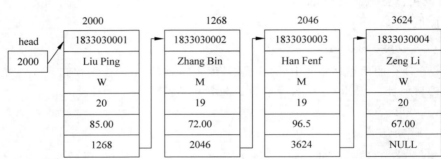

图 7-1　学生单链表结构示意图

图 7-1 中的结点 head 称为头结点,它存放第一个学生结点的首地址,是一个指针变量。从第一个结点往后的每个结点都分为两个域,一个是数据域,存放每个学生的数据信息;另一个是指针域,存放下一结点的起始地址。

【例 7-9】　建立一个 10 个结点的链表,存放学生数据。

程序分析如下。

(1) 定义链表结点的数据结构。

(2) 建立表头。

(3) 利用 malloc 函数向系统申请结点空间。

(4) 对新结点赋值,将新结点的指针域赋为 NULL,若是空表就将新结点连接到表头,否则将新结点连接到表尾。

(5) 若有后续结点则转到(3),否则结束。

程序代码:

```
# include < stdio. h >
# include < stdlib. h >
```

```
struct student
{
    long num;
    char name[15];
    int age;
    float score;
    struct student * next;
};
struct student * create(struct student * head,int n)
{
    struct student * p1, * p2;
    int i;
        p2 = (struct student * )malloc(sizeof (struct student)); p1 = head = p2;
    printf("Input student data:");
    scanf(" % ld % s % d % f",&p2 - > num,p2 - > name,&p2 - > age,&p2 - > score);
    p2 - > next = NULL;
    for(i = 1;i < = n;i++)
        {
            p2 = (struct student * )malloc(sizeof (struct student));
            printf("\nInput student data:\n");
            scanf(" % ld % s % d % f",&p2 - > num,p2 - > name,&p2 - > age,&p2 - > score);
            p2 - > next = NULL;
            p1 - > next = p2;
            p1 = p2;
        }
        return(head);
    }
    void print(struct student * h)
    {
        struct student * t = h;
        while(t!= NULL)
            {
            printf("\n % ld, % s, % d, % .2f\n",t - > num,t - > name,t - > age,t - > score);
            t = t - > next;
            }
}
void main()
{
    struct student * head;
    head = NULL;
    head = create(head,10);
    print(head);
}
```

程序说明如下。

(1) 程序中定义了两个函数子 create() 和 print()。

(2) 函数 create() 的功能是建立有 n 个结点的链表,它是一个指针函数,它的返回值是指向 student 结构体的指针。

(3) 函数 print() 的功能是输出链表内容,它的形式参数是结构体指针变量,即链表的首地址。

【例 7-10】 创建包含学号、姓名结点的单链表。其结点数为任意个,表以学号为序,低学号的在前,高学号的在后,以输入姓名为空作为结束。在此链表中,要求删除一个给定姓名的结点，并插入一个给定学号和姓名的结点。

程序分析如下。

（1）创建链表的过程与例 7-9 相同。

（2）结点插入过程：指针 p1 指向待插入结点，p2 指向第一个结点。将 p1-> num 与 p2-> num 相比较（查找要插入结点的位置），若 p1-> num＞p2-> num，则待插入结点不在应插入结点 p2 所指的结点之前，此时将 p2 后移，并将 p3 指向刚才 p2 所指的结点，继续下次比较，直到 p1-> num≤p2-> num 为止，此时将 p1 所指结点插入到 p2 所指结点之前。

（3）结点删除过程：从 p 指向的第一个结点开始，查找该结点中的 num 值是否等于要删除的那个学号，如果相等就将该结点删除，若不等就将 p 后移一个结点，如此进行下去，直到表尾结束。

程序代码：

```c
# include "stdio. h"
# include "string. h"
# include "malloc. h"
struct numde                  /* 结点的数据结构 */
{
int num;
char name[20];
struct numde * next;
};
/* * * * * * * * * * * * * * * * * * * * * * */
void main()
{
struct numde * create();      /* 函数声明 */
struct numde * insert();
struct numde * delete();
void print();
struct numde * head;
char str[20];
int n;
head = NULL;                   /* 做空表 */
head = create(head);          /* 调用函数创建以 head 为头的链表 */
print(head);                  /* 调用函数输出结点 */
printf("\n Please input insert num,name:\n");
scanf(" % d",&n);             /* 输入学号 */
gets(str);                    /* 输入姓名 */
head = insert(head,str,n);    /* 将结点插入链表 */
print(head);                  /* 调用函数输出结点 */
printf("\n Please input deleted num:\n");
scanf(" % d",&n);             /* 输入被删学号 */
head = delete(head,n);
print(head);                  /* 调用函数输出结点 */
return;
}
/* * * * * * * * * * 创建链表 * * * * * * * * * * */
struct numde * create(struct numde * head)
{
```

```
    struct numde * p1, * p2;
    p1 = p2 = (struct numde * )malloc(sizeof(struct numde));
    printf("Please input num, name:\n");
    scanf(" % d",&p1 -> num);
    gets(p1 -> name);
    p1 -> next = NULL ;
    while(strlen(p1 -> name)> 0)
    {
        if(head == NULL)
            head = p1;
        else
        {
            p2 -> next = p1;
            p2 = p1;
            p1 = (struct numde * )malloc(sizeof(struct numde));
            printf("Please input num, name:\n");
            scanf(" % d", &p1 -> num);
            gets(p1 -> name);
            p1 -> next = NULL;
        }
    }
    return head;
}
/* * * * * * * * * * 插入结点 * * * * * * * * * * */
struct numde * insert(head,pstr,n)
struct numde * head;
char * pstr;
int n;
{
struct numde * p1, * p2, * p3;
p1 = (struct numde * )malloc(sizeof(struct numde));
strcpy(p1 -> name,pstr);
p1 -> num = n;
p2 = head;
if(head == NULL)
{
head = p1; p1 -> next = NULL;
}
else
{
        while(n > p2 -> num&&p2 -> next!= NULL)
{
            p3 = p2;
            p2 = p2 -> next;
        }
        if(n < = p2 -> num)
            if(head == p2)
            {
                head = p1;
                p1 -> next = p2;
            }                    /* 插入位置在表首 */
```

```
                else
                {
                    p3 - > next = p1;
                    p1 - > next = p2;
                }                      / * 插入位置在表中 * /
            else
            {
                p2 - > next = p1;
                p1 - > next = NULL ;
            }                      / * 插入位置在表尾 * /
    }
    return(head);
}
/ * * * * * * * * * * * * * * * * * * * * * * * /
/ * * * * * * * * * * 删除结点 * * * * * * * * * /
struct numde * delete(head, n)
struct numde * head;
int n;
{
struct numde * temp, * p;
temp = head ;
if(head == NULL)
printf("\n The list is null! \n");
else
{
        temp = head ;
        while(temp - > num!= n &&temp - > next!= NULL)
        {
            p = temp;
            temp = temp - > next;
        }
        if(temp - > num == n)
        {
            if(temp == head)
            {
                head = head - > next;
                free(temp);
            }                  / * 删除位置在表首 * /
            else
            {
                p - > next = temp - > next;
                free(temp);
            } printf("Delete student : % d\n",n);
        }                      / * 删除位置在表中或表尾 * /
        else
            printf("\n Name Found! \n");
                            / * 表中没有找到要删除的数据 * /
}
return(head);
}
/ * * * * * * * * * * * * * * * * * * * * * * * /
```

```
/* * * * * * * *链表各结点的输出* * * * * * */
void print(struct numde * head)
{
        struct numde * temp;
        temp = head;
        printf("\numutput students:\n");
        while(temp!= NULL)
        {
            printf("\n%d-- %s\n", temp->num ,temp->name);
            temp = temp->next;
        }
        return;
}
```

7.5　共用体数据类型

　　共用体又叫联合体,是将不同数据类型的数据项组成一个整体,但是它与结构体不同,这些不同类型的数据项在内存中所占用的内存单元起始地址是相同的。

　　共用体类型的定义形式和结构体的定义形式是相似的,区别是结构体定义的关键字是struct,而共用体定义的关键字是 union。

1. 共用体数据类型的定义

　　定义一个共用体类型的一般格式为:

```
union 共用体名
{
    类型说明符 1 成员名 1;
    类型说明符 2 成员名 2;
    ...
    类型说明符 n 成员名 n;
};
```

　　例如:

```
union mem
{
    char a;
    float b;
};
```

　　定义的共用体名称为 mem,它含有两个成员 a 和 b,a 的数据类型是字符型,b 的数据类型是实型。

2. 共用体变量的定义

　　共用体变量的定义和结构体变量的定义方式相同,也有三种格式。

　　定义一个共用体变量的一般格式为:

```
union 共用体名
{
    类型说明符 1 成员名 1;
```

```
        类型说明符 2 成员名 2;
        ...
        类型说明符 n 成员名 n;
}变量名表列;
```

例如：

```
union mem
{
    char a;
    float b;
}x,y;
```

变量 x、y 是结构体类型的变量，它们可以被赋予字符型数据，也可以被赋予浮点型数据。共用体类型的变量与结构体类型的变量在内存中所占用的单元是不同的。共用体变量所占用的内存单元是由其成员中所占内存最大的成员决定的，如上面定义的共用体 mem，成员 a 占一个字节，成员 b 占 4 个字节，那么该共用体变量就占 4 个字节。

3. 共用体变量的引用

共用体变量的应用方式和结构体变量的应用方式相同：

<共用体变量名>.<成员名>

由于共用体变量不同时具有每个成员的值，因此，最后一个赋予它的值就是共用体的值。

例如：

```
union mem
{
    char a;
    float b;
}x,y;
x.a = 'A';
x.b = 100;
```

共用体变量 x 的 a 成员先被赋予了'A'，然后 b 成员又被赋予了 100，最后共用体变量 x 中只存储了成员 b 的值，即 100。

4. 共用体的特点

(1) 同一内存段可放几种不同类型的成员，但每次只能存放一种数据类型的数据。例如：

```
a.c = 'a';
a.f = 2.1;
```

在完成以上两个赋值运算后，只有 a.f 是有效的，a.c 不再有效，例如：

```
printf(" % f",a.f);            /* 正确的 */
printf(" % c",a.c);            /* 错误的 */
```

所以引用共同体变量时应该特别注意当前放的是什么数据。

(2) 共用体变量地址及其各成员地址都是同一地址，即 &a、&a.i、&a.c、&a.f 的值相同。

(3) 不能对共用体变量名赋值，也不能定义时进行初始化。

（4）不能把共用体变量作为函数参数，也不能使函数返回共用体变量，但可以使用指向共用体的指针。

（5）允许定义共用体数组。

7.6 枚举类型

在一些实际问题中，有些变量的取值是确定且有限的，如一个星期有七天，一年有十二个月等，针对此类问题人们建立了一种枚举类型。在枚举类型的定义中列举出所有可能的取值，被定义的枚举类型的变量的取值必须在定义的范围之内。

（1）枚举类型定义的一般格式为：

enum 枚举名{ 枚举值表 };

在枚举值表中应列出所有可用值，这些值也被称为枚举元素。

例如：

enum weekday{ Sunday , Monday , Tuesday , Wednesday , Thursday , Friday , Saturday };

枚举名为 weekday，枚举值共有 7 个。枚举类型中的每个元素对应一个数值，系统默认从 0 开始。如在 weekday 中，Sunday 值为 0，Monday 值为 1，Tuesday 值为 2，Wednesday 值为 3，Thursday 值为 4，Friday 值为 5，Saturday 值为 6。一旦定义它们的值就不能改变了。

（2）枚举变量的说明。

同结构体和共用体变量的定义一样，枚举变量也可用不同的方式说明，即先定义后说明，同时定义说明或直接说明。

例如：

```
enum weekday{Sunday,Monday,Tuesday,Wednesday ,Thursday,Friday,Saturday};
enum weekday a,b;
```

或者为：

```
enum weekday{Sunday,Monday,Tuesday,Wednesday,Thursday ,Friday ,Saturday }a,b;
```

或者为：

```
enum {Sunday,Monday,Tuesday,Wednesday,
        Thursday,Friday,Saturday}a,b;
```

【例 7-11】 枚举类型题举例。

```
#include <stdio.h>
void main()
{
    enum weekday{Sunday,Monday,Tuesday,Wednesday,Thursday,Friday,Saturday}a[7];
    int i;
    a[0] = Sunday;
    a[1] = Monday;
    a[2] = Tuesday;
    a[3] = Wednesday;
```

```
        a[4] = Thursday;
        a[5] = Friday;
        a[6] = Saturday;
        for(i = 0;i < 7;i++)
            printf(" % d ",a[i]);
    }
```

程序说明如下。

（1）只能把枚举值赋予枚举变量，不能把元素的数值直接赋予枚举变量。例如：

```
a[0] = Sunday;
```

是正确的，而

```
a[0] = 0;
```

是错误的。如果一定要把数值赋予枚举变量，则必须用强制类型转换。例如：

```
a[2] = (enum weekday)2;
```

其意义是将顺序号为 2 的枚举元素赋予枚举变量 a，相当于：

```
a[2] = Tuesday;
```

（2）枚举元素不是字符常量也不是字符串常量，使用时不要加双引号。

例如：

```
a[0] = "Sunday";
```

是错误的。

7.7　类型定义符 typedef

整型、字符型、浮点型等数据类型是系统定义的类型说明符，C 语言还允许用户自定义类型说明符，也就是说为已有的数据类型取个"别名"。类型定义符 typedef 即可用来完成此功能。

typedef 定义的一般格式为：

typedef 原类型名 新类型名

1．简单的类型名称定义

例如：

```
typedef float REAL;
```

一旦定义，则 float 和 REAL 两者是等价的，就可用 REAL 来代替 float 做整型变量的说明了。

例如：

```
REAL a,b;
```

等价于：

```
float a,b;
```

2. 结构体类型名称定义

例如：

```
typedef struct student
{
    long num;
    char name[15];
    int age;
} STU;
```

定义的 STU 等同于 student 的结构体类型，然后结构体变量的定义就可以是：

```
STU stu1,stu2;
```

等价于：

```
struct student stu1,stu2;
```

3. 数组类型定义

例如：

```
typedef char ADDRESS[20];
```

表示 ADDRESS 是字符数组类型，数组长度为 20。然后可用 ADDRESS 进行数组说明，如：

```
ADDRESS str1,str2;
```

等价于：

```
char str1[20],str2[20]
```

习惯上常把用 typedef 定义的类型名称用大写字母来表示，以区别于系统定义的标识符。

需要注意的是，typedef 可以重新定义各种类型名，但不能定义变量；typedef 与 #define 有相似之处，但 #define 是由编译预处理完成的，typedef 是在编译时完成的，因此更为灵活方便。使用 typedef 有利于提高程序的通用性、移植性和可读性。

本章小结

结构体和共用体是两种构造数据类型，是能将不同类型的数据放在一起作为整体考虑的数据结构。大家在学习时，应该区分数据类型和数据变量的差别。结构体中的各个成员都占有自己的内存空间，它们是同时存在的。一个结构体变量的长度等于所有结构体成员变量的长度之和。在共用体中，所有成员变量不能同时占用它的内存空间，也就是说它们不能同时存在。共用体变量的长度等于最长的成员变量的长度。"."是成员运算符，可用 stu.name 表示成员项；如果一个指针指向结构体变量，可以用 (*p).name 或 p→name 来表示结构体中的成员。结构变量可以作为函数参数，函数也可返回指向结构的指针变量。而联合变量不能作为函数参数，函数也不能返回指向联合的指针变量。但可以使用指向联合变量的指针，也可使用联合数组。结构体类型的定义允许嵌套，结构体中也可用共用体作为成员，形成结构体和共用体的嵌套。

链表是一种重要的数据结构，它便于实现动态的存储分配。本章仅介绍单向链表的结构与建立，关于链表的更多知识可以查阅《数据结构》教材。在"枚举"类型的定义中列举出所有可能的取值，被说明为该"枚举"类型的变量取值不能超过定义的范围。枚举类型是一种基本数据类型，而不是一种构造类型，因为它不能再分解为任何基本类型。使用 typedef 有利于提高程序的通用性、可移植性和可读性。

本章章节知识脉络如图 7-2 所示。

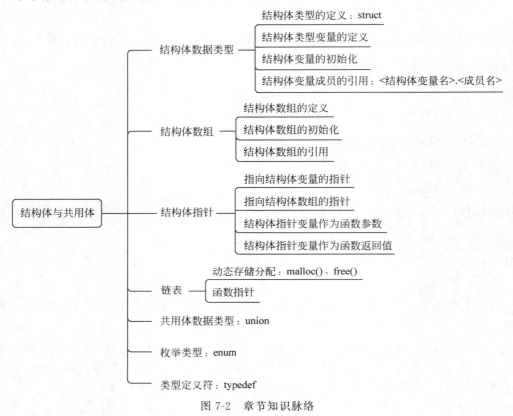

图 7-2　章节知识脉络

习题 7

1. 选择题

（1）当定义一个结构体变量时，系统分配给它的内存是（　　）。

　　A. 各成员所需内存量的总和

　　B. 结构中第一个成员所需的内存量

　　C. 结构中最后一个成员所需的内存量

　　D. 成员中占内存量最大者所需的容量

（2）相同结构体类型的变量之间可以（　　）。

　　A. 相加　　　　　　B. 赋值　　　　　　C. 比较大小　　　　　　D. 地址相同

（3）结构体类型的定义允许嵌套是指（　　）。

A. 成员是已经或正在定义的结构体型

B. 成员可以重名

C. 结构体型可以派生

D. 定义多个结构体型

（4）对结构体类型的变量的成员的访问，无论数据类型如何都可使用的运算符是（　　）。

  A. .   B. ->   C. *   D. &

（5）设有如下语句：

```
typedef struct S
{int g;
  char h;
} T;
```

则下面叙述正确的是（　　）。

  A. 可用 S 定义结构体变量   B. 可用 T 定义结构体变量

  C. S 是 struct 类型的变量   D. T 是 struct S 类型的变量

（6）下面结构体的定义语句中，错误的是（　　）。

  A. struct test{int x; int y; int z; }; struct test a;

  B. struct test{int x; int y; int z; } struct test a;

  C. struct test{int x; int y; int z; } a;

  D. struct {int x; int y; int z; } a;

（7）设有以下定义：

```
struct num
{int x,y;}d1 = {10,20},d2;
```

则以下赋值语句中错误的是（　　）。

  A. d2＝d1;   B. d2＝(1,2); C. d2.x＝d1.x; D. d2.x＝d1.y;

（8）若有如下定义：

```
struct data
{
    int i;
    char ch;
    double f;
}x;
```

则 sizeof(x.f)的结果是（　　）。

  A. 1   B. 2   C. 4   D. 8

（9）以下关于 typedef 的叙述中错误的是（　　）。

  A. 用 typedef 可以增加新类型

  B. typedef 将已存在的类型用一个新的名字来代表

  C. 用 typedef 可以为各种类型说明一个新名，但不能用来为一个变量说明一个
    新名

  D. 用 typedef 为类型说明一个新名，通常可以增加程序的可读性

（10）设有以下定义：

```
union data
{int x; float y;}a;
```

则以下叙述中错误的是(　　　)。

  A. 变量 a 与成员 y 所占内存字节数相同

  B. 变量 a 中各成员的地址相同

  C. 变量 a 和各成员的地址相同

  D. 若给 a.x 赋值 100，则 a.y 的值是 101.00

2. 简单题

（1）用结构体类型编写程序，输入一个学生的计算机、高数、英语成绩，输出其平均成绩。

（2）建立职工情况链表，每个结点包含的的成员是：职工号（id）、姓名（name）、工资（salary）。用 malloc() 函数开辟新结点，从键盘输入结点中的数据，然后依次把这些结点的数据显示在屏幕上。

（3）已有两个链表，每个链表中的结点包括学号、性别和成绩，要求将两个链表合并，按学号排序。

（4）创建包含学号、姓名结点的单链表。其结点数为任意个，链表以学号为序，低学号的在前，高学号的在后，以输入姓名为空作为结束。在此链表中，要求删除一个给定姓名的结点，并插入一个给定学号和姓名的结点。

（5）把一个链表按反序排序，即将原链头当作链尾，原链尾当作链头。

第8章 编译预处理

在前面几章的例题中,在代码的前面经常用到以"#"开头的预处理命令,如#include、#define 等。C 语言源程序中,以"#"开头、以换行符结尾的行称为预处理指令。预处理指令不是 C 语言的语法成分,而是传给编译程序的各种指令。

C 语言允许在源程序中包含预处理命令,编译系统对 C 源程序进行编译时首先编译系统中的预处理功能,根据预处理命令对源程序进行适当的加工,处理完后再对源程序进行通常的编译处理,即对加工过的源程序进行语法检查和语义处理,最后将源程序转换为目标程序。从语法上讲,这些预处理命令不是 C 语言的一部分,但使用它们却扩展了 C 语言程序设计的环境,可以简化程序开发过程,提高程序的可读性,也更有利于移植和调试 C 语言程序。

本章主要介绍宏定义、文件包含和条件编译等预处理命令。

本章要点

➢ #define、#include、#if、#ifdef、#ifndef、#else 和#endif 等命令的用法。
➢ 宏定义和宏替换的方法。
➢ 包含文件的处理方法。
➢ 条件编译的作用和实现方法。

8.1 宏定义 #define

在 C 语言中可以用一个标识符来表示一个字符串,这个标识符称为"宏名"。编译系统在对 C 源程序进行编译时,先对程序中出现的所有"宏名"使用宏定义中的字符串去替换,通常称为"宏替换"或"宏展开",宏替换是由预处理程序自动完成的。宏定义分为有参宏和无参宏两种。

8.1.1 不带参数的宏定义

不带参数的宏定义的一般格式为:

#define 标识符 字符串

【说明】

(1) #define 是宏定义的指令名称。

（2）"标识符"就是所定义的宏名，用来代替后面的字符串。

（3）"字符串"是宏的替换内容，可以是常数、表达式、格式串等。

例如：

```
# define PI 3.1415926
# define PR printf("**********")
```

无参宏的使用可以减少程序输入量，方便程序的调试与修改，请看下面的例子。

【例 8-1】 求 N 个数的平均值及高于平均值的数的和。

程序代码：

```
# include < stdio.h>
# define N 100
void main()
{
    float a[N],s,ave;
    int i;
    for(i = 0;i < N;i++)
    {
        scanf("%f",&a[i]);
        s = s + a[i];
    }
    ave = s/N;
    for(s = 0,i = 0;i < N;i++)
        if(a[i]> ave)s = s + a[i];
    printf("平均值为%f,高于平均值的数之和%f\n",ave,s);
}
```

宏替换时仅仅是将源程序中的宏名直接替换成字符串，并不对宏的替换字符串进行任何处理。预编译器在处理上面的程序时，将源程序中的 N 都替换为 100，形成新的源程序传给编译器编译。在对上面的程序进行调试的时候，可以先将宏名 N 后的 100 改为 5，减少验证程序正确性时的数据输入量，验证程序正确后再改为相应的字符串。

对程序中反复出现的常量进行宏定义，可以减少差错并保持精度的一致。请看下面的例子。

【例 8-2】 通过键盘输入半径为 r 值，求以 r 为半径的圆的面积和球的体积。

程序代码：

```
# include < stdio.h>
# define PI 3.1415926
void main()
{
    double r,s,v;
    printf("请输入半径:\n");
    scanf("%lf",&r);
    s = PI * r * r;
    v = 4.0/3 * PI * r * r * r;
    printf("s = %.2lf,v = %.2lf\n",s,v);
}
```

输入：

3 ↙

运行结果：

s = 28.27, v = 113.10

在进行预处理后，程序中的宏名 PI 将被其对应的字符串 3.1415926 替换，即：

s = 3.1415926 * r * r;
v = 4.0/3 * 3.1415926 * r * r * r;

对于不带参数的宏定义在使用时应该注意以下问题。

（1）宏定义是用宏名来表示一个字符串，在宏展开时又以该字符串替换宏名，这仅仅是一种简单的替换，字符串中可以含任何字符、常数或表达式。例 8-3 中的字符串就是一个表达式，预处理程序对字符串不做任何检查，因此，对这个字符串的正确与否编程人员要注意把握。

（2）习惯上宏名都用大写字母来表示。一般来说，宏名用大写字母来表示，以便于与变量进行区别，但这并不意味着宏名不能用小写字母。

（3）宏定义不是说明或语句，在行末不必加分号，如果不小心加上了一个分号，那么这个分号将一同参加替换。例如：

♯define PI 3.1415926;

s＝PI * r * r；宏替换后为 s＝3.1415926； * r * r；，编译无法通过。

（4）宏定义写在函数之外，其作用域是从宏定义命令起到源程序结束。若不希望宏定义命令到源程序结束时终止，可以在需要终止其作用域的地方用 ♯ undef 命令，其使用格式为：

♯ undef 标识符

例如：

```
♯define TEST 100
void main()
{
    …
}
♯undef TEST              TEST 的有效范围
fun()
{
    …
}
```

（5）如果宏名在程序中被""括起来，则不进行宏替换，下面就是这样一个例子。

```
♯ include < stdio. h >
♯ define HELLO "I am happy!"
void main()
{
    printf("HELLO");
    printf("\n");
}
```

上面的例子中，定义了宏 HELLO 代替"I am happy!"。但是在 printf 语句中 HELLO 被双引号括起来，因此不进行宏替换，而是当作一个标准的字符串输出，所以程序的运行结果是 HELLO。

（6）宏定义可以嵌套定义，但不可以递归定义。例如：

```
#define PI 3.1415926
#define V PI * r * r * h
```

在编译预处理的时候，宏 V 被 3.1415926 * r * r * h 替换。由于在宏定义 #define V PI * r * r * h 中使用了 PI，而 PI 又是在前面定义的宏，这就是宏的嵌套定义。

但是，下面的宏定义是错误的：

```
#define Q Q + 20                    /* 不可以递归定义宏 */
```

（7）在定义宏时，如果宏是一个表达式，要用()将表达式括起来，避免引起歧义。

【例 8-3】 宏替换的应用。

程序代码：

```
#include < stdio.h >
#define Q (x * x * x + 2 * x * x + 1)
void main()
{
    long x,y;
    scanf(" % d",&x);
    y = Q * Q + (x - 1) * (Q - 1) + Q;
    printf("y = % ld\n",y);
}
```

输入：

8 ↙

运行结果：

y = 416002

该程序中定义了宏 Q 代替(x * x * x + 2 * x * x + 1)，程序语句 y = Q * Q + (x - 1) * (Q - 1) + Q；在预处理时，经宏替换后变为：

```
y = (x * x * x + 2 * x * x + 1) * (x * x * x + 2 * x * x + 1) + (x - 1) * ((x * x * x + 2 * x * x + 1) - 1) +
(x * x * x + 2 * x * x + 1);
```

如果宏定义写成：

```
#define Q x * x * x + 2 * x * x + 1
```

那么，程序语句 y = Q * Q + (x - 1) * (Q - 1) + Q；在预处理时，替换为：

```
y = x * x * x + 2 * x * x + 1 * x * x * x + 2 * x * x + 1 + (x - 1) * (x * x * x + 2 * x * x + 1 - 1) + x * x * x
+ 2 * x * x + 1;
```

这样的宏替换与实际情况不符。所以，在宏定义中表达式(x * x * x + 2 * x * x + 1)两边的括号不能省略，否则将发生错误。

8.1.2　带参数的宏定义

带参数的宏定义的一般格式为：

```
#define 标识符(形参列表) 字符串
```

带参数的宏调用的一般格式为：

标识符(实参列表);

【说明】

（1）宏定义中的参数称为形式参数，宏调用中的参数称为实际参数。

（2）参数列表由一个或多个参数构成，参数只有参数名，没有数据类型符，参数之间用逗号分隔，参数名必须是合法的标识符。

对于带参数的宏，在调用中不仅宏要展开，而且要用实参去替换形参。预编译器会这样处理带参数的宏：首先将宏定义中指定的宏替换内容里的形参替换成实参，然后将源程序中的宏名根据定义进行替换。例如：

```
#define Q(x,y) x*x*y+2*x*y+y                    /* 宏定义 */
…
a=Q(2,8);                                       /* 宏调用 */
```

在宏调用时用实参代替形参 x、y，经过预处理宏替换后语句为：

```
a=2*2*8+2*2*8+8;
```

带参数的宏具有较强的功能，但也有很多地方需要编程者注意，稍有不慎就可能引起歧义。下面结合使用者容易忽略的地方，通过实例介绍带参宏的正确应用。

【例 8-4】 利用带参数的宏实现简单函数功能。

程序代码：

```
#include<stdio.h>
#define MAX(x,y) (x>y)?x:y                      /* 带参宏定义,求两个数中的较大值 */
void main()
{
    int m,n,max;
    scanf("%d%d",&m,&n);
    max=MAX(m,n);
    printf("max=%d\n",max);
}
```

程序的第 2 行进行了带参宏的定义，用宏名 MAX 表示条件表达式 $(x>y)?x:y$，形参 x、y 均出现在条件表达式中。程序中的 max=MAX(m,n); 为宏调用，实参 m、n（宏调用中的实参也可以是表达式，而不仅仅是变量）将替换形参 a、b，宏替换后语句为：

```
max=(m>n)?m:n;
```

用于计算 m、n 中的较大值。

在这个例子中，需要注意以下问题。

（1）在带参宏的定义中，宏名和形参列表之间不能随意加入空格，否则系统会将空格以后的字符都作为宏替换内容的一部分。例如：

```
#define MAX(x,y) (x>y)?x:y
```

写成：

```
#define MAX (x,y)(x>y)?x:y
```

宏定义将被认为是无参宏定义，宏名 MAX 的替换内容是(x,y)(x>y)?x:y。在预处理时，

宏调用语句 max＝MAX(m,n); 将变为:

```
max = (x,y)(x > y)?x:y(m,n);
```

这显然是错误的。实际上,在宏定义语句中插入空格后编译将失败。

（2）宏替换与函数的调用是不同的。

函数中的实参和形参都要定义类型,而且二者的类型要求一致;宏替换不存在类型一致问题,宏名无类型,形式参数也无类型。

函数调用时,要把实参表达式的值求出来传递给形参;宏替换中对实参表达式不做计算（当作字符串）直接原样替换,不进行值的传递处理,也没有"返回值"的概念。

函数调用是在程序运行时处理的,分配临时的内存单元;宏替换则是在编译时进行的,在替换时并不分配内存单元。

（3）在宏定义中对于括号的使用大家要注意,不同位置的括号往往效果不一样,下面举例说明宏定义中括号的作用。

【例 8-5】 宏定义中括号的使用问题举例。

程序代码:

```
# include < stdio. h >
# define QA(x,y) x * y
# define QB(x,y) (x) * (y)
void main()
{
    int a = 10, b = 20, m, n;
    m = QA(a + 1, b + 1);
    n = QB(a + 1, b + 1);
    printf("m = % d\nn = % d\n", m, n);
}
```

运行结果:

```
m = 31
n = 231
```

为什么 m 和 n 的结果不一样呢? 这是由于宏定义时宏替换内容里的括号不一样。源程序中的两个宏替换如下。

在预处理时,宏调用语句 m＝QA(a＋1,b＋1); 用实参 a＋1、b＋1 分别替换形参 x、y,得到语句:

```
m = a + 1 * b + 1;
```

带入 a、b 值,结果为 31。

在预处理时,宏调用语句 n＝QB(a＋1,b＋1); 用实参 a＋1、b＋1 分别替换形参 x、y,得到语句:

```
n = (a + 1) * (b + 1);
```

带入 a、b 值,结果为 231。

由此可见,在宏定义时,对于宏替换字符串上的括号有无及位置要格外注意。如果有括号,在做宏替换时要原样写在展开后的表达式中;如果无括号,使用时千万不要随意添加。

8.2　文件包含♯include

文件包含是指一个源文件可以将另外一个源文件的全部内容包含进来,即将另外的文件包含到本文件之中。C语言提供了♯include命令实现"文件包含"的操作,一般格式为:

```
♯ include "文件名"
```

或

```
♯ include <文件名>
```

在前面章节所列举的例子中,已经用到了文件包含处理。例如:

```
♯ include < stdio. h >
♯ include < math. h >
♯ include < string. h >
```

在程序中为了引用系统提供的标准库函数,在引用之前需要将相应的"头文件"包含进来,才能正确引用其中的标准库函数。

另外,可以把一些常用的程序编成函数以文件的方式保存起来,在其他程序中用文件包含的方式把它包含在源程序中,可实现"函数共享"。例如,把一些程序编成函数保存在C源程序文件 file. h 中,其内容为 A;另一个 C 源程序文件 file. c,在它的头部有一条♯include< file. h>命令,其他内容为 B,如图 8-1 中的(a)所示。在对文件 file. c 进行编译预处理时,将用 file. h 中的内容为 A 置换文件 file. c 中的♯include < file. h>命令,即 file. h 被包含到 file. c 中,如图 8-1 中的(b)所示。然后,由编译程序将"包含"以后的 file. c 作为一个源程序文件进行编译。

(a) 预处理前两文件的情况　　　　(b) 预处理后file.c的情况

图 8-1　include 命令示意图

对文件包含命令还要说明以下几点。

(1) 一个♯include命令只能指定一个被包含文件,若有多个文件要包含,则需用多个♯include命令。

(2) 包含命令中的文件名可以用双引号("")括起来,也可以用尖括号(< >)括起来。例如,以下写法都是正确的:

```
♯ include "stdio. h"
♯ include < stdio. h >
```

但是这两种写法在文件的搜索路径上是有区别的。使用尖括号表示到系统指定的"文件包含目录"去查找被包含的文件。在 VC++ 6.0 环境下，选择"Tools"菜单，选择"Options"命令，在对话框中选择"Directories"选项卡，在"Show directories for"组合框中选择"include files"，就会看到 VC 系统下的文件包含目录。使用双引号表示首先到当前目录下查找被包含文件，如果没有找到，再到系统指定的"文件包含目录"去查找。用户编程时，可以根据自己文件所在的路径来选择某一种命令格式。

（3）如果文件 file1 包含文件 file2，而在文件 file2 中又要包含文件 file3 的内容，则可在文件 file1 中用两个 #include 命令分别包含文件 file2 和文件 file3，而且文件 file3 要出现在文件 file2 之前，即在文件 file1.c 中定义：

```
# include < file3.h >
# include < file2.h >
```

这样 file1 和 file2 都可以用 file3 的内容。

8.3 条件编译

通常情况下，源程序中的所有语句都会参加编译。为了便于程序调试和移植，C 系统提供了条件编译预处理命令。通过设定条件编译，使系统可以按不同的条件去编译不同的程序部分，产生不同的目标代码文件，这对于程序的移植和调试是很有用的。

条件编译常用的 3 种格式如下。

第 1 种条件编译格式：

```
# ifdef 标识符
    程序段 1
# else
    程序段 2
# endif
```

上述格式的功能是，如果标识符已被 #define 命令定义，则对程序段 1 进行编译，否则对程序段 2 进行编译。使用时，可以省略 #else，写成：

```
# ifdef 标识符
    程序段 1
# endif
```

第 2 种条件编译格式：

```
# ifndef 标识符
    程序段 1
# else
    程序段 2
# endif
```

与第 1 种格式的区别是将 #ifdef 写成了 #ifndef。这种格式与第 1 种正好相反，具体功能是如果标识没有被 #define 命令定义，则对程序段 1 进行编译，否则对程序段 2 进行编译。

第 3 种条件编译格式：

```
# if 常量表达式
```

```
        程序段 1
# else
        程序段 2
# endif
```

这种格式的功能是,如果常量表达式的值为"真"(非 0),则对程序段 1 进行编译,否则对程序段 2 进行编译。因此,这种格式的条件编译可以使程序在不同条件下完成不同的功能。

条件编译使同一源程序在不同的编译条件下得到不同的目标代码。例如,软件公司可以使用条件编译提供和维护程序的多个软件版本。例如:

```
# include < stdio. h >
# define DIVISION

# ifdef DIVISION
    int div( int a, int b)                    //定义了标识符 DIVISION,所以此段代码有效
    {
        return a/b;
    }
# else
    float div( int a, int b)
    {
        return a/b;
    }
# endif
void main( )
{
# ifdef DIVISION
    int x, y;                                 //定义了标识符 DIVISION,所以此段代码有效
    scanf(" % d % d", &x, &y);
    printf(" % d/ % d = % d\n", x, y, div(x, y));
# else
    float x, y;
    scanf(" % f % f", &x, &y);
    printf(" % f/ % f = % f\n", x, y, div(x, y));
# endif
}
```

经过条件编译处理后的源程序如下:

```
# include < stdio. h >
int div( int a, int b)
{
    return a/b;
}
void main( )
{
    int x, y;
    scanf(" % d % d", &x, &y);
    printf(" % d/ % d = % d\n", x, y, div(x, y));
}
```

以上介绍的条件编译当然也可以使用条件语句来实现。但是,用条件语句将会对整个程序进行编译,生成的目标代码程序较长,而采用条件编译,则根据条件只需要编译其中的

"程序段1"或者"程序段2"，这样所生成的目标程序比较短。如果条件选择的程序段很长，采用条件编译的方法是非常有效的。

本章小结

C语言中的编译预处理命令扩充了语言的功能，本章介绍了编译预处理命令中的宏定义、文件包含、条件编译。编译预处理是指在对源程序进行编译之前，先对源程序中的编译预处理命令进行处理，然后再根据处理的结果对源程序进行编译，得到目标代码。

合理地使用C语言提供的编译预处理命令，可以有效提高程序的可读性、可维护性、可移植性，减少目标程序的长度，并为模块化程序设计提供帮助。

本章章节知识脉络如图8-2所示。

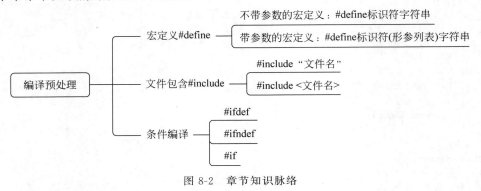

图 8-2　章节知识脉络

习题 8

1. 选择题

（1）C语言的编译系统对宏命令的处理是（　　）。

    A. 在程序运行时进行的

    B. 在程序连接时进行的

    C. 与C源程序中的其他语句同时进行的

    D. 在对源程序中的其他语句正式编译之前进行的

（2）以下叙述中正确的是（　　）。

    A. 宏名必须用大写字母表示

    B. 宏定义必须位于源程序中的所有语句之前

    C. 宏替换没有数据类型的限制

    D. 宏调用比函数调用耗费时间

（3）以下叙述中正确的是（　　）。

    A. C语言的预处理能实现宏定义，但是不能实现条件编译功能

    B. 预处理命令必须位于C源程序的起始位置

    C. C语言规定宏名必须使用大写字母

D. 在 C 语言中,预处理命令行都以 ♯ 开头

(4) 若有宏定义 ♯define N 100,则以下叙述中正确的是( )。

A. 宏定义中定义了标识符 N 的值为整数 100

B. 在编译程序对 C 源程序进行预处理时,用 100 替换标识符 N

C. 对 C 源程序进行编译时,用 100 替换标识符 N

D. 在运行时,用 100 替换标识符 N

(5) 以下程序运行后的结果是( )。

```
♯include<stdio.h>
♯define SUB(a) (a)-(a)
void main()
{
    int a=2,b=3,c=5,d;
    d=SUB(a+b)*c;
    printf("%d\n",d);
}
```

A. 0   B. -20   C. -25   D. 10

(6) C 语言提供的如下条件编译格式中,XXX 可以是( )。

```
♯XXX 标识符
    程序段 1
♯else
    程序段 2
♯endif
```

A. define 或 include   B. ifdef 或 include

C. ifdef 或 ifndef 或 define   D. ifdef 或 ifndef 或 if

(7) 在文件包含预处理命令中,被包含文件名用"<>"括起时,寻找被包含文件的方式是( )。

A. 直接按系统设定的标准方式搜索目录

B. 先在源程序所在目录搜索,再按系统设定的标准方式搜索

C. 仅仅在源程序所在目录搜索

D. 仅仅搜索当前目录

(8) 下列程序的运行结果是( )。

```
♯define P 3
♯define S(a) P*a*a
void main()
{
    int ar;
    ar=S(3+5);
    printf("\n%d",ar);
}
```

A. 192   B. 29   C. 27   D. 25

(9) 若要使用 C 语言数学库中的 sin 函数,需要在源程序的头部加上 ♯include<math.h>,关于引用数学库,以下叙述正确的是( )。

A. 将数学库中 sin 函数的源程序插入到引用处,以便进行编译链接

B. 将数学库中的 sin 函数链接到编译生成的可执行文件中，以便能正确运行

C. 通过引用 math.h 文件，说明 sin 函数的参数个数和类型，以及函数返回值类型

D. 实际上，不引用 math.h 文件也能正确调用 sin 函数

(10) 以下叙述中正确的是（　　　）。

A. 在一个程序中，允许使用多条 #include 命令行

B. 在包含文件中，不得再包含其他文件

C. #include 命令行只能出现在程序文件的头部

D. 如果包含文件被修改，包含该文件的源程序可以不重新进行编译和链接

2. 简答题

(1) 编写程序，用宏定义的方法求三个整数中的最大值。

(2) 输入三角形的三条边长，求其面积。要求将面积公式用宏定义的方法实现。三角形面积公式：

$$s = \sqrt{p(p-a)(p-b)(p-c)}, \text{其中} \ p = (a+b+c)/2$$

第9章

文 件

在前面各章节里列举的程序中,需要输入的数据是在程序运行时从键盘输入的,而程序运行结果直接显示在屏幕上。数据的输入和输出都是以计算机终端为对象的,即用键盘输入所需的数据,将程序的运行结果输出到屏幕或者打印机上。这种数据处理方法的效率不高,每次运行程序都要重新从键盘输入数据,即烦琐又容易出错,如要进行大数据的输入就更显烦琐,同时也难以保存大量的程序输出结果。

为了提高数据输入与输出的处理效率,C语言采用文件的方式进行处理。即将程序所需要的原始数据先以文件的形式存储在磁盘中,程序运行时从磁盘中读取数据文件获得所需数据,程序的运行结果写到磁盘文件中进行保存。本章主要介绍C语言如何实现磁盘文件的创建与数据的存取。

本章要点
➢ 文件的基本概念。
➢ 文件的基本操作,包括文件打开、文件关闭、文件读写。
➢ 文件指针定位函数。

9.1　C文件概述

操作系统是以文件为单位对数据进行管理的。文件是指存储在外部介质(如磁盘)上的一组相关数据的集合,通常是驻留在外部介质上的,只有在使用时才调入内存。每个文件都有一个名称,即文件名。

9.1.1　C文件的分类

计算机术语中的"文件"的含义比较广,泛指存储在外部介质上数据的集合。从不同的角度可对文件做不同的分类。

1. 普通文件和设备文件

按用户的角度可将文件分为普通文件和设备文件两种。

普通文件又可分为程序文件和数据文件。前面各章我们多次使用的源文件、目标文件、可执行程序等被称作程序文件,程序中所需输入的数据和程序运行输出的数据构成的文件被称作数据文件。本章所介绍的文件是指数据文件。

设备文件是指与主机相连接的一切能进行输入和输出的终端设备，如显示器、打印机、键盘等。在操作系统中，把外部设备也看作一个文件来进行管理，它们的输入、输出等同于对磁盘文件的读和写。通常键盘被定义为标准输入文件，显示器被定义为标准输出文件。前面经常使用的 scanf、getchar 函数及 printf、putchar 函数就属于这类输入输出。

2. ASCII 码文件和二进制码文件

在 C 语言中，文件可以看作由一系列的字节流或二进制流组成的字符序列。因此，按文件内数据的组织形式，可将文件分为 ASCII 码文件和二进制码文件两种。

ASCII 码文件也称为文本文件，这种文件在磁盘中存放时每个字符对应一字节，用于存放字符对应的 ASCII 码。二进制文件是按二进制的编码方式来存放文件的，它把内存中的数据按其在内存中的存储形式原样输出到磁盘上存放。

例如 1234 为普通的整型数据，若将其存入 ASCII 码文件中，则是分别以'1'、'2'、'3'、'4'这四个字符的 ASCII 码值存入文件的，因此它占 4 字节。存储形式如表 9-1 所示。

表 9-1　ASCII 码文件的存储形式

字　符	1	2	3	4
ASCII 码	49	50	51	52
存储形式	0011 0001	0011 0010	0011 0011	0011 0100

若将 1234 存入二进制码文件中，首先将十进制的 1234 转换为二进制的 10011010010，然后按整型数据占 2 字节进行存储，存储形式如表 9-2 所示。

表 9-2　二进制文件的存储形式

原十进制数值	1234	
转换为二进制数值	10011010010	
二进制文件的存储形式	00000100	11010010

ASCII 码文件可在屏幕上按字符显示，便于对字符进行逐个处理。由于是按字符显示，因此能读懂文件内容。但一般占用的存储空间较大，而且要花费时间转换。二进制文件可以节省外存空间和转换时间，但一个字节并不对应一个字符，不能直接输出字符形式。虽然也可以在屏幕上显示，但其内容无法读懂。一般情况下，需要暂时保存在外存上，以后有需要输入内存的中间结果数据，常用二进制文件保存。

3. 缓冲文件系统和非缓冲文件系统

C 语言的文件系统可分为缓冲文件系统和非缓冲文件系统两类。

缓冲文件系统：系统自动地在内存区为每一个正在使用的文件在内存中开辟一个确定大小的缓冲区，使输入输出都先通过缓冲区过渡，以提高存取效率。从磁盘文件向内存加载数据时，要通过文件缓冲区，每当缓冲区满后，送入程序数据区；从内存向从磁盘文件写数据时，先将数据写入缓冲区，每当缓冲区写满后，再一次写入磁盘文件。

非缓冲文件系统：系统不自动开辟确定大小的缓冲区，而是由程序为每个文件设定一个缓冲区。在 C 语言中不提倡使用非缓冲文件系统。

前者功能十分强大，为用户提供了很多方便，后者则直接依赖于操作系统。缓冲文件系统的输入输出称为标准输入输出（标准 I/O），非缓冲文件系统的输入输出称为系统输入输

出(系统 I/O)。非缓冲文件系统只以二进制方式处理文件,使程序的可移植性降低,因此
ANSI C 标准采用缓冲文件系统。

9.1.2 文件指针

在缓冲文件系统中,每个被使用的文件都在内存中开辟一个区域,用来存放文件的相关
信息(如文件名、文件状态和文件当前位置等),这些信息保存在一个结构体变量中。该结构
体类型是系统定义的,系统为其取名为 FILE。

例如,VC 在 stdio.h 文件中有以下文件类型声明:

```
struct _iobuf
{
    char * _ptr;              /* 文件输入的下一个位置 */
    int _cnt;                 /* 当前缓冲区的相对位置 */
    char * _base;             /* 指基础位置(即文件的起始位置) */
    int _flag;                /* 文件标志 */
    int _file;                /* 文件描述符 id */
    int _charbuf;             /* 检查缓冲区状况,如果无缓冲区则不读取 */
    int _bufsiz;              /* 文件缓冲区的大小 */
    char * _tmpfname;         /* 临时文件名 */
};
typedef struct _iobuf FILE;
```

C 语言用不同的 FILE 结构管理每个文件。实际上,FILE 结构是间接地操作着系统的
文件控制块(FCB)来实现对文件的操作的,如图 9-1 所示。

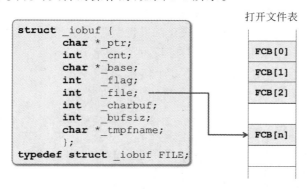

图 9-1 文件控制块(FCB)

在编写源程序时不必关心 FILE 结构的细节。

C 语言中用一个指针变量指向一个文件,这个指针称为文件指针。通过文件指针就可
对它所指的文件进行各种操作。

定义说明文件指针的一般格式为:

```
FILE * 指针变量标识符;
```

例如:

```
FILE * fp;/* fp 是一个指向 FILE 类型结构体的指针变量 */
```

表示 fp 是指向 FILE 类型结构体的指针变量,通过 fp 即可找到存放某个文件信息的结构体
变量,然后按结构体变量提供的信息找到该文件,实施对文件的操作。有几个文件就可以设

几个 FILE 类型的指针变量。习惯上把 fp 称为指向一个文件的指针。

9.2 文件的打开与关闭

文件在进行读写操作之前要先打开，使用完毕要关闭。打开文件，就是建立文件的各种相关信息，并使文件指针指向该文件，可以对文件进行操作。关闭文件则是断开指针与文件之间的联系，禁止再对该文件进行操作。

在 C 语言中，对文件的操作都是由库函数来完成的。本章将介绍主要的文件操作函数。

9.2.1 文件的打开

文件的打开操作表示给用户指定的文件在内存中分配一个 FILE 结构区，并将该结构区的指针返回给用户程序，以后用户程序就通过 FILE 指针来实现对指定文件的存取操作了。C 语言用 fopen 函数实现打开一个文件，其调用的一般格式为：

文件指针名 = fopen(文件名,使用文件方式);

其中："文件指针名"必须是被说明为 FILE 类型的指针变量；"文件名"是被打开文件的文件名，是字符串常量或字符串数组；"使用文件方式"是指文件的类型和使用方式。

例如：

```
FILE * fp;              /* 定义 fp 为文件指针变量 */
fp = fopen("file1","r");   /* 以只读方式打开 file1 */
```

表示在当前目录下打开文件 file1，只允许进行"读"操作，fopen 函数返回指向 file1 文件的指针并赋给 fp，这样 fp 就和文件 file1 相联系了，或者说，fp 指向 file1 文件。可以看出，在打开一个文件时，会通知编译系统以下 3 个信息。

(1) 需要打开的文件名，也就是准备访问的文件的名字。

(2) 使用文件的方式（"读"还是"写"等）。

(3) 让哪一个指针变量指向被打开的文件。

文件的使用方式共有 12 种，表 9-3 给出了它们的符号和意义。

表 9-3 文件的 12 种使用方式

文件类型	使用方式	意 义	备 注
ASCII 码文件	"r"	只读：打开一个文本文件，只允许读数据	旧文件
	"w"	只写：打开或建立一个文本文件，只允许写数据	新文件
	"a"	追加：打开一个文本文件，并在文件末尾写数据	旧文件
	"r+"	读写：打开一个文本文件，允许读和写	旧文件
	"w+"	读写：打开或建立一个文本文件，允许读写	新文件
	"a+"	读写：打开一个文本文件，允许读，或在文件末追加数据	旧文件
二进制文件	"rb"	只读：打开一个二进制文件，只允许读数据	旧文件
	"wb"	只写：打开或建立一个二进制文件，只允许写数据	新文件
	"ab"	追加：打开一个二进制文件，并在文件末尾写数据	旧文件

文件类型	使用方式	意　　义	备　　注
二进制文件	"rb+"	读写：打开一个二进制文件，允许读和写	旧文件
	"wb+"	读写：打开或建立一个二进制文件，允许读和写	新文件
	"ab+"	读写：打开一个二进制文件，允许读，或在文件末追加数据	旧文件

对于文件的使用方法有以下几点说明。

（1）用"r"方式打开的文件只能用于向计算机输入而不能向该文件输出数据，而且该文件应该已经存在，不能用"r"方式打开一个并不存在的文件（即输入文件），否则出错。

（2）用"w"方式打开的文件只能用于向该文件写数据（即输出文件），而不能向计算机输入。如果原来不存在该文件，则在打开时新建立一个以指定的名字命名的文件。如果原来已存在一个以该文件名命名的文件，则在打开时将该文件删去，然后重新建立一个新文件。

（3）如果希望向文件末尾添加新的数据（不希望删除原有数据），则应该用"a"方式打开。但此时该文件必须已存在，否则将得到出错信息。打开时，位置指针移到文件末尾。

（4）用"r+"、"w+"、"a+"方式打开的文件既可以用来输入数据，也可以用来输出数据。用"r+"方式时该文件应该已经存在，以便能向计算机输入数据。用"w+"方式则新建立一个文件，先向此文件写数据，然后读此文件中的数据。用"a+"方式打开的文件，原来的文件不被删去，位置指针移到文件末尾，可以添加，也可以读。

（5）如果不能实现"打开"的任务，fopen函数将会带回一个出错信息。出错的原因可能是用"r"方式打开一个并不存在的文件；磁盘出故障；磁盘已满无法建立新文件等。此时fopen函数将带回一个空指针值NULL（NULL在stdio.h文件中已被定义为0）。

一般使用fopen函数打开一个文件时，要检查文件打开的正确性，以便确定程序能否继续执行下去。例如：

```
if(fp = fopen("file1","r")) == NULL)
    { printf("This file can not opened! ");
      exit(0);
    }
```

其中exit()函数是停止程序的执行，使控制返回操作系统。

（6）用以上方式可以打开文本文件或二进制文件，这是ANSI C的规定，用同一种缓冲文件系统来处理文本文件和二进制文件。但目前使用的有些C编译系统可能不完全提供所有这些功能（例如有的只能用"r"、"w"、"a"方式），有的C版本不用"r+"、"w+"、"a+"，而用"rw"、"wr"、"ar"等，请读者注意所用系统的规定。

（7）在向计算机输入文本文件时，将回车换行符转换为一个换行符，在输出时把换行符转换为回车和换行两个字符。在用二进制文件时，不进行这种转换，在内存中的数据形式与输出到外部文件中的数据形式完全一致，一一对应。

（8）在程序开始运行时，系统自动打开3个标准文件：标准输入、标准输出、标准出错输出。

9.2.2　文件的关闭

文件一旦使用完毕，应用关闭文件函数并把文件关闭，以避免文件的数据丢失等错误。

关闭就是使文件指针变量不指向该文件，也就是文件指针变量与文件的联系断开，此后不能通过该指针对原来与其相联系的文件进行读写操作。

C语言用 fclose 函数实现关闭一个文件，其调用的一般格式为：

`fclose(文件指针);`

例如：

`fclose(fp);`

正常完成关闭文件操作时，fclose 函数的返回值为 0，如返回非零值则表示有错误发生。

9.3　文件的读写

对文件的读和写是最常用的文件操作。C语言中提供了多种对文件进行读写操作的函数：字符读写函数 fgetc 和 fputc；字符串读写函数 fgets 和 fputs；数据块读写函数 freed 和 fwrite；格式化读写函数 fscanf 和 fprinf。

使用以上函数都要求包含头文件< stdio. h >，下面分别介绍。

9.3.1　字符读写函数

字符读写函数是以字符（字节）为单位的读写函数，每次可从文件读出或向文件写入一个字符。

1. 读字符函数 fgetc

C语言用 fgetc 函数实现从文件中读入一个字符，其调用的一般格式为：

`字符变量 = fgetc(文件指针);`

或

`fgetc(文件指针);`

函数功能：从指定的文件中读一个字符，并可存入字符变量中。

【说明】

在 fgetc 函数调用中，读取的文件必须是以读或读写方式打开的。

例如：

`ch = fgetc(fp);`

其意义是从打开的文件 fp 中读取一个字符并送入 ch 中。

又如：

`fgetc(fp);`

其意义是从打开的文件 fp 中读取一个字符，但是读出的字符不保存。所以，读取字符的结果也可以不向字符变量赋值。

在文件内部有一个位置指针，用来指向文件的当前读写字节。在文件打开时，该指针总是指向文件的第一字节。使用 fgetc 函数后，该位置指针将向后移动一字节。因此可连续多次使用 fgetc 函数，读取多个字符。应注意文件指针和文件内部的位置指针不是一回事。

文件指针是指向整个文件的,须在程序中定义说明,只要不重新赋值,文件指针的值是不变的。文件内部的位置指针用以指示文件内部的当前读写位置,每读写一次,该指针均向后移动,它不需要在程序中定义说明,而是由系统自动设置的。

【**例 9-1**】　读入文件 C1.txt 并在屏幕上输出。

程序代码:

```
# include < stdio. h>
void main()
{
    FILE  * fp;
    char ch;
    if((fp = fopen("C1.txt","r")) == NULL)
    {
        printf("Cannot open this file\n ");
        exit(0);
    }
    else
        for (ch = fgetc(fp); ch!= EOF ; ch = fgetc(fp))
            putchar(ch);
    fclose(fp);
}
```

程序的功能是从文件中逐个读取字符并在屏幕上显示,程序以读方式打开文件"C1.txt",如打开文件出错,系统给出提示并退出程序。如打开文件成功,程序进入 for 循环,只要读出的字符不是文件结束标志(每个文件末有一个结束标志 EOF),就把该字符显示在屏幕上,再读入下一字符。每读一次,文件内部的位置指针向后移动一个字符,文件结束时,该指针指向 EOF。执行本程序将显示整个文件。

2. 写字符函数 fputc

C 语言用 fputc 函数实现写一个字符到文件中,其调用的一般格式为:

fputc(字符量,文件指针);

函数功能: 把一个字符写入指定的文件中。

例如:

fputc('a',fp);

其意义是把字符 a 写入 fp 所指向的文件中。

fputc 函数有一个返回值,如写入成功则返回写入的字符,否则返回一个 EOF。可用此来判断写入是否成功。EOF 是在头文件< stdio.h>中定义的符号常量,值为—1。

对于 fputc 函数有以下几点说明。

(1)待写入的字符量可以是字符常量或字符变量。

(2)每写入一个字符,文件内部的位置指针向后移动一字节。

(3)被写入的文件可以用写、读写、追加方式打开。

(4)用写或读写方式打开一个已存在的文件时将清除原有的文件内容,写入字符从文件首开始。

(5)如需保留原有文件内容,希望写入的字符从文件末开始存放,必须以追加方式打开文件,被写入的文件若不存在,则创建该文件。

如果想从一个磁盘文件顺序读入字符并在屏幕上显示出来,可以用：

```
ch = fgetc(fp);
while(ch!= EOF)
    {
    putchar(ch);
    ch = fgetc(fp);
}
```

由于 EOF 是一个不可输出的字符,因此不能在屏幕上显示。当读入的字符值等于－1(即 EOF)时,表示文件读入结束。但这种处理方法只适用于读文本文件。为了解决二进制数据文件读入结束的判定问题,C 语言系统提供了一个 feof( )函数来判断文件是否真的结束。feof(fp)用来测试文件指针 fp 所指向的文件当前状态是否为文件结束。如果是文件结束,函数 feof(fp)的值为 1(真),否则为 0(假)。

例如,如果想顺序读入一个二进制文件中的数据,可以用：

```
ch = fgetc(fp);
while(! feof(fp))
{
    putchar(ch);
    ch = fgetc(fp);
}
```

【例 9-2】 从键盘输入一些字符,逐个把它们送到磁盘上去,直到输入一个"♯"为止。
程序代码：

```
# include < stdio. h>
void main()
{
    FILE * fp;
    char ch,filename[10];
    scanf(" % s",filename);
    if((fp = fopen(filename,"w")) == NULL)
    { printf("Cannot open file\n");
        exit(0);}
    ch = getchar();
    while(ch!= '♯')
    {
        fputc(ch,fp);putchar(ch);
        ch = getchar();
    }
    fclose(fp);
}
```

输入：

```
file1.c            (输入磁盘文件名)
computer and c♯    (输入一个字符串)
```

运行结果：

```
computer and c     (输出一个字符串)
```

可以用 DOS 命令将 file1.c 文件中的内容打印出来：

```
C>type file.c
computer and c
```

证明在 file1.c 文件中已存入了"computer and c"的信息。

程序第 6 行以写方式打开文件,第 9 行从键盘读入一个字符后进入循环,当读入字符不为'#'时,则把该字符写入文件之中,然后继续从键盘读入下一字符。每输入一个字符,文件内部的位置指针向后移动一字节。写入完毕,该指针已指向文件末。

9.3.2 字符串读写函数

字符串读写函数 fgets 和 fputs 能对 ASCII 文件一次读出或写入一行字符串。

1. 读字符串函数 fgets

C 语言用 fgetc 函数实现读入一个字符串,其调用的一般格式为:

fgets(字符数组名,n,文件指针);

函数功能:从指定的文件中读入一个字符串到字符数组中。

其中的 n 是一个正整数,表示从文件中读出的字符串不超过 n−1 个字符。在读入的最后一个字符后面加上字符串结束标志'\0'。

例如:

fgets(str,n,fp);

其意义是从 fp 所指的文件中读出 n−1 个字符送入字符数组 str 中。

【例 9-3】 从 test 文件中读入一个含 20 个字符的字符串。

程序代码:

```
# include < stdio. h >
void main( )
{
    FILE  * fp;
    char str[21];
    if((fp = fopen("test.txt","r")) == NULL)
    {
        printf("Cannot open this file\n");
        exit(1);
    }
    fgets(str,21,fp);
    printf("\n % s\n",str);
    fclose(fp);
}
```

程序中定义了一个字符数组 str,共 21 字节。在以读方式打开文件 test 后,从中读出 20 个字符送入 str 数组,在数组的最后一个单元内将加上'\0',然后在屏幕上显示输出 str 数组。

【说明】

(1) 在读出 n−1 个字符之前,如遇到了换行符或 EOF,则读出结束。

(2) fgets 函数也有返回值,其返回值是字符数组的首地址。

2．写字符串函数 fputs

C 语言用 fputs 函数实现写一个字符串到指定文件中，其调用的一般格式为：

```
fputs(字符串,文件指针);
```

函数功能：向指定的文件写入一个字符串。

其中字符串可以是字符串常量，也可以是字符数组名，或指针变量。

例如：

```
fputs("abcd",fp);
```

其意义是把字符串"abcd"写入 fp 所指的文件之中。

【例 9-4】　从键盘输入字符，并输出到磁盘文件。

程序代码：

```
#include<stdio.h>
void main()
{
    FILE *fp;
    char str[100];
    if((fp = fopen("test.txt","w")) == NULL)
    {
        printf("Cannot open this file");
        exit(0);
    }
    while(strlen(fgets(str))>0)
    {
        fputs(str,fp);
        fputs("\n",fp);
    }
    fclose(fp);
}
```

运行时，从键盘输入的字符被送到 str 字符数组。用 fputs 函数把字符串输出到 test.txt 文件中。

9.3.3　数据块读写函数

ANSI C 标准提出设置两个函数（fread 和 fwrite），用来读写一个数据块，主要用于对二进制文件的读写。这两个函数不仅能进行成批数据的读写，而且还能读写任何类型的数据。

1．读数据块函数 fread

调用格式为：

```
fread(buffer,size,count,fp);
```

函数功能：从指针 fp 当前指向的二进制文件中连续读出 count×size 字节的内容，并存入首地址为 buffer 的内存区域中。

2．写数据块函数 fwrite

调用格式为：

```
fwrite(buffer,size,count,fp);
```

函数功能：将首地址为 buffer 的连续 count×size 字节的值写入由 fp 指向的二进制文件中去。

对以上两个函数的参数说明如下。

（1）buffer：是一个指针。对 fread 函数，它是读入数据的存放地址。对 fwrite 函数，是要输出数据的地址（以上指的均为起始地址）。

（2）size：要读写的字节数。

（3）count：要计算读写多少个 size 字节的数据项数。

（4）fp：文件型指针。

如果文件以二进制形式打开，用 fread 和 fwrite 函数就可以读写任何类型的信息，如：

```
fread(f,sizeof(float),2,fp);
```

其中 f 是一个单精度浮点型数组名，一个单精度浮点型变量占 4 字节，这个函数从 fp 所指向的文件读入 2 次（每次 4 字节）数据，存储到数组 f 中。

如果定义一个如下的结构体类型变量：

```
struct student_type
{    char name[10];
     int num;
     int age;
     char addr[30];
}stud[40];
```

结构体数组 stud 有 40 个元素，每一个元素用来存放一个学生的数据（包括姓名、学号、年龄、地址）。假设学生的数据已存放在磁盘文件中，可以用下面的 for 语句和 fread 函数读入 40 个学生的数据：

```
for(i = 0;i < 40;i++)
fread(&stud[i],sizeof(struct student_type), l, fp);
```

同样，以下 for 语句和 fwrite 函数可以将内存中的学生数据输出到磁盘文件中去：

```
for(i = 0;i < 40,i++)
fwrite(&stud[i],sizeof(struct student_type), l, fp);
```

如果 fread 或 fwrite 调用成功，则函数返回值为 count 的值，即输入或输出数据项的完整个数。

【例 9-5】　将 100 至 200 之间的素数存到二进制文件 data.bin 中。

程序代码：

```
# include < stdio.h >
# include < math.h >
# include < stdlib.h >
void main()
{
    FILE * fp;
    int n,r,k;
    if(fp = fopen("data.bin","wb") == NULL)
    { printf("This file can not opened! ");
      exit(0);
    }
```

```
for(n = 101; n < 200; n += 2)
{ r = sqrt(n);
  for(k = 2; k <= r; k++)
  if(n % k == 0) break;
  if(k > r)
      fwrite(&n,sizeof(int),1,fp);
}
fclose(fp);
}
```

程序运行时将 100 至 200 之间的素数存到文件 data. bin 中,没有在屏幕上显示,因此看不到结果。文件 data. bin 是以二进制形式创建的,不能直接查看其内容。

【例 9-6】 将例 9-5 生成的数据文件 data. bin 中的素数按每行 10 个数输出。

程序代码:

```
# include < stdio. h >
# include < stdio. h >
void main()
    {
        FILE * fp;
        int n = 0,k;
        if(fp = fopen("data.bin","rb")) == NULL)
        { printf("This file can not opened! ");
                exit(0);
        }
    fread(&k,sizeof(int),1,fp);
    while(!feof(fp))
    { if(n % 10 == 0) printf("\n");
            printf(" % 6d",k);
            fread(&k,sizeof(int),1,fp);
            n++;
    }
    }
```

程序运行时是将数据文件 data. bin 中的数每次读出一个,暂存到变量 k 中,接着输出 k 的值,直到将文件 data. bin 中的数读完为止。在实际应用中,一般的做法是将数据文件中的数读出存入一个数组,再对数组进行相应的运算处理。

9.3.4 格式化读写函数

fscanf 和 fprintf 函数与前面使用的 scanf 和 printf 函数的功能相似,都是格式化读写函数。两者的区别在于,fscanf 和 fprintf 函数的读写对象不是键盘或显示器,而是磁盘文件。

这两个函数的调用格式为:

fscanf(文件指针, 格式字符串, 输入表列);
fprintf(文件指针, 格式字符串, 输出表列);

例如:

FILE * fp;
int a = 128,b = 256;

```
Fp = fopen("da.txt","w");
fprintf(fp,"%3d%5d",a,b);
```

其意义是将 a 和 b 的值按格式"%3d%5d"写到 fp 所指向的文件 da.txt 中。

```
FILE * fp;
int m,n;
fp = fopen("da.txt","r");
fscanf(fp,"%d%d",&m,&n);
```

其意义是从 fp 所指向的文件 da.txt 中取出两个整数分别赋给 m 和 n。

【例 9-7】 把短句"Hello world!"保存在磁盘文件 f1.txt 中。

```
#include<stdio.h>
#include<stdlib.h>
void main()
{
    FILE * fp;
    char * str = "Hello World!";
    fp = fopen("f1.txt","w");
    if(fp == NULL)
    {
        printf("Can not open this file\n");
        exit(0);
    }
    else
        fscanf(fp,"%s",str);
    fclose(fp);
    printf("%s\n",str);
}
```

【例 9-8】 将例 9-7 生成的磁盘文件 f1.txt 中的内容读出并显示在屏幕上。

```
#include<stdio.h>
#include<stdlib.h>
void main()
{
    FILE * ft;
    char str[100] = {0};;
    int k = 0;
    ft = fopen("f1.txt","r");
    if(ft == NULL)
      {
        printf("Can not open this file\n");
        exit(0);
      }
    else
      {
        while(!feof(ft))
        { fscanf(ft,"%c",&str[k]);
          k++;
        }
        str[k] = '\0';
    fclose(ft);
    printf("%s\n",str);
}
```

程序中读取磁盘文件 f1.txt 中的内容时，是逐个读出文件 f1.txt 中的字符，即 fscanf(ft,"%c",&str[k])，这是因为文件 f1.txt 中的字符串有空格，不能用"%s"来操作，否则只读出第一个空格之前的部分。

9.4 文件定位函数

文件的读写操作依赖于文件的内部指针，文件一旦被正确打开，就会有一个指针指向文件的开始处，以后每执行一次读写操作，指针就会后移一个读写位置，为下一次读写做好准备。这种方式被称为"顺序读写"。而实际应用中，往往需要对文件进行随机读写，这就需要人为地移动指针。C 语言提供了文件定位函数，可移动指针到需要处。

9.4.1 重置文件指针函数

函数调用格式：

rewind(文件指针);

函数功能：移动文件指针到文件的开始处，函数无返回值。

【例 9-9】 将 file1 的内容输出到屏幕上，并将其写到 file2 中。

程序代码：

```
#include <stdio.h>
void main()
{ FILE * fp1, * fp2;
    char ch;
    fp1 = fopen("file1.c","r");
    fp2 = fopen("file2.c","w");
    ch = fgetc(fp1);
    while(!feof(fp1))                /* 将 file1 的内容输出到屏幕上 */
    { putchar(ch);
      ch = fgetc(fp1);
    }
    rewind(fp1);                     /* 将 file1 的指针移到开始处 */
    ch = fgetc(fp1);
    while(!feof(fp1))                /* 将 file1 的内容写到 file2 中 */
    { fputc(ch,fp2);
      h = fgetc(fp1);
    }
    fclose(fp1);
    fclose(fp2);
}
```

9.4.2 设置指针位置函数

函数调用格式：

fseek(fp, n,tag);

函数功能：将文件指针移动到离文件开始处的第 n 字节处。

其中,fp 为文件指针;n 为位移的字节数,为长整型;tag 代表位移的基点,tag＝0 时代表文件开始处,tag＝1 时代表文件当前位置,tag＝2 时代表文件末尾。

例如:

```
fseek(fp,100L,0);                 /* 将指针移动到第 100 字节处
fseek(fp, - 80L,1);               /* 将指针从当前的第 100 字节处向前移动 80 字节,即第 20
字节处 */
fseek(fp, - 60L,2);               /* 将指针移动到文件倒数第 60 字节处  */
```

【注意】

fseek 函数仅适用于二进制文件,若用于 ASCII 文件,由于字符在输入输出时需要做内码转换,会造成位置出错而使 fseek 函数调用失败。

9.4.3 取指针位置函数

函数调用格式:

```
ftell(文件指针);
```

函数功能:用来取得文件流目前的读写位置。返回值为长整型的当前读写位置,若有错误则返回-1。

例如:

```
fseek(fp, - 60L,1);
if (ftell(fp) == - 1L)            /* 若指针位置有错,则给出提示信息,并结束程序执行 */
{ printf("Error!\n);
  exit(0);
}
```

9.5 文件出错检测函数

在磁盘的输入输出操作中,可能会出现各种各样的错误。例如,磁盘介质缺陷、磁盘驱动器未准备好、文件路径不正确等,都会造成文件的读写错误。为了避免出错,C 语言提供了几个用于文件检测的函数。

9.5.1 读写出错检测函数

函数调用格式:

```
ferror(文件指针);
```

函数功能:检查文件在用各种输入输出函数进行读写时是否出错,如 ferror 返回值为 0 表示未出错,否则表示出错。

例如:

```
if(ferror(fp))
    { printf("file can't i/o\n");
      fclose(fp);
```

```
        exit(0);
    }
```

其中，调用 fopen 函数时，ferror 函数初值自动置为 0。对同一个文件，每次调用 ferror 函数都会产生一个新的 ferror 函数值与之对应，因此对文件执行一次读写后，应及时检查 ferror 函数的值是否正确，以避免数据的丢失。

9.5.2　清除文件出错标志函数

若对文件读写时出现错误，ferror 函数就返回一个非零值，而且该值一直持续到对文件的下一次读写。clearerr 函数清除出错标志，使 ferror 函数值复位为 0。

函数调用格式：

```
clearerr(文件指针);
```

函数功能：本函数用于清除出错标志和文件结束标志，使它们为 0 值。

9.5.3　清除文件函数

当文件操作出现错误的时候，为了避免数据丢失，正常返回操作系统，可以调用过程控制函数 exit 关闭文件，终止程序的执行。

函数调用格式：

```
exit([status]);
```

函数功能：清除并关闭所有已打开的文件，写出文件缓冲区的所有数据，程序按正常情况由 main 函数结束并返回操作系统。

其中 status 为状态值，它被传递到调用函数。若 status 取零值，表示程序正常终止，否则表示因错而终止。若缺省则无返回值。

【例 9-10】　用记事本在 E 盘建立一个 en.txt 文件，内容为一篇英文文章。编写程序，统计文章中的大写字母、小写字母、空格和其他字符个数。

程序代码：

```
# include < stdio.h >
# include < ctype.h >
void main()
{
    FILE  *  fp;
    char in;
    int up,low,space,other;
    fp = fopen("E:\\en.txt","r");
    if(fp == NULL)
    {
        printf("Cannot open this file");
        exit(0) ;
    }
    up = low = space = other = 0;
    while(fscanf(fp," % c",&in)!= EOF)
    {
        if(islower(in)) low++;
        else if(isupper(in)) up++;
```

```
        else if(isspace(in)) space++;
            else other++;
    }
    fclose(fp);
    printf(" % d % d % d % d\n",up,low,space,other);
}
```

本章小结

通过本章的学习,应掌握如何从文件中读取数据和向文件中写入数据,区分读写一个字符、一个字符串、一个数据块的不同。

可将本章的知识与数组、指针、结构体综合应用。

本章章节知识脉络如图 9-2 所示。

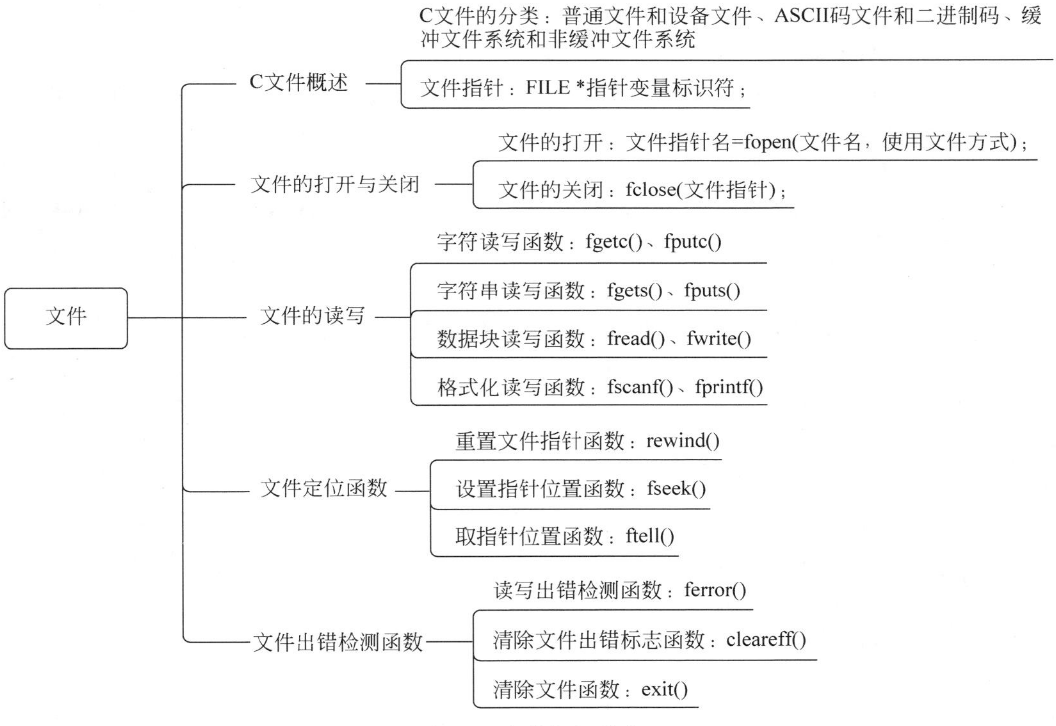

图 9-2 章节知识脉络

习题 9

1. 选择题

(1) C 语言中的文件类型只有(　　)。

    A. 索引文件和文本文件两种   B. ASCII 文件和二进制文件两种

    C. 文本文件一种   D. 二进制文件一种

（2）C语言中，文件由（　　）。

  A. 记录组成   B. 数据行组成

  C. 数据块组成   D. 字符（字节）序列组成

（3）C语言中的文件（　　）。

  A. 只能顺序存取   B. 只能随机存取（或直接存取）

  C. 可以顺序存取，也可随机存取   D. 只能从文件的开头进行存取

（4）下述关于C语言文件操作的叙述中正确的是（　　）。

  A. 对文件操作必须先关闭文件

  B. 对文件操作必须先打开文件

  C. 对文件操作顺序无要求

  D. 对文件操作前必须先测试文件是否存在，然后再打开文件

（5）下面正确表示文件指针变量定义的是（　　）。

  A. FILE * fp;   B. FILE fp;   C. FILER * fp;   D. file * fp;

（6）打开文件时，方式"w"决定了对文件进行的操作是（　　）。

  A. 只写盘   B. 只读盘   C. 可读可写盘   D. 追加写盘

（7）当顺利地执行了文件关闭操作后，fclose()函数的返回值是（　　）。

  A. −1   B. TRUE   C. 0   D. 1

（8）读取二进制文件的函数调用格式为 fread(buffer,size,count,pf); ，其中 buffer 代表的是（　　）。

  A. 一个文件指针，指向待读取的文件

  B. 一个整型变量，代表待读取的数据的字节数

  C. 一个内存块的首地址，代表读入数据存放的地址

  D. 一个内存块的字节数

（9）假设有以下程序：

```
#include<stdio.h>
void main()
{
    FILE * fp1;
    Fp1 = fopen("mytest.txt","w");
    fprintf(fp1," Hello");
    fclose(fp1);
}
```

若文本文件 mytest.txt 中的原有内容为：programming，则运行以上程序后，文件 mytest.txt 中的内容为（　　）。

  A. programmingHello   B. Helloamming

  C. Hello   D. Helloprogramming

（10）若要用 fopen 函数打开一个新的二进制文件，该文件要既能读也能写，则文件方式字符串应是（　　）。

  A. ab++   B. wb+   C. rb+   D. ab

2. 编程题

（1）从键盘输入一个字符串，并逐个将字符串中的每个字符以文本形式写到磁盘文件

string.txt 中,用"♯"结束字符串的输入。

（2）编写程序,将第(1)题所生成的磁盘文件 string.txt 的内容读出并显示在屏幕上。

（3）创建一个纯文本数据文件,输入 20 个整数存入其中。编写程序,求这 20 个数的最大值和最小值。

（4）编写程序,将 Fibonacci 数列 1,1,2,3,5,8,13……前 40 项以二进制形式写到磁盘文件中。

（5）编写程序,将第(3)题所生成的数据文件读出,并以每行 5 个数的形式显示在屏幕上。

第10章

面向对象与C++程序设计

C++程序设计语言可以看作是更具特色的 C 语言,是 C 语言的扩展。C 语言是 20 世纪 70 年代由贝尔实验室的 Dennis M. Ritchie 创建的,其独特之处在于它是一种拥有众多低级语言特性的高级语言,这使它成为编写系统程序的最佳选择。然而,C 语言没有其他高级语言易于理解,自动检测功能也相对较少。为了克服 C 语言的缺陷,20 世纪 80 年代,贝尔实验室的 Bjarne Stroustrup 开发了 C++程序设计语言。C++除了包含 C 语言的大部分内容,还有许多创建类的工具,因此可以用于面向对象程序设计。

本章要点

➢ 面向对象的基本概念。

➢ C++语言的基本数据类型及函数介绍。

➢ 类与对象。

➢ 类的继承性和派生类。

10.1　面向对象概述

面向对象(Object Oriented,OO)是一种认识世界的方法,也是一种程序设计方法,是当下软件开发的主流思想之一。面向对象的思想已经涉及软件开发的各个方面,例如,面向对象的分析(Object Oriented Analysis,OOA)、面向对象的设计(Object Oriented Design,OOD)以及面向对象的程序设计(Object Oriented Programming,OOP)。

10.1.1　面向对象的概念

面向对象的观点认为,客观世界是由各种各样的实体,也就是对象组成的。观察一下周围的世界,随处都能看到对象——人、动物、房子、车、桥等。每种对象都有自己的状态(如大小、颜色、身高、体重等)和运动规律(如人可以学习、车可以行驶、气球可以飞等),即属性和行为。不同对象之间通过消息传送进行相互作用和联系,就构成了各种不同的系统,进而构成整个客观世界。人们通过研究属性和观察行为来学习已有的对象,如可以比较人和猩猩。用类似描述现实世界对象的方法设计程序,就是面向对象的程序设计。

"面向对象"不仅仅作为一种技术,更作为一种方法贯穿于软件设计的各个阶段。面向对象程序设计的主要特点是封装、继承与多态。封装是一种信息隐藏或抽象的方式;继承可用于编写可重复使用的代码；多态指的是在继承的内容中可以让一个名字具有多个意义的方法。

10.1.2　面向对象的特征

面向对象程序设计的方法是迄今为止较符合人类认识问题思维过程的方法，这种方法具有抽象性、封装性、继承性和多态性4个基本特征。

1. 抽象性

面向对象鼓励程序员以抽象的观点看待程序，即程序是由一组对象组成的。将一组对象的共同特征进一步抽象出来，从而形成"类"的概念。抽象是一种从一般的观点看待事物的方法，它要求程序员集中于事物的本质特征，而不是具体细节或具体实现。类的概念来自人们认识自然和认识社会的过程。在这一过程中，人们主要使用两种方法：从特殊到一般的归纳法和从一般到特殊的演绎法。在归纳的过程中，把具体事物的共同特征抽取出来，形成一个一般的概念，这就是"归类"。在演绎的过程中，根据不同的特征将同类事物分成不同的小类，这就是"分类"。

2. 封装性

所谓数据封装，是指将一组数据和与这组数据有关的操作集合组装在一起。数据封装给数据提供了与外界联系的标准接口。无论是谁，都只有通过这些接口，使用规范的方式，才能访问这些数据。数据封装是软件工程发展的必然产物，使程序员在设计程序时可以专注于自己的对象，同时也切断了不同模块之间数据的非法使用，减少了出错的可能性。

3. 继承性

代码复用可以极大地提高程序开发的效率。在面向对象的程序设计中，大量使用继承和派生，可以达到提高程序开发效率的目的。

继承性是面向对象程序设计的一个重要特性，反映了类的层次结构，并支持对事物从一般到特殊的描述。继承性使程序员能够以一个已有的、较一般的类为基础建立一个新类，而不必从零开始设计。这个新类可从已有的类继承特征，称为派生类或子类；而已有的类称为基类，也称为超类或父类。

类的派生实际上是一种演化、发展的过程，即通过扩展、更改和特殊化，从一个已知类出发建立一个新类。通过类的派生可以建立具有共同关键特征的对象家族，从而实现代码复用。派生类同样也可以作为基类从而再派生新的类，这样就形成了类的层次结构。

类的继承和派生，可以说是人们对自然界中的事物进行分类、分析和认识的过程在程序设计中的体现。现实世界中的事物都是相互联系、相互作用的，人们在认识世界的过程中，根据事物的实际特征，抓住其共同特性和细小差别，利用分类的方法对这些实体或概念之间的相似点和不同点进行分析和描述。这种继承和派生的机制对于已有程序的发展和改进是极为有利的。

4. 多态性

不同的对象可以调用相同名称的函数，并可导致完全不同的行为的现象称为多态性。

利用多态性,程序中只要进行一般形式的函数调用,函数的实现细节留给接收函数调用的对象,这样就在很大程度上提高了解决复杂问题的能力。

10.2　C++基础

C++语言是由 C 语言发展而来的,是 C 语言的超集。C++语言既可用于面向过程的结构化程序设计,又可用于面向对象的程序设计,是一种功能强大的混合型的程序设计语言。

10.2.1　面向对象的 C++

C++语言是一种面向对象的程序设计语言,它对面向对象的程序设计方法的支持如下。

1. 支持数据封装

在 C++语言中,类是支持数据封装的工具,对象是数据封装的实现。在封装中,还提供了一种对数据访问的控制机制,使有些数据被隐藏在封装体内,因此具有隐藏性。封装体与外界进行信息交换是通过操作接口进行的。这种访问控制机制体现在,类的成员中可以有公有成员、私有成员和保护成员。

2. 支持继承性

继承是面向对象语言的重要特性,C++语言允许单一继承和多重继承。一个类可以根据需要生成它的派生类,派生类还可以再生成它的派生类。派生类继承了基类成员,另外还可以定义自己的成员。继承是实现抽象和共享的一种机制。

3. 支持多态性

C++语言支持多态性的表现如下:

(1) C++语言允许函数重载和运算符重载;

(2) C++语言可以定义虚函数,通过它来支持动态联编。动态联编是多态性的一个重要特征。

10.2.2　C++的输入和输出

在 C++语言中,将数据从一个对象到另一个对象的流动抽象为"流"。从流中获取数据的操作称为提取操作,向流中添加数据的操作称为插入操作。C++语言提供了 I/O 流机制,包括流输入和流输出,完成输入输出操作。cin 和 cout 是预定义的流对象。cin 用来处理标准输入,即键盘输入;cout 用来处理标准输出,即屏幕输出。由于 cin 和 cout 被定义在 iostream 头文件中,在使用它们之前,要用预编译命令 #include 将 iostream 包括到用户的源程序中,即应该在源文件的起始位置使用下面的语句:

```
# include < iostream >
```

1. 使用 cout 输出

格式：

cout ≪ 表达式 1[≪ 表达式 2 …];

【说明】 使用 cout 可以输出任意数目的数据项，每一项可以是变量、表达式或更复杂的表达式，只需要在每一个输出项前加上输出运算符"≪"。

例如：

cout ≪"hello\n"≪"C++Programming\n";

这条语句输出 2 个字符串，一个字符串一行。

例如：

cout ≪"k = "≪ k ≪ endl;

这条语句输出 2 项内容，字符串"k＝"和变量 k 的值。

【注意】

endl 是 C++ 输出流的常数，在头文件 iostream 中定义，代表让光标换行。在 C++ 中也可以用"\n"控制光标换行。所以上面的输出语句也可以写成：

cout ≪"k = "≪ k ≪"\n";

2. 使用 cin 输入

格式：

cin ≫ 变量 1[≫ 变量 2 …];

【说明】

通过 cin 语句可以将变量值设定为一个从键盘输入的值。使用 cin 输入和使用 cout 输出的方式相似，用 cin 取代 cout 并且将输出运算符"≪"改成提取运算符"≫"。

例如：

int a,b;
cin ≫ a ≫ b;

上述例子的含义是定义 a、b 两个变量，将键盘输入的第一个数据给变量 a，第二个数据给变量 b。

【注意】

从键盘输入数值数据时，数据之间用一个空格、多个空格或者回车分隔。

10.2.3 关于 C++的数据类型

作为强类型语言，C++数据的使用严格遵从"先声明，后使用"的原则。C++的数据类型分为两大类：基本数据类型和非基本数据类型。基本数据类型是由 C++内部预定义的，而非基本数据类型是用户根据程序需要并按 C++语法规则构造出来的。C++的数据类型如图 10-1 所示。

在 C++中，为了更加准确地描述数据类型，提供了 4 种类型的修饰符：signed（有符号）、unsigned（无符号）、long（长型符）以及 short（短型符），这些类型修饰符可以和 int、char 或 long 配合使用。基本数据类型的数据表示和取值范围如表 10-1 所示。

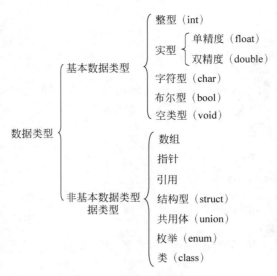

图 10-1 C++中的数据类型

表 10-1 C++基本数据类型描述

关　键　字	类　型	字　节	取　值　范　围
short short int signed short int	有符号短整型	2	$-2^{15} \sim 2^{15}-1$ 的整数
unsigned short unsigned short int	无符号短整型	2	$0 \sim 2^{16}-1$ 的整数
int signed int	有符号整型	4	$-2^{31} \sim 2^{31}-1$ 的整数
unsigned unsigned int	无符号整型	4	$0 \sim 2^{32}-1$ 的整数
long long int signed long int	有符号长整型	4	$-2^{31} \sim 2^{31}-1$ 的整数
unsigned long unsigned long int	无符号长整型	4	$0 \sim 2^{32}-1$ 的整数
float	单精度	4	$-3.402823 \times 10^{38} \sim 3.402823 \times 10^{38}$ 的数(6 位有效数)
double	双精度	8	$-1.7977 \times 10^{308} \sim 1.7977 \times 10^{308}$ 的数(15 位有效数)
long double	长双精度	8	$-1.7977 \times 10^{308} \sim 1.7977 \times 10^{308}$ 的数(17 位有效数)
char signed char	有符号字符型	1	$-128 \sim 127$ 的整数
unsigned char	无符号字符型	1	$0 \sim 255$ 的整数
bool	布尔型		true(1)和 false(0)

【注意】

　　整型(int)的长度取决于机器的字长,在 16 位机环境下,int 的长度为 2 个字节;在 32 位机环境下,int 的长度为 4 个字节。但是 short 和 long 表示的数据长度是固定的,任何支持标准 C++的编译器都是如此。无论怎样,C++语言遵循短整型(short)的长度小于等于整型(int)的长度,整型(int)的长度小于等于长整型(long)的长度。

10.2.4 关于C++的函数

C++提供了丰富的函数,用于执行数学计算、字符串操作、字符处理以及许多其他操作,使用函数可以提高程序员的编程效率。C++标准库函数是C++编程环境不可分割的一部分。

使用函数前,需要引用头文件。调用函数时,只需要指定函数名称,后跟一对包含函数实参的小括号即可。表 10-2 中描述了部分 C++标准库的头文件及其说明。以< cmath >头文件为例,简单说明了 C++语言中的常用数学函数,具体见表 10-3。

表 10-2 C++标准库部分头文件

C++标准库头文件	说　　明
< iostream >	包含 C++标准输入和输出函数
< cmath >	包含数学库函数
< cstdlib >	包含数字和文本的互换、内存分配、随机函数等
< ctime >	包含时间和日期函数
< string >	包含 C 式字符串处理函数
< cstring >	包含 C++标准库中的 string 类的定义
< functional >	包含 C++标准库算法所用的类和函数

表 10-3 数学库函数

函　　数	描　　述	示　　例
ceil(x)	x 取整为不小于 x 的最小整数	ceil(9.2)结果为 10.0
floor(x)	x 取整为不大于 x 的最大整数	ceil(9.2)结果为 9.0
cos(x)	取 x 的余弦(注: x 弧度)	cos(0.0)结果为 1.0
sin(x)	取 x 的正弦(注: x 弧度)	sin(0.0)结果为 0
tan(x)	取 x 的正切(注: x 弧度)	tan(0.0)结果为 0
exp(x)	指数函数 e^x	exp(1.0)结果为 2.71828
log(x)	x(底数为 e)的自然对数	log(2.71828)结果为 1.0
log10(x)	x(底数为 10)的对数	log10(10.0)结果为 1.0
fmod(x,y)	x/y 的浮点数余数	fmod(2.6,1.2)结果为 0.2
pow(x,y)	x 的 y 次幂	pow(2,7)结果为 128 pow(9,0.5)结果为 3
sqrt(x)	x 的平方根(注: x 是非负数)	sqrt(36)结果为 6.0
fabs(x)	x 的绝对值	fabs(−8.7)结果为 8.7

10.3 类与对象

类是对一组具有相同特征的对象的抽象描述。对象是类的实例,是由数据及其操作所构成的封装体,也是面向对象方法的主体。例如:在学籍管理系统中,学生是一个类,而一个具体的学生则是学生类的一个实例。在程序设计语言中,类是一种数据类型,对象是该类型的变量,变量名即某个具体对象的标识。类和对象的关系相当于普通数据类型与其变量的关系。类是一种逻辑抽象概念，在 C++ 中声明一个类只是定义了一种新的数据类型，对象说明才是真正创建了这种数据类型的物理实现。由同一个类创建的各个对象具有完全相同的数据结构，但它们的数据值可能是不同的。

10.3.1　类的定义

在 C++ 语言中，一个类的定义包含数据成员和成员函数两部分内容。数据成员定义该类对象的属性，不同对象的属性值可以不同。成员函数定义该类对象的操作即行为。

类的定义格式如下：

```
class 类名
{
    private:                        //私有数据成员和成员函数
    public:                         //公有数据成员和成员函数
    protected:                      //保护数据成员和成员函数
};
```

【说明】

（1）class 是定义类的关键字。类名是一种标识符，必须符合标识符的命名规则。一般情况下，类名的第一个字母大写。｛｝内是类的说明部分，说明该类的成员。类的成员包括数据成员和成员函数。

（2）类成员具有 public、protected 和 private 3 种访问控制权限。类具有封装性，C++ 中的数据封装通过类来实现。外部不能访问说明为 protected 和 private 的成员。

【例 10-1】 定义一个日期类进行日期描述。

```
class TDate {
    private:
        int year;
        int month;
        int day;
    public:
        void setDate(int y, int m, int d);
        void showDate();
};
```

在 TDate 类中，数据成员 year、month、day 是私有成员；成员函数 setDate() 和 getDate() 是公有成员函数，类外部若想对类 TDate 的数据进行操作，只能通过这两个公有的成员函数进行。

一个类应该包括多少数据成员或成员函数、如何进行访问权限设置，这些是面向对象分析和面向对象设计要解决的问题。一般情况下，一个类的数据成员应该声明为私有成员，这样封装性较好。一个类应该设置一些公有的成员函数作为对外的接口，否则别的代码无法访问类，该类将成为一个孤立的类。

类是一种数据类型，定义时系统不为类分配存储空间，所以不能在类定义中为数据成员赋初值。例如：

```
class Tdate {
    private:
        int year = 0;                       //错误
```

```
        int month = 0;                    //错误
        int day = 0;                      //错误
    public:
        void setDate(int y,int m, int d);
        void showDate();
};
```

C++规定,只有在类对象定义之后才能给数据成员赋初值。

10.3.2　成员函数的定义

类的数据成员说明对象的特征,成员函数决定对象的操作行为。成员函数是程序算法的实现部分,是对封装的数据进行操作的唯一途径。类的成员函数有两种定义方法:外联定义和内联定义。

1. 外联定义

外联定义是指在类定义体中声明成员函数,而在类外定义成员函数。在类中声明成员函数时,它所带的函数参数可以只指出其类型。在类外定义成员函数时,必须在函数名前放上类名,并且在类名和函数名之间加上作用域区分符。

在类外定义成员函数的具体格式为:

```
返回值类型 类名::成员函数名(形式参数表)
{
    函数体
}
```

【例10-2】 在类外定义 setDate()和 showDate()函数。

```
class Tdate{
    private:
        int year;
        int month;
        int day;
    public:
        void setDate(int y,int m,int d);
        void showDate();
};
//setDate()成员函数实现
void Tdate::setDate(int y,int m,int d){
    year = y;
    month = m;
    day = d;
}
//showDate()成员函数实现
void Tdate::showDate(){
    cout << year <<"年"<< month <<"月"<< day <<"日"<< endl;
}
```

以上代码在类外定义了成员函数 setDate()和 showDate()的功能。在函数名称之前加上类名及作用域区分符。

2. 内联定义

内联函数是指程序在编译时将函数的代码插入到函数的每个调用处,作为函数体的内部扩展，用来避免函数调用机制所带来的开销，提高程序的执行效率。通常，可以将那些仅由少数几条简单代码组成，却在程序中被频繁调用的函数定义为内联函数。内联函数有两种定义方法：一种是在类定义体内定义成员函数；另一种是使用 inline 关键字。

（1）在类定义体内定义内联函数。

【例 10-3】　在类内定义成员函数。

```
class Tdate{
    private:
        int year;
        int month;
        int day;
    public:
        //类内定义成员函数
        void setDate(int y, int m, int d){
            year = y;
            month = m;
            day = d;
        }
        //类内定义成员函数
        void showDate(){
            cout << year <<"年"<< month <<"月"<< day <<"日"<< endl;
        }
};
```

（2）使用关键字 inline 定义内联成员函数。

在类外，可以使用关键字 inline 定义内联成员函数。关键字 inline 有两种使用格式：

```
inline 返回值类型 类名::成员函数名(形式参数表)
{
    函数体
}
```

或者

```
返回值类型 inline 类名::成员函数名(形式参数表)
{
    函数体
}
```

【例 10-4】　使用关键字 inline 定义内联成员函数。

```
class Tdate{
    private:
        int year;
        int month;
        int day;
    public:
        void setDate(int y, int m, int d);
        void showDate();
};
//使用关键字 inline 定义内联成员函数
inline void Tdate::setDate(int y, int m, int d){
    year = y;
    month = m;
    day = d;
```

```
}
//使用关键字 inline 定义内联成员函数
void inline Tdate::showDate(){
    cout << year <<"年"<< month <<"月"<< day <<"日"<< endl;
}
```

10.3.3 对象的定义及使用

类描述了一类问题的共同属性和行为,在 C++中,类的对象就是该类的某一特定实例。例如,将班级的学生看作一个类,那么每一个学生就是该类的一个特定实例,也就是一个对象。在 C++中,类与对象之间的关系可以用数据类型 int 和 int 型变量 i 之间的关系来类比。就像定义 int 类型的变量一样,也可以定义类的变量,C++把类的变量称为类的对象,对象也称为类的实例。

1. 对象的定义

对象是类的实例,是由数据及其操作所构成的封装体。对象可以在定义类的同时进行定义,也可以在使用时定义。

(1) 在定义类的同时定义对象。

格式:

```
class 类名
{
    …
}对象名 1,对象名 2,…;
```

例如:

```
class Test{
    …
}t1,t2,t3;
```

在定义类 Test 的同时,定义了 3 个 Test 类的对象,分别是 t1、t2、t3。

(2) 在使用时定义对象。

格式:

```
类名 对象名 1,对象名 2,…;
```

例如:

```
class Test{
…
};
void main()
{
    Test t1,t2;
}
```

上面的代码首先定义了 Test 类,然后在 main()函数中定义了 2 个 Test 类的对象,分别是 t1 和 t2。

2. 对象的使用

完成了类及其对象的定义后,就可以通过对象来访问公有成员,从而实现对象内部属性的访问。对象对成员的访问格式如下：

　　对象名.公有成员名(实际参数)；

【注意】

　　只有用 public 定义的公有成员才能使用圆点操作符访问。对象中的私有成员是类中隐藏的数据，不允许在类外的程序中被直接访问，只能通过该类的公有成员函数来访问它们。

【例 10-5】　定义日期类，包括 3 个私有数据成员和 2 个公有成员函数。定义日期类对象，设置并显示日期。

```cpp
# include < iostream >
using namespace std;
class Tdate{
    private:
        int year;
        int month;
        int day;
    public:
        void setDate(int y, int m, int d);
        void showDate();
}d1;                    //在定义类的同时定义对象 d1
void Tdate::setDate(int y, int m, int d){
    year = y;
    month = m;
    day = d;
}
void Tdate::showDate(){
    cout << year <<"年"<< month <<"月"<< day <<"日"<< endl;
}
void main(){
    Tdate d2;           //在使用时定义对象 d2
    //调用成员函数 setDate()设置对象 d1 的数据成员的值
    d1.setDate(2018,9,1);
    //调用成员函数 setDate()设置对象 d2 的数据成员的值
    d2.setDate(2018,10,1);
    //调用成员函数 showDate()输出对象 d1 的数据成员的值
    d1.showDate();
    //调用成员函数 showDate()输出对象 d2 的数据成员的值
    d2.showDate();
}
```

10.3.4　构造函数

1. 构造函数的特征

　　对象的初始化是指对象数据成员的初始化，在使用对象前一定要初始化，因为数据成员一般为私有的，不能直接赋值。构造函数是一种特殊的成员函数，主要用来对对象的数据成员进行初始化，并为对象分配内存空间且执行对象的其他内部管理操作。构造函数除了具有一般成员函数的特征外，还具有一些特殊的特征。

　　(1) 构造函数的名字必须与类名相同。

（2）构造函数没有返回类型，即使是 void 也不可以。

（3）构造函数可以带形式参数也可以不带，但其后的括号不能省略。

（4）构造函数可以重载，即一个类中可以有一个或多个构造函数，每个构造函数采用不同的方式完成数据成员的初始化。当一个类中含有多个构造函数时，编译系统通过参数匹配来确定调用其中哪一个构造函数。

（5）构造函数不能像其他成员函数那样显式地被调用，它在声明对象时由系统自动调用。

（6）构造函数的访问权限应为 public。构造函数是在声明对象时调用的，而声明对象通常是在类外进行的，所以一般情况下把构造函数定义为类的公有成员。

（7）构造函数既可以在类内部定义，也可以在类外部定义。

2. 构造函数的定义

构造函数有两种定义格式，一种是在类的内部定义，一种是在类的外部定义。定义的具体格式如下。

（1）在类的内部定义。

```
class 类名
{
    private:
    protected:
    public:
        类名(形参表)
        {
            函数体
        }
};
```

【例 10-6】　在类中定义构造函数。

```
# include < iostream >
using namespace std;
class Tdate{
    private:
        int year;
        int month;
        int day;
    public:
        //在类内定义构造函数
        Tdate(){
            year = 2000;
            month = 1;
            day = 1;
        }
        void showDate(){
            cout << year <<"年"<< month <<"月"<< day <<"日"<< endl;
        }
};
void main(){
    Tdate t1;
    t1.showDate();
}
```

（2）在类的外部定义。

```
class 类名
{
    private:
    public:
    protected:
};
类名::类名(形参表)
{
    函数体
}
```

【例 10-7】　在类外定义构造函数。

```
#include<iostream>
using namespace std;
class Tdate{
    private:
        int year;
        int month;
        int day;
    public:
        Tdate();
        void showDate(){
            cout << year <<"年"<< month <<"月"<< day <<"日"<< endl;
        }
};
//在类外定义构造函数
Tdate::Tdate(){
    year = 2000;
    month = 1;
    day = 1;
}
void main(){
    Tdate t1;
    t1.showDate();
}
```

10.3.5　析构函数

1. 析构函数的特征

在 C++程序中，当一个对象的生存周期结束时，其占有的资源必须释放。C++在类中提供了一个特殊的成员函数来完成对象所占资源的释放，这个特殊的成员函数称为析构函数。

析构函数执行与构造函数相反的操作，通常用于撤销对象时的一些清理工作，如释放分配给对象的内存空间等。析构函数具有如下特征。

（1）析构函数的函数名与类名相同，但它的前面必须加一个波浪号"～"。

（2）析构函数没返回类型，即使是 void 也不可以。

（3）析构函数不能带参数，即参数为空。

（4）由于析构函数不能带参数，所以其不能重载，一个类只能有一个析构函数。

（5）析构函数不能被显式调用，当对象的生命周期结束撤销对象时，由系统自动调用析构函数。

2. 析构函数的定义

析构函数有两种定义格式,一种是在类的内部定义,一种是在类的外部定义。定义的具体格式如下。

(1) 在类的内部定义。

```
class 类名
{
    private:
    protected:
    public:
        ～类名()
        {
            函数体
        }
};
```

【例 10-8】 在类内定义析构函数。

```
#include<iostream>
using namespace std;
class Tdate{
    private:
        int year;
        int month;
        int day;
    public:
        Tdate(){
            year = 2000;
            month = 1;
            day = 1;
        }
        //在类内定义析构函数
        ～Tdate(){
            cout <<"执行析构函数!"<< endl;
        }
        void showDate(){
            cout << year <<"年"<< month <<"月"<< day <<"日"<< endl;
        }
};
void main(){
    Tdate t1;
    t1.showDate();
}
```

(2) 在类的外部定义。

```
class 类名
{
    private:
    public:
    protected:
};
类名::～类名()
```

```
    {
        函数体
    }
```

【例 10-9】 在类外定义析构函数。

```cpp
#include<iostream>
using namespace std;
class Tdate{
    private:
        int year;
        int month;
        int day;
    public:
        Tdate(){
            year = 2000;
            month = 1;
            day = 1;
        }
        ~Tdate();
        void showDate(){
            cout << year <<"年"<< month <<"月"<< day <<"日"<< endl;
        }
};
//在类外定义析构函数
Tdate::~Tdate(){
    cout <<"执行析构函数!"<< endl;
}
void main(){
    Tdate t1;
    t1.showDate();
}
```

10.4 类的继承性与派生类

　　类的继承是新的类从已经定义的类那里得到已有的特性，从已有的类产生新类的过程称为类的派生。从派生类的角度，根据基类数目的不同，可以分为单一继承和多重继承。一个类只有一个直接基类时称为单一继承；而一个类同时有多个直接基类时，则称为多重继承。

　　基类与派生类之间的关系如下。

　　（1）基类是对派生类的抽象，派生类是对基类的具体化。基类抽取了它的派生类的公共特征，而派生类通过增加信息将抽象的基类变为某种有用的类型，派生类是基类定义的延续。

　　（2）派生类是基类的组合。多重继承可以看作多个单一继承的简单组合。

　　（3）公有派生类的对象可以作为基类的对象处理。这一点与类聚集（成员对象）不同，在类聚集（成员对象）中，一个类的对象只能拥有作为其成员的其他类的对象，但不能作为其他类对象使用。

10.4.1　单一继承

根据基类数目的不同,派生类可以分为单一继承和多重继承,这一小节中主要介绍的是单一继承。在 C++语言中,单一继承派生类的定义格式如下:

```
class <派生类名>:[继承方式]<基类名>
{
    定义派生类自己的成员;
};
```

对派生类的定义,有以下几点说明。

(1) class 是类声明的关键字,用于告诉编译器下面声明的是一个类。

(2) 派生类名是新生成的类名。

(3) 继承方式规定了如何访问从基类继承的成员。继承方式关键字为 private、public和 protected,分别表示私有继承、公有继承和保护继承,默认情况下是私有 private 继承。类的继承方式决定了派生类成员以及类对象对于从基类继承来的成员的访问权限。

(4) 派生类成员除了指从基类继承来的所有成员之外,还包括新增加的数据成员和成员函数。这些新增加的成员正是派生类不同于基类的关键所在,是派生类对基类的发展。当重用和扩充已有的代码时,就是通过在派生类中新增成员来增加新的属性和功能。

【例 10-10】　定义一个派生类。

```
//定义一个基类 TPerson
class TPerson{
    private:
        char name[20];
        char sex;
        int age;
    public:
        void setInfo(char * n,char s,int a);
        void showInfo();
};
//定义一个派生类
class TStudent:public TPerson{
    protected:
        char no[11];
        float score;
    public:
        void setStuInfo(char * num,float s);
        void showScore();
};
```

10.4.2　多重继承

当基类名有多个时,这种继承方式称为多重继承。此时,派生类同时得到了多个已有类的特征。在多重继承中,各个基类名之间用逗号隔开。多重继承的定义格式如下。

```
class <派生类名>:[继承方式]基类名 1,[继承方式]基类名 2,…
{
    定义派生类自己的成员;
};
```

【例 10-11】 定义多重继承派生类。

```cpp
# include < iostream >
using namespace std;
//定义一个基类 1
class TLength{
    protected:
        int length;
    public:
        void setLength( int l){
            length = l;
        }
};
//定义一个基类 2
class TWide{
    protected:
        int wide;
    public:
        void setWide( int w){
            wide = w;
        }
};
//多重继承派生类
class TVolume:public TLength, public TWide{
    private:
        int height;
    public:
        void setHeigt( int h){
            height = h;
        }
        void showVolume(){
            cout << length * wide * height << endl;
        }
};
void main(){
    TVolume t1;
    t1.setLength(2);
    t1.setWide(3);
    t1.setHeigt(4);
    t1.showVolume();
}
```

从多重继承的使用形式可以看出，每个基类都有一个继承方式来限制其成员在派生类中的访问权限，其规则和单一继承情况是一样的。多重继承可以看作单一继承的扩展，单一继承可以看作多重继承的一个最简单的特例。

在派生过程中，派生出来的新类同样可以作为基类再继续派生新的类。此外，一个基类可以同时派生出多个派生类。也就是说，一个类从父类继承来的特征也可以被其他新的类所继承；一个父类的特征可以同时被多个子类继承。这样就形成了一个相互关联的类的家族，称为类族。在类族中，直接参与派生出某类的基类称为直接基类，基类的基类甚至更高层的基类称为间接基类。

10.4.3　派生类的继承方式

在基类内部,自身成员可以对任何一个其他成员进行访问,但是通过基类定义的对象就只能访问基类的公有成员。派生类继承了基类的全部数据成员和除了构造函数、析构函数之外的全部函数成员,但是这些成员的访问属性在派生的过程中是可以调整的。从基类继承的成员,其访问属性由继承方式控制。表 10-4 列出了不同继承方式下基类成员访问属性的变化情况。

表 10-4　不同继承方式下基类成员的访问属性

继承方式	访问属性		
	public	**protected**	**private**
public	public	protected	不可访问的
protected	protected	protected	不可访问的
private	private	private	不可访问的

【说明】

表 10-4 的第一列给出了 3 种继承方式,第一行给出了基类成员的 3 种访问属性。其余单元格内容为基类成员在派生类中的访问属性。

从表 10-4 中可以看出以下信息。

(1) 基类的私有成员在派生类中均是不可访问的,只能由基类的成员访问。

(2) 在公有继承方式下,基类中的公有成员和保护成员在派生类中的访问属性不变。

(3) 在保护继承方式下,基类中的公有成员和保护成员在派生类中均为保护的。

(4) 在私有继承方式下,基类中的公有成员和保护成员在派生类中均为私有的。

【注意】

保护成员与私有成员唯一的不同是,当发生派生后,处在基类 protected 区的成员可被派生类直接访问,而私有成员在派生类中是不可访问的。在同一类中,私有成员和保护成员的用法完全一样。

10.4.4　派生类的构造和析构函数

1. 构造函数

单一继承和多重继承的构造函数在定义格式上基本是一样的,只是多个基类的构造函数之间用“,”隔开。

定义格式:

派生类名(参数总表):基类名 1(参数表 1),基类名 2(参数表 2),…
{
    定义派生类自己的成员;
}

派生类的构造函数同时负责派生类所有基类构造函数的调用,派生类的参数个数必须包含完成所有基类初始化所需的参数个数。

派生类构造函数的执行顺序:先执行基类的构造函数,再执行派生类构造函数。处于同一层的各个基类构造函数的执行顺序,取决于声明派生类时所指定的各个基类的顺序,与派生类构造函数中所定义的成员初始化列表的各项顺序没有关系。析构函数的执行顺序则刚好与构造函数的执行顺序相反。

【例 10-12】 派生类的构造函数。

```cpp
#include<iostream>
using namespace std;
class TLength{
    protected:
        int length;
    public:
        TLength(int l){
            length = l;
        }
};
class TWide{
    protected:
        int wide;
    public:
        TWide(int w){
            wide = w;
        }
};
class TVolume:public TLength,public TWide{
    private:
        int height;
    public:
        //派生类的构造函数
        TVolume(int l,int w,int h):TLength(l),TWide(w){
            height = h;
        }
        void showVolume(){
            cout << length * wide * height << endl;
        }
};
void main(){
    TVolume t1(2,3,4);
    t1.showVolume();
}
```

2. 析构函数

析构函数没有参数,所以相对于构造函数而言要简单一些。在继承中,基类的析构函数不能被继承,如果需要析构的话,在派生类中要定义新的析构函数。派生类析构函数的定义方法与没有继承关系的类中析构函数的定义方法完全相同。析构函数的执行顺序则刚好与构造函数的执行顺序相反。

【例 10-13】 派生类的析构函数。

```cpp
#include<iostream>
using namespace std;
class TLength{
    protected:
```

```
                int length;
        public:
                TLength(int l){
                        length = l;
                }
                //基类的析构函数
                ～TLength(){
                        cout <<"执行 TLength 的析构函数!"<< endl;
                }
};
class TWide{
        protected:
                int wide;
        public:
                TWide(int w){
                        wide = w;
                }
                //基类的析构函数
                ～TWide(){
                        cout <<"执行 TWide 的析构函数!"<< endl;
                }
};
class TVolume:public TLength,public TWide{
        private:
                int height;
        public:
                TVolume(int l,int w,int h):TLength(l),TWide(w){
                        height = h;
                }
                //派生类的析构函数
                ～TVolume(){
                        cout <<"执行 TVolume 的析构函数!"<< endl;
                }
                void showVolume(){
                        cout << length * wide * height << endl;
                }
};
void main(){
        TVolume t1(2,3,4);
        t1.showVolume();
}
```

10.5 简单程序设计举例

【**例 10-14**】 通过键盘输入两个整数，求两数之和。要求：用 C 语言和 C++两种语言格式编写。

算法分析如下。

（1）定义两个变量，分别保存输入的两个整数。

（2）计算两个整数之和，保存在定义好的求和变量中。

（3）输出结果。

程序代码：

```
#include<stdio.h>                    //C语言格式
void main( )
{
    int n1,n2,s;
    scanf("%d,%d",&n1,&n2);
    s = n1 + n2;
    printf("%d\n",s);
}


#include<iostream>                   //C++语言格式
using namespace std;
int main()
{
    int n1,n2,s;
    std::cout <<"请输入第一个整数:";
    std::cin >> n1;
    std::cout <<"请输入第二个整数:";
    std::cin >> n2;
    s = n1 + n2;
    std::cout <<"两数之和是:"<< s << std::endl;
    return 0;
}
```

【例 10-15】 设计一个立方体类 Box，计算并输出立方体的体积和表面积。

算法分析如下。

（1）定义一个 Box 类，含有私有数据成员（立方体边长 length、体积 volume、表面积 area）和公有函数（构造函数 Box、计算体积函数 getVolume、计算表面积函数 getArea、输出函数 show）。

（2）编写 main()主函数。

程序代码：

```
#include<iostream>
using namespace std;
class Box {
    private:
        double length;              //立方体边长
        double volume;              //体积
        double area;                //表面积
    public:
        Box(double l)               /* 构造函数 */
        {
            length = l;
            volume = 0.0;
            area = 0.0;
        }
        double getVolume()          /* 计算体积 */
        {
            return length * length * length;
        }
        double getArea()            /* 计算表面积 */
        {
```

```
            return length * length * 6;
        }
        void show()                          /*输出立方体体积和表面积*/
        {
            volume = getVolume();
            area = getArea();
            cout <<"立方体的体积:"<< volume <<",表面积:"<< area << endl;
        }
};
int main()                                   /*主函数*/
{
    int length = 0;
    cout <<"请输入立方体的边长:";
    cin >> length;
    Box box(length);
    box.show();
    getchar();
    return 0;
}
```

本章小结

　　本章简单介绍了面向对象的基本概念、类和对象之间的关系，以及 C++语言的输入输出流、基本数据类型及函数。除此之外，还介绍了类的声明使用、构造函数、析构函数及多重继承等内容。

　　本章章节知识脉络如图 10-2 所示。

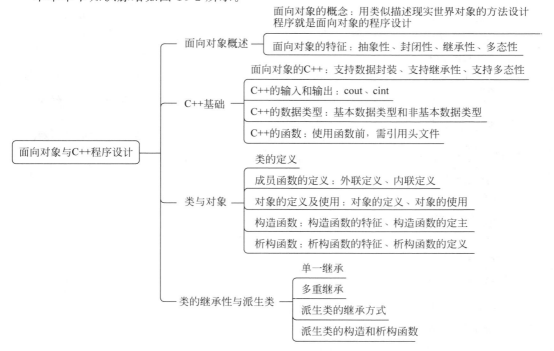

图 10-2　章节知识脉络

习题 10

1. 选择题

（1）C++语言属于（　　　）。

　　A. 自然语言　　　　B. 机器语言　　　　C. 面向对象语言　　D. 汇编语言

（2）下列选项中不属于面向对象程序设计特征的是（　　　）。

　　A. 继承性　　　　　B. 多态性　　　　　C. 相似性　　　　　D. 封装性

（3）下列有关继承和派生的叙述中，正确的是（　　　）。

　　A. 派生类不能访问通过私有继承的基类的保护成员

　　B. 多继承的虚基类不能够实例化

　　C. 如果基类没有默认构造函数，派生类就应当声明带形参的构造函数

　　D. 基类的析构函数和虚函数都不能够被继承，需要在派生类中重新实现

（4）在下列关于 C++ 函数的叙述中，正确的是（　　　）。

　　A. 每个函数至少要有一个参数　　　　　B. 每个函数都必须返回一个值

　　C. 函数在被调用之前必须先声明　　　　D. 函数不能自己调用自己

（5）当公有派生类的成员函数不能直接访问基类中继承来的某个成员时，则该成员一定是基类中的（　　　）。

　　A. 私有成员　　　　　　　　　　　　　B. 公有成员

　　C. 保护成员　　　　　　　　　　　　　D. 保护成员或私有成员

（6）对基类和派生类的关系描述中，错误的是（　　　）。

　　A. 派生类是基类的具体化　　　　　　　B. 基类继承了派生类的属性

　　C. 派生类是基类定义的延续　　　　　　D. 派生类是基类的特殊化

（7）所谓多态性是指（　　　）。

　　A. 不同的对象调用不同名称的函数　　　B. 不同的对象调用相同名称的函数

　　C. 一个对象调用不同名称的函数　　　　D. 一个对象调用不同名称的对象

（8）在类中说明的成员可以使用关键字的是（　　　）。

　　A. public　　　　　B. extern　　　　　C. cpu　　　　　　D. register

（9）在 C++ 中，使用流进行输入输出，其中用于屏幕输入的是（　　　）。

　　A. cin　　　　　　　B. cerr　　　　　　C. cout　　　　　　D. clog

（10）关于对象概念的描述中，说法错误的是（　　　）。

　　A. 对象就是 C 语言中的结构变量

　　B. 对象代表着正在创建的系统中的一个实体

　　C. 对象是类的一个变量

　　D. 对象之间的信息传递是通过消息进行的

2. 填空题

（1）面向对象的英文缩写是_____。

（2）一个对象的大小、形状、颜色和重量是对象的_____。

（3）对象的核心概念就是通常所说的_____、_____和_____。

（4）函数的_____、_____和_____称为函数三部曲。

（5）cin 后面的符号是_____,cout 后面的符号是_____。

（6）C 语言中的 printf 命令在 C++中改用_____;C 语言中的 scanf 命令在 C++中改用_____。

（7）♯include＜iostream.h＞命令中,include 的意义是_____。

（8）已知 x＝2,y＝3,x＜y 的值是_____。

（9）float 和 double 类型的大小分别为_____和_____。

（10）对一个类中的数据成员的初始化,可以通过_____来实现,也可以通过该类的成员函数来实现。

常用字符与ASCII码对照表

ASCII 值	字符	ASCII 值	字符	ASCII 值	字符	ASCII 值	字符
0	NUL	32	（space）	64	@	96	、
1	SOH	33	！	65	A	97	a
2	STX	34	”	66	B	98	b
3	ETX	35	♯	67	C	99	c
4	EOT	36	$	68	D	100	d
5	ENQ	37	％	69	E	101	e
6	ACK	38	&	70	F	102	f
7	BEL	39	，	71	G	103	g
8	BS	40	（	72	H	104	h
9	HT	41	）	73	I	105	i
10	LF	42	＊	74	J	106	j
11	VT	43	＋	75	K	107	k
12	FF	44	，	76	L	108	l
13	CR	45	—	77	M	109	m
14	SO	46	.	78	N	110	n
15	SI	47	/	79	O	111	o
16	DLE	48	0	80	P	112	p
17	DCI	49	1	81	Q	113	q
18	DC2	50	2	82	R	114	r
19	DC3	51	3	83	X	115	s
20	DC4	52	4	84	T	116	t
21	NAK	53	5	85	U	117	u
22	SYN	54	6	86	V	118	v
23	TB	55	7	87	W	119	w
24	CAN	56	8	88	X	120	x
25	EM	57	9	89	Y	121	y
26	SUB	58	:	90	Z	122	z
27	ESC	59	;	91	[	123	{
28	FS	60	＜	92		124		
29	GS	61	＝	93	]	125	}
30	RS	62	＞	94	^	126	～
31	US	63	?	95	—	127	DEL

上表中控制字符的含义如下。

NUL 空操作	VT 垂直制表	SYN 空转同步
SOH 标题开始	FF 走纸控制	ETB 信息组传送结束
STX 正文开始	CR 回车	CAN 作废
ETX 正文结束	SO 移位输出	EM 纸尽
EOY 传输结束	SI 移位输入	SUB 换置
ENQ 询问字符	DLE 空格	ESC 换码
ACK 承认	DC1 设备控制 1	FS 文字分隔符
BEL 报警	DC2 设备控制 2	GS 组分隔符
BS 退一格	DC3 设备控制 3	RS 记录分隔符
HT 横向列表	DC4 设备控制 4	US 单元分隔符
LF 换行	NAK 否定	DEL 删除

auto					
break					
case	char	const	continue		
default	do	double			
else	enum	extern			
float	for				
goto					
if	int				
long					
register	return				
short	signed	sizeof	static	struct	switch
typedef					
union	unsigned				
void	volatile				
while					

运算符的优先级与结合性

优 先 级	运 算 符	含 义	运算符类型	结 合 方 向
1	( )	圆括号		自左向右
	[ ]	下标运算符		
	->	指向结构体成员运算符		
	.	结构体成员运算符		
2	!	逻辑非运算符	单目	自右向左
	~	按位取反运算符	单目	
	++	自增运算符	单目	
	--	自减运算符	单目	
	-	负号运算符	单目	
	(类型)	类型转换运算符	单目	
	*	指针运算符	单目	
	&	地址运算符	单目	
	Sizeof	长度运算符	单目	
3	*	乘法运算符	双目	自左向右
	/	除法运算符	双目	
	%	求余运算符	双目	
4	+	加法运算符	双目	自左向右
	-	减法运算符	双目	
5	≪	左移运算符	双目	自左向右
	≫	右移运算符	双目	
6	<、<=、>、>=	关系运算符	双目	自左向右
7	==	等于运算符	双目	自左向右
	!=	不等于运算符	双目	
8	&	按位与运算符	双目	自左向右
9	^	按位异或运算符	双目	自左向右
10	|	按位或运算符	双目	自左向右
11	&&	逻辑与运算符	双目	自左向右
12	||	逻辑或运算符	双目	自左向右
13	?:	条件运算符	三目	自右至左

续表

优　先　级	运　算　符	含　　义	运算符类型	结　合　方　向
14	＋＝、－＝、＊＝、/＝、 ％＝、>>＝、<<＝、&＝、 ^＝、|＝	赋值运算符	双目	自右至左
15	,	逗号运算符		自左向右

附录 D

常用的ANSI C标准库函数

D.1 数学函数

在使用数学函数时，应该在源文件中使用以下命令行：

#include <math.h>或 #include "math.h"

函　数　名	函数原型	功　　能	返　回　值	说　　明
abs	int abs(int x);	求整数 x 的绝对值	计算结果	
acos	double acos(double x);	计算 $\cos-1(x)$	计算结果	x 应在 -1 到 1 范围内
asin	double asin(double x);	计算 $\sin-1(x)$	计算结果	x 应在 -1 到 1 范围内
atan	double atan(double x);	计算 $\tan-1(x)$	计算结果	
atan2	double atan2 (doublex, doubley);	计算 $\tan-1(x)$	计算结果	
cos	double cos(double x);	计算 $\cos(x)$	计算结果	x 单位为弧度
cosh	double cosh(double x);	计算 x 的双曲余弦函数 cosh(x)	计算结果	
exp	double exp(double x);	计算 exp(x)即 e^x	计算结果	
fabs	double fabs(double x);	求 x 的绝对值	计算结果	
floor	double floor(double x);	求出不大于 x 的最大整数	该整数的双精度实数	
fmod	double fmod(double x, double y);	求整数 x/y 的余数	返回余数的双精度数	
frexp	double frexp(double val, int * eptr);	把双精度数 val 分解为数字部分（尾数）和以 2 为底的指数 n,即 $val = x \cdot 2^n$,n 存放在 eptr 指向的变量中		
log	double log(double x);	计算 $\log_e^x x^y$ 即 $\ln^x$	计算结果	
log10	double log10(double x);	计算 $\log_{10}^x$	计算结果	

续表

函 数 名	函 数 原 型	功　　能	返 回 值	说　　明
modf	double modf(double val, double * iprtr);	把双精度数 val 分解为整数部分和小数部分,把整数部分存到 iptr 指向的单元		
pow	double pow(double val, double y);	计算 x^y	计算结果	
rand	int rand(void);	产生 -90 到 32767 的随机整数	随机整数	
sin	double sin(double x);	计算 sin(x)	计算结果	x 单位为弧度
sinh	double sinh(double x);	计算 x 的双曲正弦函数 sinh(x)	计算结果	
sqrt	double sqrt(double x);	计算 $\sqrt{x}$	计算结果	X 应＞＝0
tan	double tan(double x);	计算 tan(x)	计算结果	x 单位为弧度
tanh	double tanh(double x);	计算 x 的双曲正切函数 tanh(x)	计算结果	

D.2　字符函数和字符串函数

在使用字符串函数时,应该在源文件中使用以下命令行:

＃include＜string.h＞

在使用字符函数时,应该在源文件中使用以下命令行:

＃include＜ctype.h＞

但是,有的 C 编译不遵循 ANSI 的标准的规定,而用其他名称的头文件。

函 数 名	函 数 原 型	功　　能	返　回　值	包含文件
isalnum	int isalnum(int ch)	检查 ch 是否是字母或是数字	是字母数字返回 1;否则返回 0	ctype.h
isalpha	int isalpha(int ch)	检查 ch 是否是字母	是,返回 1;不是返回 0	ctype.h
iscntrl	int iscntrl(int ch)	检查 ch 是否是控制字符(ASCII 码在 0 和 0X1F 之间)	是,返回 1;不是返回 0	ctype.h
isdigit	int isdigit(int ch)	检查 ch 是否是数字(0—9)	是,返回 1;不是返回 0	ctype.h
isgraph	int isgraph(int ch)	检查 ch 是否是可打印字符(ASCII 码在 0X21 和 0X7E 之间),不包括空格	是,返回 1;不是返回 0	ctype.h
islower	int islower(int ch)	检查 ch 是否是小写字母(a—z)	是,返回 1;不是返回 0	ctype.h

函 数 名	函 数 原 型	功 能	返 回 值	包 含 文 件
isprint	int isprint(int ch)	检查 ch 是否是可打印字符（ASCII 码在 0X20 和 0X7E 之间），包括空格	是，返回 1；不是返回 0	ctype. h
ispunct	int ispunct(int ch)	检查 ch 是否是标点字符，即除字母、数字、和空格以外的所有可打印字符	是，返回 1；不是返回 0	ctype. h
isspace	int isspace(int ch)	检查 ch 是否是空格、跳格符或换行符	是，返回 1；不是返回 0	ctype. h
isupper	int isupper(int ch)	检查 ch 是否是大写字母（A—Z）	是，返回 1；不是返回 0	ctype. h
isxdigit	int isxdigit(int ch)	检查 ch 是否是一个十六进制数字字符（0—9，或 A—F，或 a—f）	是，返回 1；不是返回 0	ctype. h
stract	char * stract (char * str1,char * str2)	把字符串 str2 接到 str1 后面，str1 最后面的'\0'被取消	str1	string. h
strchr	char * strchr (char * str1,int ch)	找出 str 指向的字符串中第一次出现字符 ch 的位置	找出 str 指向的字符串中第一次出现 ch 的位置	string. h
strcmp	intstrcmp(char * str1,char * str2)	比较两个字符串 str1、str2	str1＜str2,返回负数 str1 = str2,返回 0 str1＞str2,返回正数	string. h
strcpy	char * strcpy (char * str1,char * str2)	把 str2 指向的字符串拷贝到 str1 中去	返回 str1	string. h
strlen	unsigned int strlen(char * str)	统计字符串 str 中字符的个数（不包括终止符'\0'）	返回字符个数	string. h
strstr	char * strstr (char * str1,char * str2)	找出 str2 字符串在 str1 字符串中第一次出现的位置（不包括 str2 串的终止符'\0'）	返回该位置的指针。如果找不到,返回空指针	string. h
tolower	int tolowe(int ch)	ch 字符被转换为小写字母	返回 ch 所代表的字符的小写字母	ctype. h
toupper	int toupper(int ch)	ch 字符被转换为大写字母	返回 ch 所代表的字符的大写字母	ctype. h

D.3　输入输出函数

在使用输入输出函数时,应该在源文件中使用以下命令行:

```
# include < stdio.h >
```

函　数　名	函　数　原　型	功　能	返　回　值
clearerr	void clearerr(FILE * fp)	使 fp 所指文件的错误标志和文件结束标志置 0	无
close	int close(intfp)	关闭文件	关闭成功返回 0,不成功返回 −1
creat	int creat(char * filename, int mode)	以 mode 所指定的方式建立文件	成功则返回整数,否则返回 −1
eof	int eof(int fd)	检查文件是否结束	遇文件结束返回 1,否则返回 0
fclose	int fclose(FILE * fp)	关闭 fp 所指的文件,释放文件缓冲区	有错则返回非 0,否则返回 0
feof	int feof(FILE * fp)	检查文件是否结束	遇文件结束返回非 0 值,否则返回 0
fgetc	int fgetc(FILE * fp)	从 fp 所指定的文件中取得下一个字符	返回所得到的字符。若读入出错,返回 EOF
fgets	char * fgets(char * buf, int n, FILE * fp)	从 fp 所指定的文件中读取一个长度为（n−1）的字符串,存入起始地址为 buf 的空间	返回地址 buf,若遇文件结束或出错,返回 NULL
fopen	FILE * fopen (char * filename, char * mode)	以 mode 所指定的方式打开名为 filename 的文件	成功,返回一个文件指针,否则返回 0
fprintf	int fprintf(FILE * fp, char * format, args,…)	把 args 的值以 format 指定的格式输出到 fp 所指定的文件中	实际输出的字符数
fputc	int fputc(char ch, FILE * fp)	将字符 ch 输出到 fp 所指向的文件中	成功,则返回该字符,否则返回非 0
fputs	int fputs(char * str, FILE * fp)	将 str 指向的字符串输出到 fp 所指向的文件中	返回 0,若出错返回非 0
fread	int fread(char * pt, unsigned size, unsigned n, FILE * fp)	从 fp 所指定的文件中读取一个长度为 size 的字符串,输出到 pt 指定的内存区	返回所读的数据项个数,如遇文件结束或出错返回 0
fscanf	int fscanf(FILE * fp, char format, args,…)	从 fp 指定的文件中按 format 给定的格式将输入数据送到 args 所指向的内存单元	已输入的数据个数
fseek	int fseek(FILE * fp, long offset, int base)	将 fp 所指向的文件的位置指针移到以 base 所指出的位置为基准、以 offset 为位移量的位置	返回当前位置,否则,返回 −1
ftell	long ftell(FILE * fp)	返回 fp 所指向的文件中的读写位置	返回 fp 所指向的文件中的读写位置

函　数　名	函　数　原　型	功　　能	返　回　值
fwrite	int fwrite(char * ptr,unsigned size,unsigned n,FILE * fp)	把 ptr 所指向的 n * size 个字节输出到 fp 所指向的文件中	写到 fp 文件中的数据项的个数
getc	int getc(FILE * fp)	从 fp 所指向的文件中读入一个字符	返回所读的字符,若文件结束或出错,返回 EOF
getchar	int getchar(void)	从标准输入设备读取下一个字符	所读字符,若文件结束或出错,则返回-1
getw	int getw(FILE * fp)	从 fp 所指向的文件中读取下一个字	输入的整数,如文件结束或出错,返回-1
open	int open(char * filename,int mode)	以 mode 指出方式打开已存在的名为 filename 的文件	返回文件号,如失败,返回-1
printf	int printf(char * format, args,…)	按 format 指向的格式字符串所规定的格式,将输出表列 args 的值输出到标准输出设备	输出字符的个数,如出错,则返回负数
putc	int putc(int ch,FILE * fp)	把一个字符 ch 输出到 fp 所指的文件中	输出的字符 ch,如出错,则返回 EOF
putchar	int putchar(char ch)	把字符 ch 输出到标准输出设备	输出的字符 ch,如出错,则返回 EOF
puts	int puts(char * str)	把 str 指向的字符串输出到标准输出设备,将'\0'转换为回车换行	返回换行符,若失败,则返回 EOF
putw	intputw(int w,FILE * fp)	将一个整数 w 写到 fp 所指向的文件中	返回输出的整数,若出错,返回 EOF
read	int read(intfd,char * buf,unsigned count)	从文件号 fd 所指向的文件中读 count 个字节到由 buf 指向的缓冲区中	返回真正读入的字节个数。如遇文件结束返回 0,出错返回-1
rename	int rename(char * oldname,char * newname)	把由 oldname 所指的文件名改为由 newname 所指的文件名	成功返回 0,出错返回-1
rewind	void rewind(FILE * fp)	将 fp 所指示的文件中的位置指针至于文件开头处,并清除文件结束标志和错误标志	无
scanf	int scanf(char * format, args,…)	从标准输入设备按 format 指向的格式字符串所规定的格式,输入数据给 args 所指向的单元	读入并赋给 args 的数据个数。遇文件结束返回 EOF,出错返回 0
write	int write(int fd,char * buf,unsigned count)	从 buf 指示的缓冲区输出 count 个字符到 fd 所标志的文件中	返回实际输出的字节数,如出错返回-1

D.4 动态存储分配函数

ANSI C 提供了 4 个有关的动态分配函数，如下表所示。实际上，许多 C 编译系统在实现时，往往会增加一些其他函数。ANSI C 建议在 stdlib.h 文件中添加有关信息，但许多 C 编译系统要求用"malloc.h"，读者在使用时应查阅有关手册。

函 数 名	函 数 原 型	功 能	返 回 值
calloc	void * calloc（unsigned n, unsigned size）	分配 n 个数据项的内存连续空间，每个数据项的大小为 size	分配内存单元的起始地址，如不成功，返回 0
free	void free（void * p）	释放 p 所指的内存区	无
malloc	void * malloc（unsigned size）	分配 size 字节的存储区	所分配的内存区起始地址，如内存不够，返回 0
realloc	void * realloc（void * p, unsigned size）	将 p 所指出的已分配内存区的大小改为 size，size 可以比原来的空间大或小	返回指向该内存区的指针

参 考 文 献

[1] 张继生,王杰.C语言程序设计[M].4版.北京:清华大学出版社,2019.

[2] 谭浩强.C程序设计[M].5版.北京:清华大学出版社,2017.

[3] 波尔.C语言教程[M].北京:机械工业出版社,2007.

[4] 王敬华,林萍.C语言程序设计教程[M].3版.北京:清华大学出版社,2021.

[5] 张睿,杨吉斌,雷小宇,等.C语言程序设计简明教程[M].北京:清华大学出版社,2022.

[6] 教育部考试中心.全国计算机等级考试二级教程C语言程序设计[M].北京:高等教育出版社,2020.

[7] 高克宁,李金双,赵长宽,等.程序设计基础(C语言)[M].3版.北京:清华大学出版社,2018.

[8] 刘华蓥,衣治安,吴雅娟,等.C程序设计教程[M].3版.北京:清华大学出版社,2022.

[9] 温秀梅,丁学钧,李建华.C++语言程序设计教程与实验[M].2版.北京:清华大学出版社,2009.

[10] 刘永华.C++面向对象程序设计[M].北京:清华大学出版社 2011.

图 书 资 源 支 持

感谢您一直以来对清华版图书的支持和爱护。为了配合本书的使用，本书提供配套的资源，有需求的读者请扫描下方的"书圈"微信公众号二维码，在图书专区下载，也可以拨打电话或发送电子邮件咨询。

如果您在使用本书的过程中遇到了什么问题，或者有相关图书出版计划，也请您发邮件告诉我们，以便我们更好地为您服务。

我们的联系方式：

地　　址：北京市海淀区双清路学研大厦 A 座 714

邮　　编：100084

电　　话：010-83470236　010-83470237

客服邮箱：2301891038@qq.com

QQ：2301891038（请写明您的单位和姓名）

资源下载：关注公众号"书圈"下载配套资源。

资源下载、样书申请

书 圈

图书案例

清华计算机学堂

观看课程直播